普通高等教育“十二五”系列教材

单片机原理与接口技术

主　编　张华宇　林海鹏
副主编　谢凤芹　孟瑞锋　李海振
编　写　刘　青　王金波　王宝仁　武洪恩
　　　　柳彦虎　丁鸿昌
主　审　韩建海

中国电力出版社
CHINA ELECTRIC POWER PRESS

内 容 提 要

本书以 MCS-51 系列单片机为例，系统、全面地介绍单片机的原理、接口及应用技术。书中通过一些经典例题和应用实例，引导读者熟悉和理解单片机基本原理，逐步掌握单片机应用系统设计开发的基本知识、方法和应用技能。各章后都配有习题，以巩固学生所学的知识，帮助读者深入学习。

全书共分 11 章，主要内容包括单片机数制转换的基础知识，MCS-51 系列单片机的资源配置，MCS-51 系列单片机的指令系统及汇编语言程序设计，MCS-51 系列单片机的片内接口及中断，MCS-51 系列单片机的扩展技术，单片机应用系统的接口技术和单片机应用系统设计。

本书可作为高等院校自动化类、电气类、电子信息类、机械类及相关专业本科教材，还可作为相关专业高职专科教材，也可作为从事单片机应用开发的工程技术人员的参考书。

图书在版编目（CIP）数据

单片机原理与接口技术/张华宇，林海鹏主编. —北京：中国电力出版社，2014.8（2025.1 重印）
普通高等教育“十二五”规划教材
ISBN 978-7-5123-6036-5

Ⅰ. ①单…　Ⅱ. ①张…②林…　Ⅲ. ①单片微型计算机-基础理论-高等职业教育-教材②单片微型计算机-接口-高等职业教育-教材　Ⅳ. ①TP368.1

中国版本图书馆 CIP 数据核字（2014）第 130876 号

中国电力出版社出版、发行
（北京市东城区北京站西街 19 号　100005　http://www.cepp.sgcc.com.cn）
北京锦鸿盛世印刷科技有限公司
各地新华书店经售
*
2014 年 8 月第一版　2025 年 1 月北京第六次印刷
787 毫米×1092 毫米　16 开本　14.5 印张　349 千字
定价 **44.00** 元

前　言

单片机原理与接口技术课程的重要特点是理论与实践密切结合，在教学和学习过程中，也要把教、学、实践紧密地结合起来。只有“学而时习之”才能达到令人满意的学习效果。

当然，兴趣是最好的老师，也就是我们常说的“知之者不如好之者，好之者不如乐之者”，要想把本门课程学好，首先要对单片机技术感兴趣，然后通过不断的实践来加深读者对本门课程的认识，在不断的程序调试过程中体会单片机控制技术的快乐，从而真正地掌握这门课程。

本教材主要以 MCS-51 单片机为主进行介绍，从单片机控制技术的基础知识入手，由浅入深，逐步介绍了单片机的基本原理及其接口技术，编写过程中尽量做到反映当前单片机应用的最新技术，不仅重视基础知识讲解，而且注重读者在应用方面的训练。全书语言通俗、结构紧凑，具有较好的系统性和实用性。

本书由张华宇、林海鹏担任主编，谢凤芹、孟瑞锋和李海振担任副主编。张华宇编写了第 1 章和第 4 章的第 4.4～4.8 节，林海鹏编写了第 2 章，谢凤芹编写了第 3 章和第 4 章的 4.1～4.3 节。刘青、孟瑞锋、李海振、王金波、王宝仁、武洪恩、柳彦虎参与编写了第 5～11 章。丁鸿昌编写了附录部分，并对习题进行校核和整理。本书提供电子课件，主编邮箱 skdmcu@163.com。

由于编者水平有限，再加上单片机应用技术日新月异的发展，许多问题还有待于探讨，书中难免有不足之处，恳请读者批评指正。

编　者

2014 年 3 月

目　录

第1章 微型计算机基础

本章主要介绍微型计算机的基础知识，包括各种数制及其转换、带符号数的表示及运算、计算机中数和字符的编码以及单片机的概念、发展、特点、分类和应用领域，以便为读者学习后续章节打下基础。

1.1 数制及数的转换

计算机只能识别二进制数。用户通过键盘输入的十进制数字和符号命令，微型计算机是不能识别的，微型计算机必须把它们转换成二进制形式进行识别、运算和处理，然后再把运算结果还原成十进制数字和符号，并在显示器上显示出来，所以需要对计算机中常用的数制和数制间的转换进行讨论。

1.1.1 微型计算机的数制

所谓数制是指计数的规则，按进位原则进行计数的方法，称为进位计数制。数制有很多种，微型计算机编程时常用的数制为二进制、八进制、十进制和十六进制。

1. 十进制（decimal）

十进制由 0～9 十个数码组成。十进制的基数是 10，低位向高位进位的规律是“逢十进一”。十进制数的主要特点：

（1）有 0～9 十个不同的数码，这是构成所有十进制数的基本符号。

（2）逢 10 进位。十进制在计数过程中，当它的某位计数满 10 时就要向它邻近的高位进一。

在一个多位的十进制数中，同一个数字符号在不同的数位所代表的数值是不同的。因此，任何一个十进制数不仅与构成它的每个数码本身的值有关，而且还与这些数码在数中的位置有关。如 333.3 中 4 个 3 分别代表 300、30、3 和 0.3，这个数可以写成：

$$333.3 = 3\times10^2+3\times10^1+3\times10^0+3\times10^{-1}$$

式中的 10 称为十进制的基数，指数 10^2、10^1、10^0、10^{-1} 称为各数位的权。从上式可以看出：整数部分中每位的幂是该位位数减 1；小数点后第一位的位权是 10^{-1}，第二位的位权是 10^{-2}，……，其余位的位权以此类推。

通常，任意一个十进制数 N 都可以表示成按权展开的多项式：

$$(N)_{10} = \pm\sum_{i=n-1}^{-m} a_i \times 10^i$$

其中，a_i 是基数 10 的 i 次幂的系数，是 0～9 共 10 个数字中的任意一个，m 是小数点右边的位数，n 是小数点左边的位数，i 是数位的序数。

一般而言，对于用 R 进制表示的数 N，可以按权展开为

$$N= a_{n-1}\times R^{n-1}+\cdots+a_0\times R^0+a_{-1}\times R^{-1}+\cdots+a_{-m}\times R^{-m}$$

$$=\sum_{i=-m}^{n-1} a_i\times R^i \qquad (1\text{-}1)$$

其中，a_i 是0、1、…、$(R-1)$ 中的任一个，m、n 是正整数，R 是基数。在 R 进制中，每个数字所表示的值是该数字与它相应的权 R_i 的乘积，计数原则是“逢 R 进一”。

2. 二进制（binary）

二进制数的主要特点：

(1) 它有0和1两个数码，任何二进制都是由这两个数码组成。

(2) 二进制数的基数为2，它奉行“逢二进一”的进位计数原则。

当式（1-1）中 $R=2$ 时，称为二进位计数制，简称二进制。在二进制数中，只有两个不同数码：0和1，进位规律为“逢二进一”。任何一个数 N，可用二进制表示为

$$N=a_{n-1}\times 2^{n-1}+a_{n-2}\times 2^{n-2}+\cdots+a_0\times 2^0+a_{-1}\times 2^{-1}+\cdots+a_{-m}\times 2^{-m}$$
$$=\sum_{i=-m}^{n-1}a_i\times 2^i$$

例如，二进制数1011.01可表示为

$$(1011.01)_2=1\times 2^3+0\times 2^2+1\times 2^1+1\times 2^0+0\times 2^{-1}+1\times 2^{-2}$$

3. 八进制数

当 $R=8$ 时，称为八进制。在八进制中，有0、1、2、…、7共8个不同的数码，采用“逢八进一”的原则进行计数。例如，$(503)_8$ 可表示为

$$(503)_8=5\times 8^2+0\times 8^1+3\times 8^0$$

4. 十六进制（hexadecimal）

当 $R=16$ 时，称为十六进制数。十六进制数的主要特点：

(1) 它有0、1、2、…、9、A、B、C、D、E、F共16个数码，任何一个十六进制数都由其中的一些或全部数码构成。

(2) 十六进制数的基数为16，进位方法为逢16进1。

十六进制数也可展开成幂级数形式。例如，$(3A8.0D)_{16}$ 可表示为

$$(3A8.0D)_{16}=3\times 16^2+10\times 8^1+8\times 16^0+0\times 16^{-1}+13\times 16^{-2}$$

各种进位制的对应关系见表1-1。

表1-1 十、二、八、十六进制数的对应关系

十进制	二进制	八进制	十六进制	十进制	二进制	八进制	十六进制
0	0	0	0	9	1001	11	9
1	1	1	1	10	1010	12	A
2	10	2	2	11	1011	13	B
3	11	3	3	12	1100	14	C
4	100	4	4	13	1101	15	D
5	101	5	5	14	1110	16	E
6	110	6	6	15	1111	17	F
7	111	7	7	16	10000	20	10
8	1000	10	8				

1.1.2 不同数制间的转化

计算机中数的表示形式是二进制，这是因为二进制数只有0和1两个数码，可通过晶体管的导通和截止、脉冲的高电平和低电平等方便地表示。此外，二进制数运算简单，便于用电子线路实现。在实际编程的过程中，采用十六进制可以大大减轻阅读和书写二进制数时的

负担。例如，11011011＝DBH、1001001111110010B＝93F2H。

显然，采用十六进制数描述一个二进制数特别简短，尤其在描述的二进制数位数较长时，更令计算机工作者感到方便。

但人们习惯于使用十进制数，为了方便各种应用场合的需要，要求计算机能自动对不同数制的数进行转化。

1. 二进制、八进制、十六进制数转化为十进制数

对于任何一个二进制数、八进制数、十六进制数，均可以先写出它的位权展开式，然后再按十进制进行计算，即可将其转换为十进制数。

例如，二进制数转化为十进制数：

$$(1111.11)_2 = 1\times2^3 + 1\times2^2 + 1\times2^1 + 1\times2^0 + 1\times2^{-1} + 1\times2^{-2} = 15.75$$

八进制数转化为十进制数：

$$(46.12)_8 = 4\times8^1 + 6\times8^0 + 1\times8^{-1} + 2\times8^{-2} = 38.15625$$

十六进制数转化为十进制数：

$$(A10B.8)_{16} = 10\times16^3 + 1\times16^2 + 0\times16^1 + 11\times16^0 + 8\times16^{-1} = 41\ 227.5$$

2. 十进制数转换成二进制、八进制、十六进制

本转换过程是上述转换过程的逆过程，但十进制整数和小数转换成二进制、八进制、十六进制数整数和小数的方法是不相同的，现分别进行介绍。

(1) 整数部分：除基取余法。分别用基数 R 不断地去除 N 的整数，直到商为零为止，每次所得的余数依次排列即为相应进制的数码。最初得到的为最低有效数字，最后得到的为最高有效数字。现列举加以说明。

[例 1-1] 试求出十进制数 100 的二进制数、八进制数和十六进制数。

解 a. 转化为二进制数

把 100 连续除以 2，直到商数小于 2，相应竖式为

2	100	…… 余0	最低位 ↑
2	50	…… 余0	
2	25	…… 余1	
2	12	…… 余0	
2	6	…… 余0	
2	3	…… 余1	
2	1	…… 余1	最高位
	0		

把所得余数按箭头方向从高位到低位排列起来便可以得到：100＝1100100B。

b. 转化为八进制数

把 100 连续除以 8，直到商数小于 8，相应竖式为

8	100	…… 余4	最低位 ↑
8	12	…… 余4	
8	1	…… 余1	最高位
	0		

100＝144O（此处为大写字母 O）

c. 转化为十六进制数

把 100 连续除以 16，直到商数小于 16，相应竖式为

```
16|  100  …… 余4   最低位
16|   6   …… 余6     ↑
      0             最高位
```

100=64H

（2）小数部分：乘基取整法。分别用基数 R（R=2、8 或 16）不断地去乘 N 的小数，直到积的小数部分为零（或满足所需精度）为止，每次乘得的整数依次排列即为相应进制的数码。最初得到的为最高有效数字，最后得到的为最低有效数字。

［例 1-2］ 试求出十进制数 0.645 的二进制数、八进制数和十六进制数。

解　a. 转化为二进制数

0.645×2=1.290　整数……1
0.29×2=0.58　整数……0
0.58×2=1.16　整数……1
0.16×2=0.32　整数……0
0.32×2=0.64　整数……0 ↓

把所得整数按箭头方向从高位到低位排列后得到：0.645D≈0.10100B。

b. 转化为八进制数

0.645×8=5.160　整数……5
0.16×8=1.28　整数……1
0.28×8=2.24　整数……2
0.24×8=1.92　整数……1
0.92×8=7.36　整数……7 ↓

把所得整数按箭头方向从高位到低位排列后得到：0.645D≈0.51217O

c. 转化为十六进制数

0.645×16=10.320　整数……A
0.32×16=5.12　整数……5
0.12×16=1.92　整数……1
0.92×16=14.72　整数……E
0.72×16=11.52　整数……B ↓

把所得整数按箭头方向从高位到低位排列后得到：0.645D≈0.A51EBH。

（3）对同时有整数和小数两部分的十进制数，在转化为二进制、八进制和十六进制时，其转换的方法是：对整数和小数部分分开转换后，再合并起来，如下例所示。

［例 1-3］ 把十进制数 100.645 转化为二进制、八进制和十六进制。

解　综合［例 1-1］和［例 1-2］可得：

100.645D=1100100.10100B=144.51217O=64.A51EBH

注意：任何十进制整数都可以精确转换成一个二进制整数，但不是任何十进制小数都可以精确转换成一个二进制小数，例［1-2］就属于这种情况。

3. 二进制数和八进制数的转换

由于 2 的 3 次方是 8，所以可采用“合三为一”的原则，即从小数点开始分别向左、右两边各以 3 位为一组进行二进制到八进制数的转换：若不足 3 位的以 0 补足，便可将二进制数转换为八进制数。

反之，采用“一分为三”的原则，每位八进制数用三位二进制数表示，就可将八进制数转换为二进制数。

［例 1-4］ 将二进制数 101011.01101B 转换为八进制数。

解

101 011 . 011 010
↓ ↓ ↓ ↓ ↓
5 3 . 3 2

所以，101011.01101B=53.32O

［例 1-5］ 将八进制数 123.45 转换成二进制数。

解

1 2 3 . 4 5
↓ ↓ ↓ ↓ ↓ ↓
001 010 011 . 100 101

所以，123.45O=1010011.100101B

4. 二进制数和十六进制数的转换

由于二进制数和十六进制数间的转换十分方便，再加上十六进制数在表达数据时简单，所以编程人员大多采用十六进制形式来代替二进制数。

二进制数和十六进制数间的转换同二进制数和八进制数之间的转化一样，采用“四位合一位法”，即从二进制的小数点开始，分别向左、右两边各以 4 位为一组，不足 4 位以 0 补足，然后分别把每组用十六进制数码表示，并按序相连。

而十六进制数转换成二进制数的转换方法采用“一分为四”的原则把十六进制的每位分别用 4 位二进制数码表示，然后分别把他们连成一体。

［例 1-6］ 将二进制数 110101.011B 转换为十六进制数。

解

0011 0101 . 0110
↓ ↓ ↓ ↓
3 5 . 6

所以，110101.011B=35.6H

［例 1-7］ 若要把十六进制数 4A5B.6CH 转换为二进制数。

解

4 A 5 B . 6 C
↓ ↓ ↓ ↓ ↓ ↓ ↓
0100 1010 0101 1011 . 0110 1100

所以，4A5B.6CH=100101001011011.011011B

1.2 二进制数的运算

二进制数的运算可分为二进制整数运算和二进制小数运算两种类型，运算法则完全相同。大部分计算机中数的表示方法均采用定点整数表示方法，故这里仅介绍二进制整数运算。

二进制数的运算分为两类：一类是算术运算；另一类是逻辑运算。算术运算包括加、减、乘、除运算，逻辑运算有逻辑与、逻辑非和逻辑异或等，现分别加以介绍。

1.2.1 二进制数的算术运算

二进制数只有 0 和 1 两个数字，其算术运算较为简单，加法和减法遵循“逢二进一”、“借一当二”的原则。

1. 加法运算

二进制加法的运算法则：

0＋0＝0

1＋0＝0＋1＝1

1＋1＝10(向邻近高位有进位)

两个二进制数的加法过程和十进制加法过程类似，现举例加以说明。

［例 1-8］ 设有两个 8 位二进制 A＝10110111B，B＝11011001B，试求出 A＋B 的值。

解 A＋B 可写成如下竖式为

被加数	A	10110111B
加数	B	11011001B
和	A＋B	110010000B

所以，A＋B＝10110111B＋11011001B＝110010000B

两个二进制数相加时要注意低位的进位，且两个 8 位二进制数的和最大不会超过 9 位。

2. 减法运算

二进制减法运算的法则：

0－0＝0

1－1＝0

1－0＝1

0－1＝1(向邻近高位借 1 当作 2)

两个二进制数的减法运算过程和十进制减法类似，现举例说明。

［例 1-9］ 设两个 8 位二进制数 A＝11011001B，B＝10010111B 试求 A-B 的值。

解 A-B 可写成如下竖式为

被减数	A	11011001B
减数	B	10010111B
差	A－B	01000010B

所以，A－B＝11011001B－10010111B＝01000010B。

两个二进制数相减时先要判断它们的大小，把大数当作被减数，小数作为减数，差的符号由两数关系决定。此外，在减法过程中还要注意低位向高位借 1 应当作 2。

3. 乘法运算

二进制乘法的运算法则：

0×0＝0

1×0＝0×1＝0

1×1＝1

两个二进制数相乘的具体方法是：用乘数的每一位分别去乘被乘数，所得结果的最低位与相应乘数位对齐，最后把所有结果相加起来，便得到两个二进制数相乘的结果。

［**例 1-10**］ 求 1011B×1101B 的结果。

解 二进制乘法运算竖式为

```
被乘数      1011B
乘数       ×1101B
─────────────────
            1011
           0000
          1011
         1011
─────────────────
乘积   10001111B
```

所以，1011B×1101B 的结果为 10001111B。

4. 除法运算

除法是乘法的逆运算。二进制除法的运算法则：

$$0/1=0$$

$$1/1=1$$

二进制除法是从被除数最高位开始，查找出够减除数的位数，并在其最高位上商 1，完成它对除数的减法运算，然后把被除数的下一位移到余数位置上。若余数不够减除数，则上商 0，并把被除数的再下一位移到余数位置上。若余数够减除数，则上商 1，余数减除数。这样反复进行，直到全部被除数的各位都下移到余数位置上为止。

［**例 1-11**］ 求 10101011B÷110B 的结果。

解 二进制除法运算竖式为

```
                1 1 1 0 0
     ─────────────────────
110 )1 0 1 0 1 0 1 1
     1 1 0
     ─────────
       1 0 0 1
         1 1 0
       ─────────
         1 1 0
         1 1 0
       ─────────────────
                    1 1
```

所以，10101011B÷1110B＝11100B…余 11B。

1.2.2 二进制数的逻辑运算

计算机处理数据时常常要用到逻辑运算，逻辑运算由专门的逻辑电路完成。下面介绍几种常用的逻辑运算。

1. 逻辑与运算

逻辑与运算常用算符“∧”表示，逻辑与运算的运算法则：

$$0 \wedge 0=0$$

$$1 \wedge 0=0 \wedge 1=0$$

$$1 \wedge 1=1$$

逻辑与运算法则可概括为“只有对应的两个二进位均为 1 时，结果位才为 1，否则为 0。”

［**例 1-12**］ 求 01110101B∧01001111B 的值。

解 逻辑与的运算竖式为

$$\begin{array}{r} 01110101\text{B} \\ \wedge \quad 01001111\text{B} \\ \hline 01000101\text{B} \end{array}$$

所以，01110101B∧01001111B=01000101B。

2. 逻辑或运算

逻辑或运算常用算符“∨”表示，逻辑或的运算法则：

$$0 \vee 0 = 0$$

$$1 \vee 0 = 0 \vee 1 = 1$$

$$1 \vee 1 = 1$$

逻辑或运算法则可概括为“只要对应的二个二进位有一个为1时，结果位就为1”。

[例 1-13] 求 00110101B∨00001111B 的值。

解 运算竖式为

$$\begin{array}{r} 00110101\text{B} \\ \vee \quad 00001111\text{B} \\ \hline 00111111\text{B} \end{array}$$

所以，00110101B∨00001111B=00111111B。

3. 逻辑非运算

逻辑非运算常采用算符“¯”表示，运算法则：

$$\overline{0} = 1$$

$$\overline{1} = 0$$

[例 1-14] 已知 A=10101B，试求 $\overline{A}$ 的值。

解 $\overline{A}=\overline{10101}B=01010B$

4. 逻辑异或运算

逻辑异或运算常采用算符 ⊕ 表示，逻辑异或的运算法则：

$$0 \oplus 0 = 1 \oplus 1 = 0$$

$$1 \oplus 0 = 0 \oplus 1 = 1$$

逻辑异或运算可总结为“两对应的二进位不同时，结果为1，相同时为0”。

[例 1-15] 已知 A=10110110B，B=11110000B，试求 A⊕B 的值。

解 A⊕B 的运算竖式为

$$\begin{array}{r} 10110110\text{B} \\ \oplus\ 11110000\text{B} \\ \hline 01000110\text{B} \end{array}$$

所以，A⊕B=10110110B⊕11110000B=01000110B。

1.3 带符号数的表示及运算

计算机在数的运算中，不可避免地会遇到正数和负数，由于计算机只能识别0和1，因此，我们将一个二进制数的最高位用作符号位来表示这个数的正负。规定符号位用“0”表示正，用“1”表示负。例如，A=－1101010B，B=＋1101010B，则 A 表示为 11101010B，B 表示为 01101010B。

我们把符号和值均采用二进制的形式表示数叫做机器数。在计算机中，机器数有原码、反码、补码、变形原码和移码等多种形式。

1.3.1 机器数的原码、反码和补码

原码、反码和补码是机器数的三种基本形式，与机器数的真值不同，机器数的真值定义为采用＋和－表示的二进制数，并非真正的机器数，例如，＋76 的机器数真值为＋1001100B，原码形式为 01001100B（最高位的 0 表示正数）；－76 的真值为－1001100B，原码为 11001100B（最高位的 1 表示负数）。

1. 原码

正数的符号位用 0 表示，负数的符号位用 1 表示，数值部分用真值的绝对值来表示的二进制机器数称为原码，通常，一个数的原码可以先把该数用方括号括起来，并在方括号右下角加个“原”字来标记。

［例 1-16］ 求 A＝＋1010B 和 B＝－1010B 在 8 位微型机中的原码形式。

解 $[A]_{原}=00001010B$，$[B]_{原}=10001010B$

值得注意的是，0 在 8 位微型计算机中的两种原码形式为：$[+0]_{原}=00000000B$，$[-0]_{原}=10000000B$，所以数 0 的原码不唯一。

对于 8 位二进制原码能表示的范围：－127～＋127。

2. 反码

在微型计算机中，正数的反码和原码相同，负数的符号位和负数原码的符号位相同，数值位按位取反。反码的标记是先把该数用方括号括起来，并在方括号右下角加个“反”字来标记。

［例 1-17］ 求 A＝＋1101101B，B＝－0110110B 的反码形式。

解 $[A]_{原}=01101101B$，$[B]_{原}=10110110B$

$[A]_{反}=01101101B$，$[B]_{反}=11001001B$

0 在反码中有两种表示形式：

$[+0]_{反}=00000000B$，$[-0]_{反}=11111111B$

3. 补码

正数的原码、反码和补码相同，负数的补码其最高位为 1，数值位等于反码数值位的低位加“1”。

［例 1-18］ 求 A＝＋1010B 和 B＝－01010B 在 8 位微型机中的原码、反码和补码形式。

解 $[A]_{原}=00001010B$，$[B]_{原}=10001010B$

$[A]_{反}=00001010B$，$[B]_{反}=11110101B$

$[A]_{补}=00001010B$，$[B]_{补}=11110110B$

0 的补码形式为：

$[+0]_{补}=00000000B$，$[-0]_{补}=00000000B$

由此可见，不论是＋0 还是－0，0 在补码中只有唯一的一种表示形式。

对于补码的理解，可以从“模”入手，“模”是指一个计量系统的计数量程，任何有模的计量器均可化减法为加法运算。如时钟的模为 12，设当前时钟指向 11 点，而准确时间为 7 点，调整时间的方法有两种：一是时钟倒拨 4 小时，即 11－4＝7；二是时钟正拨 8 小时，即 11＋8＝12＋7＝7。由此可见，在以 12 为模的系统中，加 8 和减 4 的效果是一样的，

即$-4=+8$（mod12）。

比较$11-4$和$11+8$这两个数学表达式，可发现$11-4$的减法和$11+8$的按模加法等价了。这里，$+8$和-4是互补的，$+8$称为-4的补码（mod12）。

$11-4$的减法可以用$11+[-4]_{补}=11+8$（mod12）的加法替代。

在微处理器CPU内部，补码加法器既能做加法又能变减法为加法来做。补码加法器还配有左移、右移和判断等电路，故它不仅可以进行逻辑操作，还能完成加、减、乘、除的四则运算，这就是微型计算机的补码加法所带来的巨大经济效益。

1.3.2 二进制数的加减运算

原码表示的数虽然比较简单、直观，但计算机的运算电路非常复杂，尤其是符号位需要单独处理。补码虽不易识别，但运算方便，特别在加减运算中更是这样。所有参加运算的带符号数都表示成补码后，微型机对它运算后得到的结果必然也是补码，符号位无需单独处理。

1. 补码的加、减法运算

补码加、减法运算的通式：

$$[A+B]_{补}=[A]_{补}+[B]_{补}$$
$$[A-B]_{补}=[A]_{补}-[B]_{补}$$

即：两数之和的补码等于两数补码之和，两数之差的补码等于两数补码之差。设机器数字长为n，则参与运算的数值的模为2^n。A、B、A+B和A−B必须都在$-2^n\sim 2^{n-1}-1$范围内，否则机器便会产生溢出错误。在运算过程中，符号位和数值位一起参加运算，符号位的进位位略去不计。

[例1-19] 已知$A=+19$，$B=10$，$C=-7$试求$[A+B]_{补}$、$[A-B]_{补}$、$[A+C]_{补}$。

解 $[A]_{补}=00010011B$，$[B]_{补}=00001010B$，

$[-B]_{补}=11110110B$，$[C]_{补}=11111001B$

(1) $[A+B]_{补}=[A]_{补}+[B]_{补}=00010011B+00001010B=00011101B$

(2) $[A-B]_{补}=[A]_{补}+[-B]_{补}$

$=00010011B+11110110B=00001001B$（符号位的进位位略去不计）

(3) $[A+C]_{补}=[A]_{补}+[C]_{补}$

$=00010011B+11111001B=00001100B$（符号位的进位位略去不计）

上述运算表明：补码运算的结果和十进制运算的结果是完全相同的。补码加法可以将减法运算化为加法来做；把加法和减法问题巧妙地统一起来，从而实现了一个补码加法器在移位控制电路作用下完成加、减、乘、除的四则运算。

2. 补码运算结果正确性的判断

对8位机而言，如果运算结果超出$-128\sim+127$，则称为溢出（小于-128的运算结果称为下溢，大于$+127$的称为上溢）。也就是说如果参加运算的两数或运算结果超出8位数所能表示的范围，则机器的运算就会出现溢出，运算结果就不正确。因此，补码运算的正确性主要体现在对补码运算结果的溢出判断上。

在MCS-51单片机中，补码运算结果中的符号位的进位位用C_P表示，用C_S表示补码运算过程中次高位向符号位的进位位。若加法过程中符号位无进位（$C_P=0$）以及最高数值位有进位（$C_S=1$）则操作结果产生正溢出；若加法过程中符号位有进位（$C_P=1$）以及最高

数值位无进位（$C_S=0$），则运算结果产生了负溢出。

用 OV 表示溢出标志位，判断补码运算是否溢出的逻辑表达式可描述为

$$OV=C_p\oplus C_S$$

［例 1-20］ 已知 A＝＋127，B＝10，C＝－7 试求［A＋B］$_补$、［A＋C］$_补$，并分析溢出情况。

解 ［A］$_补$＝01111111B，［B］$_补$＝00001010B，［C］$_补$＝11111001B。

［A＋B］$_补$ 算式为

$$\begin{array}{lrl} 127 & [A]_{\text{补}}= & 0111\quad 1111B \\ +)10 & [B]_{\text{补}}= & 0000\quad 1010B \\ \hline 137 & [A+B]_{\text{补}}= & \underset{C_p}{\underset{\uparrow}{0}}\;\underset{C_S}{\underset{\uparrow}{1}}000\quad 1001B \end{array}$$

从上式可以看出，［A＋B］$_补$ 超出了 8 位二进制数能够表示的范围，无论符号 C_p 有无进位，都产生了溢出。运算结果 $C_p=0$，$C_S=1$，利用式 $OV=C_p\oplus C_S$ 方便地判断出［A＋B］$_补$ 带符号数补码加法运算的结果产生了溢出，结果不正确。

［A＋C］$_补$ 算式为

$$\begin{array}{lrl} 127 & [A]_{\text{补}}= & 0111\quad 1111B \\ +)\ -7 & [B]_{\text{补}}= & 1111\quad 1001B \\ \hline 120 & [A+B]_{\text{补}}= & \underset{C_p}{\underset{\uparrow}{1}}\;\underset{C_S}{\underset{\uparrow}{0}}111\quad 1000B \end{array}$$

［A＋C］$_补$ 的运算结果是正确的，没有产生溢出，符号进位 C_p 是正常的自动丢弃。运算结果 $C_p=1$，$C_S=1$，根据式 $OV=C_p\oplus C_S$ 可方便地判断出运算结果没有产生溢出，结果正确。

从上面两个例子可以看出，带符号数相加时，符号位所产生的进位 C_p 有自动丢弃和用来指示操作结果是否溢出的两种功效。

1.4 计算机中数和字符的编码

1.4.1 计算机中数据的单位

1. 位（bit）

位简记为 b，也称为比特，是计算机存储数据的最小单位。一个“比特”也可以说成一“位”，一个二进制位只能表示 0 或 1。

2. 字节（Byte）

字节由 8 位二进制数字构成，一般用大写的“B”表示“Byte”，字节是存储信息的基本单位，并规定 1B＝8bit。

3. 字（Word）

一个字通常由一个字节或若干个字节组成。字长是微型计算机一次所能处理的实际位数长度。

4. 十六进制数字的表示

十六进制数字的表示，即后面跟随“H”或“h”后级的数字，或者前面加“0x”或

“0X”前级的数字表示是一个十六进制数。

1.4.2 BCD码

为了在计算机的输入输出操作中能直观迅速地与常用的十进制数相对应，习惯上用二进制代码表示十进制数，这种编码方法简称 BCD 码（binary coded decimal，十进制数的二进制编码）。

1. 8421 码的定义

8421 码是 BCD 码的一种，因组成它的 4 位二进制数码的权为 8、4、2、1 而得名。这种编码形式利用要 4 位二进制码来表示一个十进制的数码，使二进制和十进制之间的转换得以快捷地进行。在这个编码系统中，10 组 4 位二进制数分别代表了 0～9 中的 10 个数字符号，见表 1-2。4 位二进制码共有 $2^4=16$ 种码组，在这 16 种代码中，可以任选 10 种来表示 10 个十进制数码。

表 1-2 8421 BCD 编码表

十进制数	8421 码	十进制数	8421 码
0	0000B	8	1000B
1	0001B	9	1001B
2	0010B	10	00010000B
3	0011B	11	00010001B
4	0100B	12	00010010B
5	0101B	13	00010011B
6	0110B	14	00010100B
7	0111B	15	00010101B

2. BCD 加法运算

两个 BCD 数按“逢十进一”原则进行相加，其和也是一个 BCD 数。但计算机只能进行二进制加法，它在两个 BCD 码相加只能按“逢 16 进一”，因此计算机在进行 BCD 加法时，须对二进制加法的结果进行修正，使 BCD 码的加法能够做到逢十进一。

在进行 BCD 加法过程中，计算机对二进制加法结果进行修正的原则：若和的低 4 位大于 9 或低 4 位向高 4 位发生了进位，则低 4 位加 6 修正；若高 4 位大于 9 或高 4 位的最高位发生进位，则高 4 位加 6 修正。这种修正由微处理器内部的十进制调正电路自动完成，这个十进制调正电路在专门的十进制调整指令的控制下工作。

［例 1-21］ 已知 A＝39，B＝68，分析这两个 BCD 数的加法过程。

解 BCD 数 A 和 B 的加法竖式为

```
          39     0011  1001B
     +）  68     0110  1000B
     ---------------------------
         107     1010  0001B
+）                    0110B  低四位有进位，加6修正。
     ---------------------------
                 1010  0111B
+）              0110          高四位大于9，加6修正。
     ---------------------------
               1 0000  0111B
```

由于参与运算的两个 BCD 数为无符号数，所以最高位进位有效。本题运算结果显示调整后的机器算法和人工算法结果一致。

3. BCD 减法

BCD 在减法运算时是借 1 当 10。计算机进行二进制减法时，在两个 BCD 码间的运算规则是借 1 当作 16，故必须进行减 6 修正。

在 BCD 减法过程中，计算机对二进制运算结果修正的原则：若低 4 位大于 9 或低 4 位向高 4 位有借位，则低 4 位减 6 修正，这个修正由机器内部的十进制调正电路自动完成。

［例1-22］ 已知A＝41，B＝28，分析这两个BCD数的减法过程。

解 BCD数A和B的减法竖式为

41	0100	0001B
－）28	0010	1000B
13	0001	1001B
－）		0110B低四位有借位，减6修正。
	0001	0011B

所以，A－B＝41－28＝0001 0011B。

1.4.3 ASCII码

计算机中存储和处理的数据，除了数字信息外，还需要处理大量字母和符号，这都需要人们对这些数字、字母和符号进行二进制编码，以供微型计算机识别、存储和处理。这些数字、字母和符号统称为字符，故字母和符号的二进制编码又称为字符的编码。

目前采用的字符编码主要是ASCII码，是american standard code for information interchange的缩写（美国标准信息交换代码）。ASCII码是一种西文机内码，有7位ASCII码和8位ASCII码两种，7位ASCII码称为标准ASCII码，8位ASCII码称为扩展ASCII码。7位标准ASCII码用一个字节（8位）表示一个字符，并规定其最高位为0，实际只用到7位，因此可表示128个不同字符，如附录A所示。

数字0～9的ASCII码为0110000B～0111001B（即30H～39H），大写字母A～Z的ASCII码为41H～5AH。同一个字母的ASCII码值小写字母比大写字母大32（20H）。

1.5 单片机概述

1.5.1 单片机的概念

一台微型计算机主要包括：中央处理器（central processing unit，CPU）、数据存储（RAM）、程序存储（ROM）、输入/输出设备（例如，串行口、并行输出口等）、定时器/计数器、中断系统等。在微型计算机上这些功能模块被分成若干块芯片，安装在主板上。而在单片机中，这些功能模块全部被集成到一块芯片中，所以就称为单片（单芯片）机，而且有一些单片机中除了上述功能模块外，还集成了其他部分，例如，A/D，D/A等。虽然单片机只是一个芯片，但无论从组成还是从功能上来看，它都具有微型计算机系统的特征。

1.5.2 单片机的发展过程

1974年，美国仙童（Fairchild）公司研制出世界上第一台单片微型计算机F8，该机由两块集成电路芯片组成，结构奇特，具有与众不同的指令系统，深受民用电器和仪器仪表领域的欢迎和重视。从此，单片机开始迅速发展，应用范围也在不断扩大，现已成为微型计算机的重要分支。纵观整个单片机技术发展过程，可以分为以下三个主要阶段。

1. 单芯片微机形成阶段

1976年，Intel公司推出了MCS-48系列单片机。该系列单片机早期产品在芯片内集成有：8位CPU、1KB程序存储器（ROM）、64B数据存储器（RAM）、27根I/O线和1个8位定时/计数器。

此阶段的主要特点：在单个芯片内完成了CPU、存储器、I/O接口、定时/计数器、中断系统、时钟等部件的集成，但存储器容量较小，寻址范围小（不大于4KB），无串行接口，指令系统功能不强。

2. 性能完善提高阶段

1980年，Intel公司推出MCS-51系列单片机。该系列单片机在芯片内集成有：8位CPU、4KB程序存储器（ROM）、128B数据存储器（RAM）、4个8位并行接口、1个全双工串行接口和2个16位定时/计数器。寻址范围为64KB，并集成有控制功能较强的布尔处理器完成位处理功能。

此阶段的主要特点：结构体系完善，性能已大大提高，面向控制的特点进一步突出。现在，MCS-51已成为公认的单片机经典机种。

3. 微控制器化阶段

1982年，Intel公司推出MCS-96系列单片机。该系列单片机在芯片内集成有：16位CPU、8KB程序存储器（ROM）、232B数据存储器（RAM）、5个8位并行接口、1个全双工串行接口和2个16位定时/计数器。寻址范围最大为64KB。片上还有8路10位ADC、1路PWM（D/A）输出及高速I/O部件等。

近年来，许多半导体厂商以MCS-51系列单片机的8051为内核，将许多测控系统中的接口技术、可靠性技术及先进的存储器技术和工艺技术集成到单片机中，生产出了多种功能强大、使用灵活的新一代80C51系列单片机。

此阶段的主要特点：片内面向测控系统的外围电路增强，使单片机可以方便灵活地应用于复杂的自动测控系统及设备。因此，“微控制器”的称谓更能反映单片机的本质。

1.5.3 单片机的特点

1. 实时性和可操控性强，可靠性高

单片机是为工业控制而设计的，其CPU可以对I/O接口直接进行操作，位操作能力是其他计算机无法比拟的。由于CPU、存储器及I/O接口集成在同一芯片内，各部件间的连接紧凑，数据在传送时受到的干扰较小，且不易受环境条件的影响，所以单片机的可靠性非常高，实时控制功能特别强。

近期推出的单片机产品，内部集成有高速I/O接口、ADC、PWM、WDT等部件，并在低电压、低功耗、串行扩展总线、控制网络总线和开发方式（如在系统编程ISP）等方面都有了进一步的增强。

2. 体积小、价格低、易于产品化

每片单片机芯片即是一台完整的微型计算机，对于批量大的专用场合，一方面可以在众多的单片机品种间进行匹配选择，同时还可以专门进行芯片设计，使芯片功能与应用具有良好的对应关系。在单片机产品的引脚封装方面，有的单片机引脚已减少到8个或更少，从而使应用系统的印制板减小，接插件减少，安装简单方便。

在现代的各种电子器件中，单片机具有良好的性能价格比。这正是单片机得以广泛应用的重要原因。

1.5.4 单片机的分类

20世纪80年代以来，单片机有了新的发展，各半导体器件厂商也纷纷推出自己的产品系列。按照CPU对数据处理位数来分，单片机通常可以分为以下4类。

1. 4位单片机

4位单片机的控制功能较弱，CPU一次只能处理4位二进制数。这类单片机常用于计算器、各种形态的智能单元以及作为家用电器中的控制器。典型产品有美国（National Semiconductor）公司的COP4系列、Toshiba公司的TMP47系列以及Panasonic公司的MNI400系列单片机。

2. 8位单片机

8位单片机的控制功能极强，品种最为齐全。和4位单片机相比，它不仅具有较大的存储器容量和寻址范围，而且中断源、并行I/O接口和定时器/计数器个数都有了不同程度的增加，并集成有全双工串行通信接口。在指令系统方面，普遍增设了乘除指令和比较指令。特别是8位机中的高性能增强型单片机，除片内增加了A/D和D/A转换器以外，还集成有定时器捕捉/比较寄存器、监视定时器（Watchdog）、总线控制部件和晶体振荡电路等，这类单片机由于其片内资源丰富且功能强大，主要在工业控制、智能仪表、家用电器和办公自动化系统中应用。代表产品有Intel个数的MCS-51系列机、荷兰Philips个公司的80C51系列机（同MCS-51兼容）Motorola公司的M6805系列机、Microchip公司的PIC系列机和Atmel公司的AT89系列机（同MCS-51兼容）等。

3. 16位单片机

16位单片机是在1983年以后发展起来的。这类单片机的特点：CPU是16位的，运算速度普遍高于8位机。有的单片机寻址能力高达1MB，片内含有A/D和D/A转换电路，支持高级语言。这类单片机主要用于过程控制、智能仪表、家用电器以及作为计算机外部设备的控制器，非典型产品有Intel公司的MCS-96//98系列机、Motorola公司的M68HC16系列机、NS公司的HPC系列机等。

4. 32位单片机

32位单片机的字长位32位，是单片机的顶级产品，具有极高的运算速度。近年来，随着家用电子系统的新发展，32位单片机的市场前景看好。这类单片机的代表产品有Motorola公司的M68300系列机、英国的Inmos公司的IM-ST414和日立公司的SH系列机等。

1.5.5 单片机的应用领域

单片机具有体积小、可靠性高、功能强、灵活方便等许多优点，故可以广泛应用于国民经济的各个领域，对各行各业的技术和产品更新换代起到了重要的推动作用。由于单片机具有良好的控制性能和灵活的嵌入品质，近年来单片机在各种领域都获得了极为广泛的应用。主要应用领域包括以下几个方面：

1. 智能仪器仪表

单片机用于各种仪器仪表，一方面提高了仪器仪表的使用功能和精度，使仪器仪表智能化，同时还简化了仪器仪表的硬件结构，从而可以方便地完成仪器仪表产品的升级换代。如各种智能电气测量仪表、智能传感器等。

2. 机电一体化产品

机电一体化产品是集机械技术、微电子技术、自动化技术和计算机技术于一体，具有智能化特征的各种机电产品。单片机在机电一体化产品的开发中可以发挥巨大的作用。典型产品如机器人、数控机床、自动包装机、点钞机、医疗设备、打印机、传真机、复印机等。

3. 实时工业控制

单片机还可以用于各种物理量的采集与控制。电流、电压、温度、液位、流量等物理参数的采集和控制均可以利用单片机方便地实现。在这类系统中，利用单片机作为系统控制器，可以根据被控对象的不同特征采用不同的智能算法，实现期望的控制指标，从而提高生产效率和产品质量。典型应用如电动机转速控制、温度控制、自动生产线等。

4. 分布系统的前端模块

在较复杂的工业系统中，经常要采用分布式测控系统完成大量的分布参数的采集。在这类系统中，采用单片机作为分布式系统的前端采集模块。系统具有运行可靠，数据采集方便灵活，成本低廉等一系列优点。

5. 家用电器

家用电器是单片机的又一重要应用领域，前景十分广阔，例如，空调器、电冰箱、洗衣机、电饭煲、高档洗浴设备、高档玩具等。另外，在交通领域中，汽车、火车、飞机、航天器等均有单片机的广泛应用，例如，汽车自动驾驶系统、航天测控系统、黑匣子等。

1.6 习　　题

1. 为什么微型计算机要采用二进制？

2. 十六进制有什么特点？学习十六进制数的目的是什么？

3. 把下列十进制数转换位二进制数和十六进制数：

① 136　② 0.625　③ 47.7875　④ 0.84　⑤ 211.111　⑥ 1996.43

4. 把下列二进制数转换为十进制数和十六进制数：

① 11010110B　② 1100110111B　③ 0.1011B

④ 0.10011001B　⑤ 1011.1011B

5. 把下列十六进制数转换成十进制数和二进制数：

① AAH　② BBH　③ C.CH　④ DE.FCH　⑤ ABC.DH　⑥ 128.08H

6. 请写出下列各十进制数在8位定点整数机中的原码、反码和补码形式（最高位为符号位）：

① X=+38　② X=+76　③ X=−54　④ X=−115

7. 先把下列各数变成8位二进制数（含符号位），然后按补码运算规则求 $[X+Y]_{补}$ 及其真值：

① X=+46Y=+55　② X=+78Y=+15

③ X=+112Y=−83　④ X=−51Y=+97

8. 总结产生正溢出和负溢出的两种情况。

9. 已知下列各十进制数，请先写出它们的8位二进制补码形式，然后采用补码数的符号扩展方法，把它们扩展成16位二进制形式（含符号位）。

① 89　② 96　③ −39　④ −133

10. 写出下列各数的BCD码：① 47　② 59　③ 1996　④ 1997.6

11. 用十六进制形式写出下列字符的ASCII码：① AB8　② STUDENT

③ COMPUTER　④ GOGO

12. 按照CPU对数据的处理位数，单片机通常可分为哪几类？并说明各自的特点。

第 2 章　MCS-51 单片机结构与时序

本章主要描述 MCS-51 单片机的内部结构、引脚功能、工作方式和时序，这些知识对后续章节的学习十分重要。

2.1　MCS-51 单片机的组成

MCS-51 单片机是美国 Intel 公司生产的一个单片机系列名称。这一系列的单片机有多种，如 8051/8751/8031，8052/8752/8032，80C51/87C51/80C31，80C52/87C52/80C32 等。在 MCS-51 系列单片机里，所有产品都是以 8051 为核心电路发展起来的，它们都具有 8051 的基本结构和软件特征，它们的指令系统与芯片引脚完全兼容。

51 系列单片机的差别仅在于片内有无 ROM 或 EPROM。52 子系列与 51 子系列的不同之处在于：片内数据存储器增至 256B；片内程序存储器增至 8KB（8032 无）；有 3 个 16 位定时/计数器，6 个中断源。其他性能均与 51 子系列相同。MCS-51 基本结构如图 2-1所示。

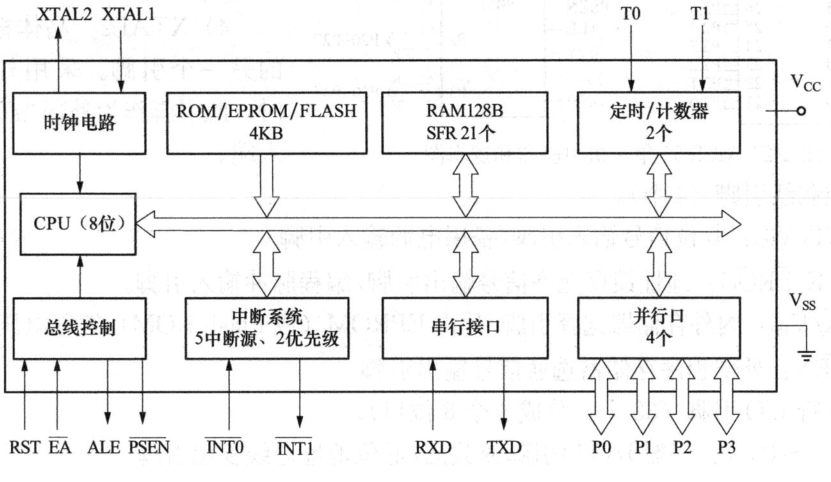

图 2-1　MCS-51 单片机基本结构

由图可见，单片机主要由以下几部分组成：

（1）CPU 系统。

1）8 位 CPU，含布尔处理器。

2）时钟电路。

3）总线控制逻辑。

（2）存储器系统。

1）4KB 的程序存储器（ROM/EPROM/FLASH，可外扩至 64KB）。

2）128B 的数据存储器（RAM，可再外扩 64KB）。

3）特殊功能寄存器 SFR。

（3）I/O 口和其他功能单元。

1）4 个并行 I/O 口。

2）2 个 16 位定时/计数器。

3）1 个全双工异步串行口。

4）中断系统（5 个中断源、2 个优先级）。

2.2 MCS-51 的引脚和封装

MCS-51 系列单片机采用双列直插式（DIP）、QFP44（quad flat pack）和 LCC（leaded chip carrier）形式引脚封装。这里仅介绍常用的 DIP40 引脚封装，如图 2-2 所示。

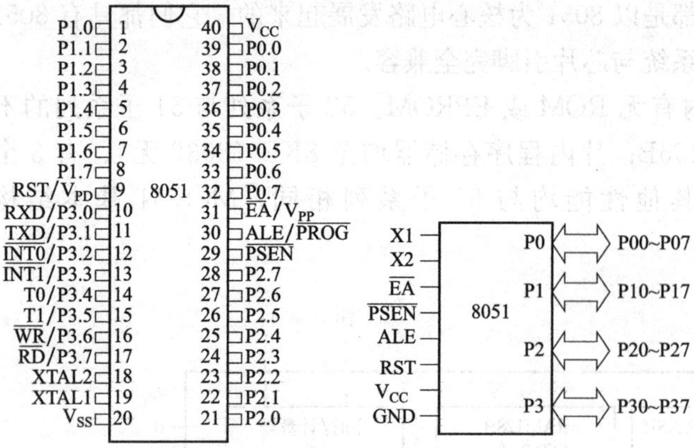

图 2-2 MCS-51 单片机引脚图和逻辑图

DIP40 引脚封装：

（1）电源及时钟引脚（4 个）。

1）V_{CC}：电源接入引脚。

2）V_{SS}：接地引脚。

3）XTAL1：晶体振荡器接入的一个引脚。采用外部振荡器时，此引脚接地。

4）XTAL2：晶体振荡器接入的另一个引脚。采用外部振荡器时，此引脚作为外部振荡信号的输入端。

（2）控制线引脚（4 个）。

1）RST/V_{PD}：复位信号输入引脚/备用电源输入引脚。

2）ALE/$\overline{PROG}$：地址锁存允许信号输出引脚/编程脉冲输入引脚。

3）$\overline{EA}$/V_{PP}：内外存储器选择引脚/片内 EPROM（或 Flash ROM）编程电压输入引脚。

4）$\overline{PSEN}$：外部程序存储器选通信号输出引脚。

（3）并行 I/O 引脚（32 个，分成 4 个 8 位口）。

1）P0.0～P0.7：一般 I/O 口引脚或数据/低位地址总线复用引脚。

2）P1.0～P1.7：一般 I/O 口引脚。

3）P2.0～P2.7：一般 I/O 口引脚或高位地址总线引脚。

4）P3.0～P3.7：一般 I/O 口引脚或第二功能引脚。

2.3 MCS-51 的内部结构

MCS-51 单片机由微处理器（含运算器和控制器）、存储器、I/O 接口以及特殊功能寄存器 SFR 等组成，如图 2-3 所示。

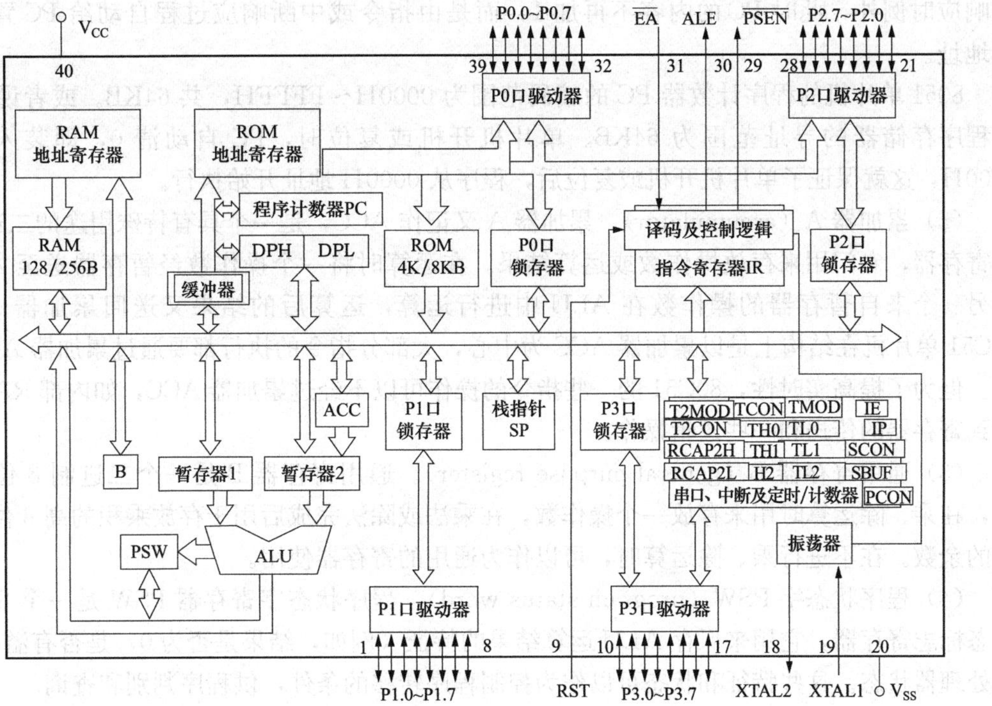

图 2-3　MCS-51 内部结构框图

2.3.1　微处理器

MCS-51 系列单片机内部有一个字长为 8 位的中央处理单元，称之为 CPU，它是由运算器（ALU)、控制器和专用寄存器组三部分电路构成。其作用是读入和分析每条指令，并根据指令的功能要求，控制各个部件执行相应的操作。

1. 算术逻辑部件（ALU)

MCS-51 的 ALU 是一个性能极强的运算器，它既可以进行加、减、乘、除四则运算，也可以进行与、或、非、异或等逻辑运算，还具有数据传送、移位和程序转移等功能。

2. 控制器

控制器是产生各种控制信号、控制计算机工作的部件。控制器接收来自存储器的指令进行译码，并通过定时和控制电路，在规定时间内发出指令所需的各种控制信息和 CPU 外部所需的各种控制信号，使各部分协调工作，完成指令所规定的操作。

3. 专用寄存器组

专用寄存器主要用来指示当前要执行指令的内存地址、存放操作数和指示指令执行后的状态等。专用寄存器组主要包括程序计数器 PC、累加器 A、程序状态字 PSW、堆栈指示器 SP、数据指针 DPTR 和通用寄存器 B 等。

(1) 程序计数器 PC。程序计数器 PC 是一个 16 位的计数器（注：PC 不属于 SFR)。它总是存放着下一个要取指令的 16 位存储单元地址。也就是说，CPU 总是把 PC 的内容作为地址，从内存中取出指令码或含在指令中的操作数。因此，每当取完一个字节后，PC 的内容自动加 1，为取下一个字节做好准备。只有在执行转移、子程序调用指令和中断响应时例外，此时 PC 的内容不再加 1，而是由指令或中断响应过程自动给 PC 置入新的地址。

8051 单片机的程序计数器 PC 的编码范围为 0000H～FFFFH，共 64KB。或者说 8051 对程序存储器的寻址范围为 64KB。单片机开机或复位时，PC 自动清 0，即装入地址 0000H，这就保证了单片机开机或复位后，程序从 0000H 地址开始执行。

(2) 累加器 A（accumulator）。累加器 A 又记作 ACC，是一个具有特殊用途的二进制 8 位寄存器，专门用来存放操作数或运算结果。在运算时将一个操作数经暂存器送至 ALU，与另一个来自暂存器的操作数在 ALU 中进行运算，运算后的结果又送回累加器 ACC。80C51 单片机在结构上是以累加器 ACC 为中心，大部分指令的执行都要通过累加器 ACC 进行。但为了提高实时性，80C51 的一些指令的操作可以不经过累加器 ACC，如内部 RAM 单元到寄存器的传送和一些逻辑操作。

(3) 通用寄存器 B（general-purpose register）。通用寄存器 B 是一个二进制 8 位寄存器，在乘、除运算时用来存放一个操作数，在乘法或除法完成后用于存放乘积的高 8 位或除法的余数。在不进行乘、除运算时，可以作为通用的寄存器使用。

(4) 程序状态字 PSW（program status word）。程序状态字寄存器 PSW 是一个 8 位的状态标志寄存器，它用来保存 ALU 运算结果的特征（例如，结果是否为 0，是否有溢出等）和处理器状态。这些特征和状态可以作为控制程序转移的条件，供程序判别和查询。

各标志位定义如下：

PSW7	PSW6	PSW5	PSW4	PSW3	PSW2	PSW1	PSW0
Cy	AC	F0	RS1	RS0	0V	—	P

注：PSW7 为最高位，PSW0 为最低位。

各标志位的含义如下：

1）进位标志位 CY（carry）：用于表示加减运算中最高位 A7（累加器最高位）有无进位或借位。在加法运算时，若累加器 A 中最高位 A7 有进位，则 Cy＝0，此外，CPU 在进行移位操作时也会影响这个标志位。

2）辅助进位制 AC（auxiliary carry）：用于表示加减运算时低 4 位（即 A3）有无向高 4 位（即 A4）进位或借位。若 AC＝0，则表示加减过程中 A3 没有向 A4 进位或借位；若 AC＝1，则表示加减过程中 A3 向 A4 有了进位或借位。

3）用户标志位 F0（flag zero）：F0 为用户标志位，由用户自己定义。该标志位状态一经设定，便由用户程序直接检测，以决定用户程序的流向。

4）寄存器选择位 RS1 和 RS0。

◆ 8051 有 R0～R7 共 8 个 8 位工作寄存器，这 8 个寄存器被用户用来进行程序设计，在 RAM 中的实际物理地址是可以根据需要选定的。

◆ 用户通过改变 RS1 和 RS0 的状态可以方便地决定 R0～R7 的实际物理地址，从而达到保护 R0～R7 中数据的目的，这对用户的程序设计是非常有利的。

◆ 8051 单片机开机后的 RS1 和 RS0 为零状态，故 R0～R7 的物理地址对应为 00H～07H。工作寄存器 R0～R7 的物理地址和 RS1、RS0 之间的关系见表 2-1。

5）溢出标志 OV（overflow）：可以指示运算过程中是否发生了溢出，由机器执行指令过程中自动形成。若机器在执行运算指令过程中，累加器 A 中运算结果超出了 8 位数能表示的范围，即－128～＋127，则 OV 标志自动置 1；否则 OV＝0。

表 2-1　RS1、RS0 对工作寄存器的选择

RS1、RS0	R0～R7 的组号	R0～R7 的物理地址
00	0	00～07H
01	1	08～0FH
10	2	10～17H
11	3	18～1FH

6）奇偶标志位 P（parity）。

◆ 奇偶标志位 P 用于指示运算结果中 1 的个数的奇偶性。

◆ 若 P＝1，则累加器 A 中 1 的个数为奇数；若 P＝0，则累加器 A 中 1 的个数为偶数。

（5）堆栈指针 SP（stack pointer）。

◆ 堆栈指针 SP 是一个 8 位寄存器，能自动加 1 或减 1，专门用来存放堆栈的栈顶地址。

◆ 80C51 单片机的堆栈操作遵循"先进后出"或"后进先出"的规律存取数据的 RAM 区域。这个区域可大可小，常称为堆栈区。

◆ 8051 片内 RAM 共有 128B，地址范围为 00H～7FH，故这个区域中的任何子域都可以用作堆栈区，即作为堆栈使用。

◆ 堆栈有栈顶和栈底之分，栈底地址是固定不变的，它决定了堆栈在 RAM 中的物理位置；栈顶地址始终在 SP 中，即由 SP 指示，是可以改变的，它决定了堆栈中是否存放有数据。

◆ 当堆栈为空（既无数据）时，栈顶地址必定与栈底地址重合，即 SP 中一定是栈底地址。

◆ SP 始终指示着堆栈中最上面的那个数据。

◆ 80C51 单片机的堆栈区是向地址增大的方向生成的。

◆ 由于堆栈区在程序中没有标识，在进行程序设计时应主动给可能的堆栈区空出若干存储单元，这些单元是禁止用传送指令存放数据的，只能由 PUSH 和 POP 指令访问它们。

（6）数据指针 DPTR（data pointer）。数据指针 DPTR 用来存放 16 位的地址。它由两个 8 位寄存器 DPH 和 DPL 组成，可对片外 64KB 范围的 RAM 或 ROM 数据进行间接寻址或变址寻址操作。

2.3.2　80C51 的存储器

存储器的功能是存储信息（程序和数据）。存储器可以分成两大类，一类是随机存取存储器（RAM），另一类是只读存储器（ROM）。对于 RAM，CPU 在运行时能随时进行数据的写入和读出，但在关闭电源时，其所存储的信息将丢失。所以，它用来存放暂时性的输入输出数据、运算的中间结果或用作堆栈。ROM 是一种写入信息后不易改写的存储器。断电后，ROM 中的信息保留不变。所以，ROM 用来存放固定的程序或数据，如系统监控程序、常数表格等。

MCS-51 的存储器还有片内和片外之分。片内储存器集成在芯片内部，是单片机的一部分；片外储存器是外接的专用储存器芯片，MCS-51 只提供地址和控制命令。无论是单片机的片内还是片外储存器，程序对某储存单元的读写地址都是由 MCS-51 单片机指令提供的。

1. 8051 单片机程序存储器配置

80C51 单片机的程序计数器 PC 是 16 位的计数器，所以能寻址 64KB 的程序存储器地址范围，允许用户程序调用或转向 64KB 的任何存储单元。80C51 的程序存储器配置如图 2-4 所示。

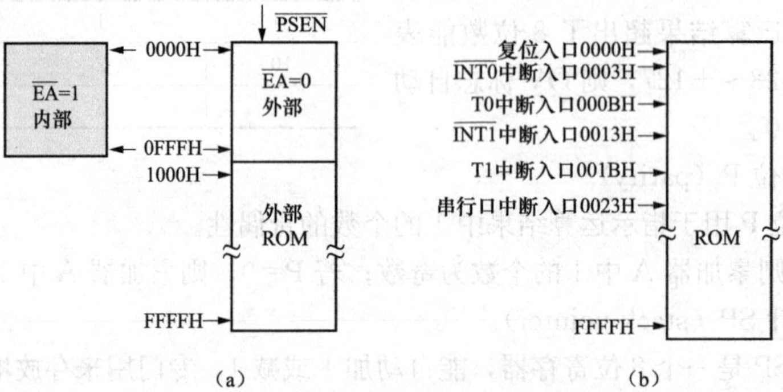

图 2-4 80C51 的程序存储器配置

(a) ROM 配置；(b) ROM 低端的特殊单元

80C51 的 EA 引脚为访问内部或外部程序存储器的选择端。接高电平时，CPU 将先访问内部存储器，当指令地址超过 0FFFH 时，自动转向片外 ROM 去取指令；接低电平时(接地)，CPU 只能访问外部程序存储器（对于 80C31 单片机，由于其内部无程序存储器，只能采用这种接法)。外部程序存储器的地址从 0000H 开始编址。

2. 80C51 单片机的数据存储器配置

80C51 单片机的数据存储器分为片外 RAM 和片内 RAM 两大部分，如图 2-5 所示。

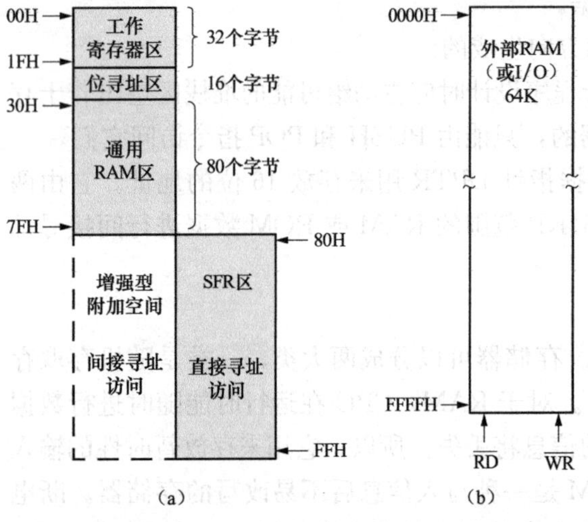

图 2-5 80C51 的数据存储器配置

(a) 片内 RAM 及 SFR；(b) 片外 RAM

80C51 片内 RAM 共有 128B，基本型单片机片内 RAM 地址范围是 00H～7FH。增强型单片机（如 80C52）片内除地址范围在 00H～7FH 的 128B RAM 外，又增加了 80H～FFH 的高 128B 的 RAM。增加的这一部分 RAM 仅能采用间接寻址方式访问（以与特殊功能寄存器 SFR 的访问相区别）。

片外 RAM 地址空间为 64KB，地址范围是 0000H～FFFFH。与程序存储器地址空间不同的是，片外 RAM 地址空间与片内 RAM 地址空间在地址的低端 0000H～007FH 是重叠的。这就需要采用不同的寻址方式加以区分。访问片外 RAM 时使用专门的指令 MOVX，这时读（RD）或写（WR）信号有效；而访问片内 RAM 使用 MOV 指令，无读写信号产生。另外，与片内 RAM 不同，片外 RAM 不能进行堆栈操作。

在 80C51 单片机中，尽管片内 RAM 的容量不大，但它的功能多，使用灵活。80C51 单片机片内 RAM 分成工作寄存器区、位寻址区、通用 RAM 区三部分。

（1）工作寄存器区。80C51 单片机片内 RAM 的低端 32 个字节单元（地址 00H～1FH）设为工作寄存器组，该 32 个单元又分为 4 个组，每组占 8 个 RAM 单元，分别称为 R0，R1，…，R7。程序运行时，只能有一个工作寄存器组作为当前工作寄存器组。

当前工作寄存器组的选择由特殊功能寄存器中的程序状态字寄存器 PSW 的 RS1、RS0 来决定。可以对这两位进行编程，以选择不同的工作寄存器组。工作寄存器组与 RS1、RS0 的关系及地址见表 2-1，80C51 的片内 RAM 存储空间分配如图 2-6 所示。

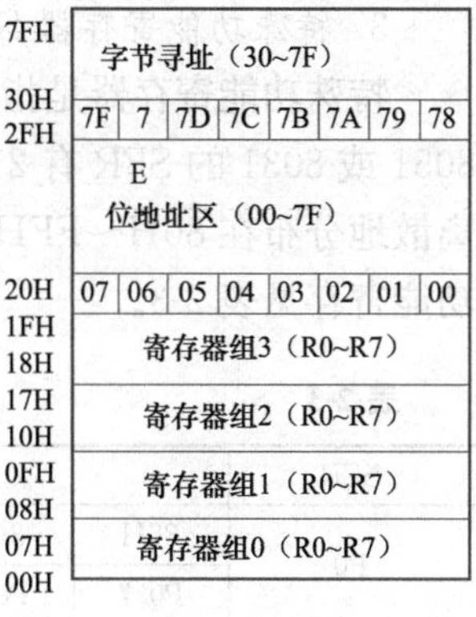

图 2-6　80C51 的片内 RAM 存储器空间分配

（2）位寻址区。内部 RAM 的 20H 至 2FH 共 16 个字节是位寻址区。之所以称这 16 个字节是位寻址区，因为它们既可以像普通 RAM 单元一样按字节存取，也可以对每个 RAM 单元中的任何一位单独存取。

20H～2FH 用作位寻址时，共有 16×8＝128 位，每位都分配了一个特定地址，即 00H～7FH，这些地址称为位地址，位地址与字节地址的关系见表 2-2。位地址在位寻址指令中使用。

表 2-2　　位地址与字节地址的关系表

字节地址	位地址							
	D7	D6	D5	D4	D3	D2	D1	D0
20H	07H	06H	05H	04H	03H	02H	01H	00H
21H	0FH	0EH	0DH	0CH	0BH	0AH	09H	08H
22H	17H	16H	15H	14H	13H	12H	11H	10H
23H	1FH	1EH	1DH	1CH	1BH	1AH	19H	18H
24H	27H	26H	25H	24H	23H	22H	21H	20H
25H	2FH	2EH	2DH	2CH	2BH	2AH	29H	28H
26H	37H	36H	35H	34H	33H	32H	31H	30H
27H	3FH	3EH	3DH	3CH	3BH	3AH	39H	38H
28H	47H	46H	45H	44H	43H	42H	41H	40H
29H	4FH	4EH	4DH	4CH	4BH	4AH	49H	48H
2AH	57H	56H	55H	54H	53H	52H	51H	50H
2BH	5FH	5EH	5DH	5CH	5BH	5AH	59H	58H
2CH	67H	66H	65H	64H	63H	62H	61H	60H
2DH	6FH	6EH	6DH	6CH	6BH	6AH	69H	68H
2EH	77H	76H	75H	74H	73H	72H	71H	70H
2FH	7FH	7EH	7DH	7CH	7BH	7AH	79H	78H

位地址的另一种表示方法是采用字节地址和位数相结合的表示法。例如，位地址 00H 可以表示成 20H.0，1AH 可以表示成 23H.2。

（3）通用 RAM 区。位寻址区之后的 30H 至 7FH 共 80 个字节为通用 RAM 区。这些单元可以作为数据缓冲器使用。MCS-51 对通用 RAM 区中每个 RAM 单元是按字节存取的。

在实际应用中，常需在 RAM 区设置堆栈。80C51 的堆栈一般设在 30H～7FH 的范围内。栈顶的位置由 SP 寄存器指示。复位时 SP 的初值为 07H，在系统初始化时可以重新设置。

3. 特殊功能寄存器 SFR（80H～FFH）

特殊功能寄存器是指有特殊用途的寄存器集合。SFR 的实际个数和单片机型号有关：8051 或 8031 的 SFR 有 21 个，8052 的 SFR 有 26 个。每个 SFR 占有一个 RAM 单元，他们离散地分布在 80H～FFH 地址范围内。在 SFR 地址空间中，有效位地址共有 83 个。特殊功能寄存见表 2-3。

表 2-3　　特殊功能寄存

SER	位地址/位符号（有效位 82 个）								字节地址
P0	87H	86H	85H	84H	83H	82H	81H	80H	80H
	P0.7	P0.6	P0.5	P0.4	P0.3	P0.2	P0.1	P0.0	
SP									81H
DPL									82L
DPH									83H
PCON	按字节访问，但相应位有规定含义								87H
TCON	8FH	8EH	8DH	8CH	8BH	8AH	89H	88H	88H
	TF1	TR1	TF0	TR0	IE1	IT1	IE0	IT0	
TMOD	按字节访问，但相应位有规定含义								89H
TL0									8AH
TL1									8BH
TH0									8CH
TH1									8DH
P1	97H	96H	95H	94H	93H	92H	91H	90H	90H
	P1.7	P1.6	P1.5	P1.4	P1.3	P1.2	P1.1	P1.0	
SCON	9FH	9EH	9DH	9CH	9BH	9AH	99H	98H	98H
	SM0	SM1	SM2	REN	TB8	RB8	TI	RI	
SBUF									99H
P2	A7H	A6H	A5H	A4H	A3H	A2H	A1H	A0H	A0H
	P2.7	P2.6	P2.5	P2.4	P2.3	P2.2	P2.1	P2.0	
IE	AFH	—	—	ACH	ABH	AAH	A9H	A8H	ABH
	EA	—	—	ES	ET1	EX1	ET0	EX0	
P3	B7H	B6H	B5H	B4H	B3H	B2H	B1H	B0H	B0H
	P3.7	P3.6	P3.5	P3.4	P3.3	P3.2	P3.1	P3.0	
IP	—	—	—	BCH	BBH	BAH	B9H	B8H	B8H
	—	—	—	PS	PT1	PX1	PT0	PX0	
PSW	D7H	D6H	D5H	D4H	D3H	D2H	D1H	D0H	DOH
	CY	AC	F0	RS1	RS0	OV	—	P	
ACC	E7H	E6H	E5H	E4H	E3H	E2H	E1H	E0H	E0H
	ACC.7	ACC.6	ACC.5	ACC.4	ACC.3	ACC.2	ACC.1	ACC.0	
B	F7H	F6H	F5H	F4H	F3H	F2H	F1H	F0H	F0H
	B.7	B.6	B.5	B.4	B.3	B.2	B.1	B.0	

在 SFR 中，可以位寻址的寄存器有 11 个，共有位地址 88 个，其中 5 个未用，其余 83 个位地址离散的分布于 80H～FFH 范围内，SFR 中的位地址分布见表 2-4。

表 2-4　SFR 中的位地址分布

特殊功能寄存器符号	位地址								字节地址
	D7	D6	D5	D4	D3	D2	D1	D0	
B	F7H	F6H	F5H	F4H	F3H	F2H	F1H	F0H	F0H
ACC	E7H	E6H	E5H	E4H	E3H	E2H	E1H	E0H	E0H
PSW	D7H	D6H	D5H	D4H	D3H	D2H	D1H	D0H	D0H
IP	—	—	—	BCH	BBH	BAH	B9H	B8H	B8H
P3	B7H	B6H	B5H	B4H	B3H	B2H	B1H	B0H	B0H
IE	AFH	—	—	ACH	ABH	AAH	A9H	A8H	A8H
P2	A7H	A6H	A5H	A4H	A3H	A2H	A1H	A0H	A0H
SCON	9FH	9EH	9DH	9CH	9BH	9AH	99H	98H	98H
P1	97H	96H	95H	94H	93H	92H	91H	90H	90H
TCON	8FH	8EH	8DH	8CH	8BH	8AH	89H	88H	88H
P0	87H	86H	85H	84H	83H	82H	81H	80H	80H

在 21 个 SFR 中，用户可以通过直接寻找寻址指令对他们进行字节存取，也可以对上述 11 个字节寄存器中的每一位进行位寻址。在字节型寻址指令中，直接地址的表示方法有两种：一种是使用物理地址，如累加器 A 要用 E0H、B 寄存器用 F0H；另一种是采用表 2-3 中的寄存器标号，如累加器 A 要用 ACC、B 寄存器用 B、程序状态字寄存器用 PSW。

2.3.3　并行 I/O 端口

I/O 端口又称为 I/O 接口，I/O 端口一次可以传送 8 位二进制信息。80C51 单片机有 4 个 8 位的并行 I/O 口 P0、P1、P2 和 P3。每个 I/O 端口内部都有一个 8 位数据输出锁存器和一个 8 位数据输入缓冲器，4 个数据输出锁存器和端口号 P0、P1、P2 和 P3 同名，皆为特殊功能寄存器 SFR 中的一个（见表 2-3）。因此，CPU 数据从并行 I/O 端口输出时可以得到锁存，数据输入时可以得到缓冲。各口除可以作为字节输入/输出外，它们的每一条口线也可以单独地用作位输入/输出线。各口编址于特殊功能寄存器中，既有字节地址又有位地址。对口锁存器的读写，就可以实现口的输入/输出操作。

4 个并行 I/O 端口在结构上不同，他们在功能和用途上的差异较大。P0 口和 P2 口内部均有一个受控制器控制的二选一选择电路，这两个端口除了可以用作通用 I/O 口，还具有特殊的功能。例如，P0 口可以输出片外存储器的低 8 位地址码和读写数据，P2 口可以输出片外储存器的高 8 位地址码。

1. P0 口的结构

P0 口由 1 个输出锁存器、1 个转换开关 MUX、2 个三态输入缓冲器、输出驱动电路和 1 个与门及 1 个反相器组成，如图 2-7 所示。图中控制信号 C 的状态决定转换开关的位置。当 C=0 时，开关处于图中所示位置；当 C=1 时，开关拨向反相器输出端位置。

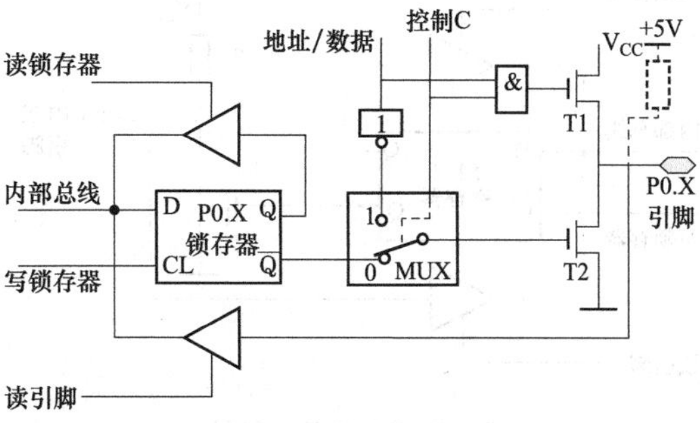

图 2-7　P0 口的位结构

(1) P0 口作为通用 I/O 口。当系统不进行片外扩展（ROM、RAM）时，P0用作通用I/O口。在这种情况下，单片机硬件自动使控制C＝0，MUX开关接向锁存器的反相输出端，与门输出的“0”使输出驱动器的上拉场效应管T1处于截止状态。因此，P0用作通用输出口时，需外接上拉电阻，如图2-7所示虚线部分。

P0口作输出口时，CPU执行口的输出指令，内部数据总线上的数据在“写锁存器”信号的作用下由D端进入锁存器，经锁存器的反相端送至场效应管T2，再经T2反相，在P0.X引脚出现的数据正好是内部总线的数据。

P0口作输入口时，数据可以读自口的锁存器，也可以读自口的引脚。这要根据输入操作采用的是“读锁存器”指令还是“读引脚”指令来决定。CPU在执行“读—修改—写”类输入指令时（例如，ANL P0，A），内部产生的“读锁存器”操作信号使锁存器Q端数据进入内部数据总线，在与累加器A进行逻辑运算之后，结果又送回P0的口锁存器并出现在引脚。读口锁存器可以避免因外部电路原因使原口引脚的状态发生变化造成的误读（例如，用一根口线驱动一个晶体管的基极，在晶体管的射极接地的情况下，当向口线写“1”时，晶体管导通，并把引脚的电平拉低到0.7V。这时若从引脚读数据，会把状态为1的数据误读为“0”。若从锁存器读，则不会读错）。

CPU在执行“MOV”类输入指令时（例如，MOV A，P0），内部产生的操作信号是“读引脚”。这时必须注意，在执行该类输入指令前要先把锁存器写入“1”，目的是使场效应管T2截止，从而使引脚处于悬浮状态，可以作为高阻抗输入。否则，在作为输入方式之前曾向锁存器输出过“0”，T2导通会使引脚钳位在“0”电平，使输入高电平“1”无法读入。

所以，P0口在作为通用I/O口时，属于准双向口。

(2) P0用作地址/数据总线。当系统进行片外ROM扩展（此时EA＝0）或进行片外RAM扩展（外部RAM传送使用“MOV X@DPTR”类指令）时，P0用作地址/数据总线。在这种情况下，单片机内硬件自动使C＝1，MUX开关接向反相器的输出端，这时与门的输出由地址/数据线的状态决定。

CPU在执行输出指令时，低8位地址信息和数据信息分时地出现在地址/数据总线上。若地址/数据总线的状态为“1”，则场效应管T1导通、T2截止，引脚状态为“1”；若地址/数据总线的状态为“0”，则场效应管T1截止、T2导通，引脚状态为“0”。可见P0.X引脚的状态正好与地址/数据线的信息相同。

CPU在执行输入指令时，首先低8位地址信息出现在地址/数据总线上，P0.X引脚的状态与地址/数据总线的地址信息相同。然后，CPU自动地使转换开关MUX拨向锁存器，并向P0口写入FFH，同时“读引脚”信号有效，数据经缓冲器进入内部数据总线。

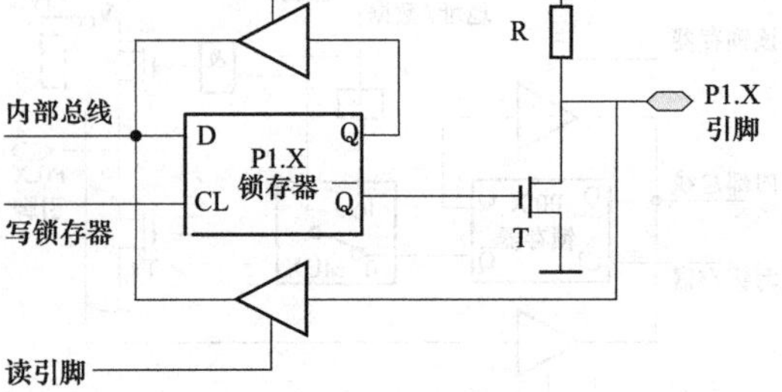

图2-8 P1口的位结构

由此可见，P0口作为地址/数据总线使用时是一个真正的双向口。

2. P1口的结构

P1口是80C51唯一的单功能口，仅能用作通用的数据输入/输出口。P1口的位结构如图2-8所示。

由图可见，P1口由1个输出锁存器、2

个三态输入缓冲器和输出驱动电路组成。其输出驱动电路与 P2 口相同，内部带上拉电阻。

P1 口是通用的准双向 I/O 口。输出高电平时，能向外提供拉电流负载，不必再接上拉电阻。当端口用作输入时，须向端口锁存器写入 1。

3. P2 口的结构

P2 口由 1 个输出锁存器、1 个转换开关 MUX、2 个三态输入缓冲器、输出驱动电路和 1 个反相器组成。P2 口的位结构如图 2-9 所示。图中控制信号 C 的状态决定转换开关的位置。当 C＝0 时，开关处于图中所示位置；当 C=1 时，开关拨向地址线位置。

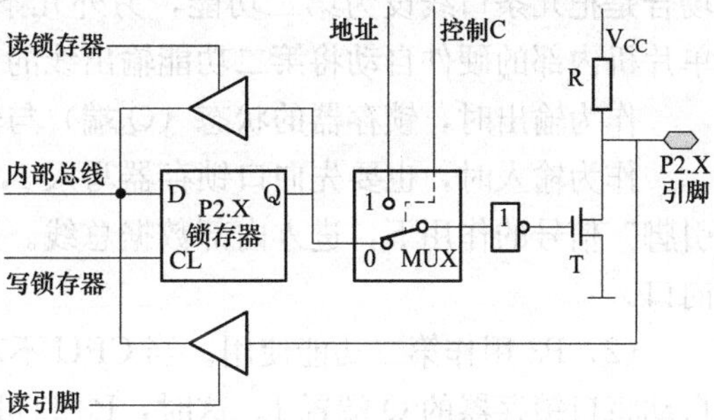

图 2-9　P2 口的位结构

由图可见，P2 口的输出驱动电路与 P0 口不同，其内部带上拉电阻（由两个场效应管并联构成）。

（1）P2 口作为通用 I/O 口。当不需要在单片机芯片外部扩展程序存储器（对于 80C51/87C51，EA＝1)，只需扩展 256B 的片外 RAM 时（访问片外 RAM 利用“MOV X@Ri”类指令来实现)，只用到了地址线的低 8 位，P2 口不受该类指令的影响，仍可以作为通用 I/O 口使用。

CPU 在执行输出指令时，内部数据总线的数据在“写锁存器”信号的作用下由 D 端进入锁存器，经反相器反相后送至场效应管 T2，再经 T2 反相，在 P2. X 引脚出现的数据正好是内部总线的数据。

P2 口用作输入时，数据可以读自口的锁存器，也可以读自口的引脚。这要根据输入操作采用的是“读锁存器”指令还是“读引脚”指令来决定。

CPU 在执行“读—修改—写”类输入指令时（例如，ANL P2，A)，内部产生的“读锁存器”操作信号使锁存器 Q 端数据进入内部数据总线，在与累加器 A 进行逻辑运算之后，结果又送回 P2 的口锁存器并出现在引脚。

CPU 在执行“MOV”类输入指令时（例如，MOV A，P2)，内部产生的操作信号是“读引脚”。应在执行输入指令前把锁存器写入“1”，目的是使场效应管 T2 截止，从而使引脚处于高阻抗输入状态。

所以，P2 口在作为通用 I/O 口时，属于准双向口。

（2）P2 用作地址总线。

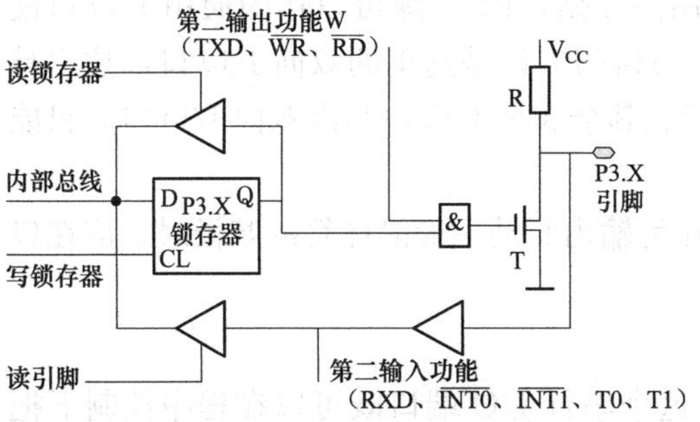

图 2-10　P3 口的位结构

当需要在单片机芯片外部扩展程序存储器（EA＝0）或扩展的 RAM 容量超过 256B 时（读/写片外 RAM 或 I/O 采用“MOVX @DPTR”类指令)，单片机内硬件自动使控制 C＝1，MUX 开关接向地址线，这时 P2. X 引脚的状态正好与地址线输出的信息相同。

4. P3 口的结构

P3 口的位结构如图 2-10 所示。P3 口由 1 个输出锁存器、3 个输入缓冲器（其中 2 个为三态）、输出驱动电路和 1 个与非门组成。其输出驱动电路与 P2 口和 P1 口相同，内部带上拉电阻。

（1）P3 用作第一功能的通用 I/O 口。当 CPU 对 P3 口进行字节或位寻址时（多数应用场合是把几条口线设为第二功能，另外几条口线设为第一功能，这时宜采用位寻址方式），单片机内部的硬件自动将第二功能输出线的 W 置 1。这时，对应的口线为通用 I/O 口方式。

作为输出时，锁存器的状态（Q 端）与输出引脚的状态相同。

作为输入时，也要先向口锁存器写入 1，使引脚处于高阻输入状态。输入的数据在“读引脚”信号的作用下，进入内部数据总线。所以，P3 口在作为通用 I/O 口时，也属于准双向口。

（2）P3 用作第二功能使用。当 CPU 不对 P3 口进行字节或位寻址时，单片机内部硬件自动将口锁存器的 Q 端置 1。这时，P3 口可以作为第二功能使用。各引脚的定义如下：

P3.0：RXD（串行口输入）；

P3.1：TXD（串行口输出）；

P3.2：INT0（外部中断 0 输入）；

P3.3：INT1（外部中断 1 输入）；

P3.4：T0（定时/计数器 0 的外部输入）；

P3.5：T1（定时/计数器 1 的外部输入）；

P3.6：WR（片外数据存储器“写”选通控制输出）；

P3.7：RD（片外数据存储器“读”选通控制输出）。

P3 口相应的口线处于第二功能，应满足的条件是：

1）串行 I/O 口处于运行状态（RXD，TXD）。

2）外部中断已经打开（INT0、INT1）。

3）定时器/计数器处于外部计数状态（T0、T1）。

4）执行读/写外部 RAM 的指令（RD、WR）。

作为输出功能的口线（例如，TXD），由于该位的锁存器已自动置 1，与非门对第二功能输出是畅通的，即引脚的状态与第二功能输出是相同的。

作为输入功能的口线（例如，RXD），由于此时该位的锁存器和第二功能输出线均为 1，场效应管 T 截止，该口引脚处于高阻输入状态。引脚信号经输入缓冲器（非三态门）进入单片机内部的第二功能输入线。

5. 并行口的负载能力

P1 口常用作通用 I/O 口使用，为 CPU 传送用户数据，P3 口除可以作为通用 I/O 口使用外，还具有第二功能。在 4 个并行 I/O 端口中，只有 P0 口是真正的双向 I/O 口，故它具有较大的负载能力，最多可以推动 8 个 LSTTL 门，其余 3 个 I/O 口是准双向 I/O 口，只能推动 4 个 LSTTL 门。

由于单片机口线仅能提供几毫安的电流，当作为输出驱动一般晶体管的基极时，应在口与晶体管的基极之间串接限流电阻。

2.3.4 串行 I/O 端口

8051 有一个全双工的可编程串行 I/O 端口。这个串行 I/O 端口既可以在程序控制下把 CPU 的 8 位并行数据变成串行数据逐位从发送数据线 TXD 发送出去，也可以把 RXD 线上串行接收到的数据变成 8 位并行数据送给 CPU，而且这种串行发送和接收可以单独进行，也可以同时进行。

表 2-5　P3 口 第 二 功 能

P3 口的位	第二功能	注　释
P3.0	RXD	串行数据接收口
P3.1	TXD	串行数据发送口
P3.2	$\overline{INT0}$	外中断 0 输入
P3.3	$\overline{INT1}$	外中断 1 输入
P3.4	T0	计数器 0 计数输入
P3.5	T1	计数器 1 计数输入
P3.6	$\overline{WR}$	外部 RAM 写选通信号
P3.7	$\overline{RD}$	外部 RAM 读选通信号

8051 串行发送和串行接受利用了 P3 口的第二功能，即它利用 P3.1 引脚作为串行数据的发送线 TXD 和 P3.0 引脚作为串行数据的接受线 RXD，见表 2-5。串行 I/O 口的电路结构还包括串行口控制寄存器 SCON、电源及波特率选择寄存器 PCON 和串行数据缓冲器 SBUF 等，他们都属于 SFR（特殊功能寄存器）。其中，PCON 和 SCON 用于设计串行口工作方式的确定数据的发送和接收波特频率，SBUF 实际上由两个 8 位寄存器组成，一个用于存放发送数据，另一个用于存放接收到的数据，起着数据的缓冲作用，这些将在第 10 章中加以详细介绍。

2.3.5　定时器计数器

8051 内部有两个 16 位可编程序的定时器计数器，分别为 T0 和 T1。其中 T0 由两个八位寄存器 TH0 和 TL0 拼装而成，TH0 为高 8 位，TL0 为低 8 位。与 T0 类同，T1 也由 TH1 和 TL1 拼装而成，其中 TH1 为高 8 位，TL1 为低 8 位。TH0、TL0、TH1 和 TL1 均为 SFR 中的一个，用户可以通过指令对他们存取数据。因此，T0 和 T1 的最大计数模值为 $2^{16}-1$，即需要 65 535 个脉冲才能把它们从全“0”变为全“1”。

T0 和 T1 有定时器和计数器两种工作模式，在每种工作模式下又分为若干工作方式。在定时器模式下，T0 和 T1 的计数脉冲可以由单片机时钟脉冲经 12 分频后提供，故定时间和单片机时钟频率有关。在计数器模式下，T0 和 T1 的计数脉冲可以从 P3.4 和 P3.5 引脚上输入。对 T0 和 T1 的控制由两个 8 位特殊功能寄存器完成：一个是定时器方式选择寄存器 TMOD，用于确定定时器还是计数器工作模式；另一个叫做定时器控制 TCON，可以决定定时器或计数器的启动、停止以及进行中断控制。TMOD 和 TCON 也是特殊功能寄存器，用户可以通过指令确定它们的状态。

2.3.6　中断系统

计算机中的中断是指 CPU 暂停原程序执行转而为外部设备服务（执行中断服务程序），并在服务完后回到原程序执行的过程。中断系统是指能够处理上述中断过程所需要的那部分电路。

中断源是指能产生中断请求信号的源泉。8051 共可处理 5 个中断源发出的请求，可以对五个中断请求信号进行排队和控制，并响应其中优先权最高的中断请求。8051 的 5 个中断源中有内部和外部之分，通常指外部设备；内部中断源有三个，两个定时器计数器中断源和一个串行口中断源。外部中断源产生的中断请求信号可以从 P3.2 和 P3.3（即 INT0 和 INT1）引脚上（见表 2-5）输入，有电平或边缘两种引起中断的触发方式。内部中断源 T0 和 T1 的两个中断是在它们从全“1”变为全“0”溢出时自动向中断系统提出的，内部串行口中断源的中断请求是在串行口每发送完一个 8 位二进制数据或者接收一组输入数据（8 位）后自动向中断系统提出的。

8051 的终端系统主要有 IE（Interrupt Enable，中断允许）控制器和中断优先级控制器

IP 等电路组成。其中，IE 用于控制 5 个中断源中哪些中断请求被允许向 CPU 提出，哪些中断源的请求被禁止；IP 用于控制 5 个中断源的中断请求优先权最高，可以被 CPU 最先处理。IE 和 IP 也属于 21 个 SFR，其状态也可以由用户通过指令设定。这些也将在后续章节中加以详细介绍。

2.4　MCS-51 单片机时钟电路与 CPU 时序

单片机在执行指令时，CPU 首先要到程序存储器中取出需要执行指令的指令码，然后对指令译码，并由时序部件产生一系列控制信号去完成指令的执行。这些控制信号在时间上的相互关系就是 CPU 时序，或者说时序就是 CPU 在执行指令时所需控制信号的时间顺序。

2.4.1　80C51 的时钟产生方式

80C51 单片机的时钟信号通常有两种产生方式：一是内部时钟方式；二是外部时钟方式。

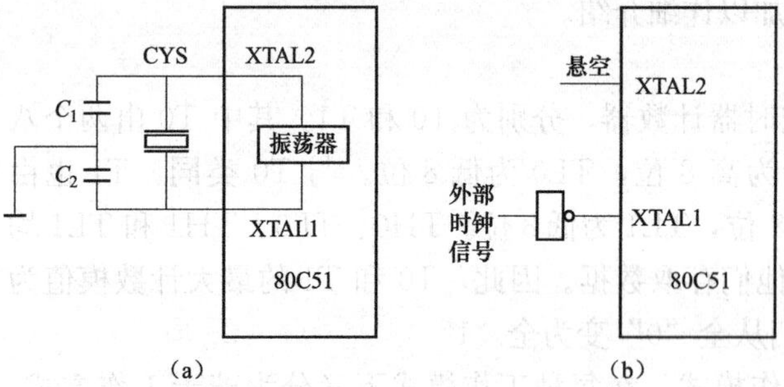

图 2-11　80C51 单片机的时钟信号

(a) 内部时钟方式；(b) 外部时钟方式

内部时钟方式如图 2-11（a）所示。在 80C51 单片机内部有一振荡电路，只要在单片机的 XTAL1 和 XTAL2 引脚外接石英晶体（简称晶振），就构成了自激振荡器并在单片机内部产生时钟脉冲信号。图中电容器 C1 和 C2 的作用是稳定频率和快速起振，电容值在 5～30pF，典型值为 30pF。晶振 CYS 的振荡频率范围为 1.2～12MHz，典型值为 12MHz 和 6MHz。

外部时钟方式是把外部已有的时钟信号引入到单片机内，如图 2-11（b）所示。此方式常用于多片 80C51 单片机同时工作，以便于各单片机同步。一般要求外部信号高电平的持续时间大于 20ns，且为频率低于 12MHz 的方波。对于采用 CHMOS 工艺的单片机，外部时钟要由 XTAL1 端引入，而 XTAL2 端引脚应悬空。

2.4.2　机器周期和指令周期

对单片机进行时序分析时常用单位包括：振荡周期、时钟周期、机器周期和指令周期。

1. 振荡周期

晶振周期又称为外部时钟信号周期或节拍，用 P 表示，是单片机最基本的定时单位，定义为时钟脉冲频率的倒数。如某单片机时钟频率为 1MHz，则它的时钟周期 T 应为 1μs。80C51 单片机的时钟信号如图 2-12 所示。

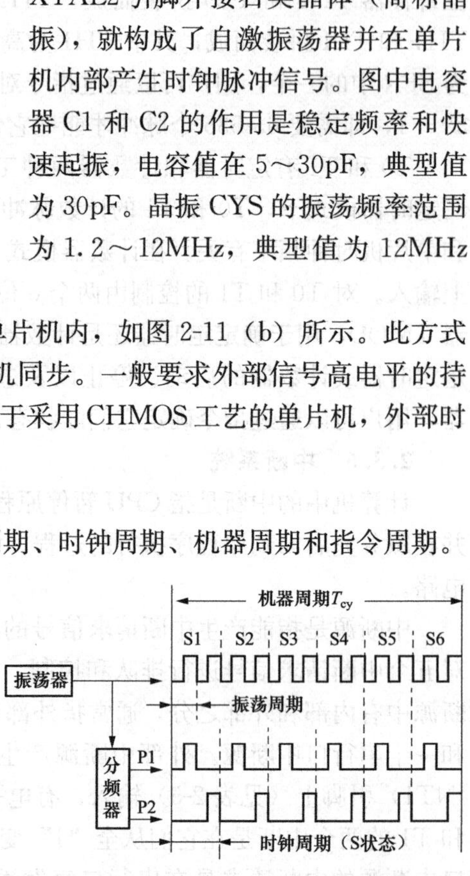

图 2-12　80C51 单片机的时钟信号

2. 时钟周期

振荡信号经分频器后形成两相错开的时钟信号 P1 和 P2。时钟信号的周期也称为 S 状态，它是振荡周期的两倍，即一个时钟周期包含 2 个振荡周期。在每个时钟周期的前半周期，相位

1（P1）信号有效，在每个时钟周期的后半周期，相位 2（P2）信号有效。每个时钟周期有两个节拍 P1 和 P2，CPU 以两相时钟 P1 和 P2 为基本节拍指挥各个部件谐调地工作。

3. 机器周期

晶振信号 12 分频后形成机器周期。一个机器周期包含 12 个振荡周期或 6 个时钟周期。因此，一个机器周期中的 12 个振荡周期可以表示为 S1P1，S1P2，S2P1，S2P2，…，S6P2。

4. 指令周期

指令周期是时序中最大时间单位，定义为执行一条指令所需的时间。由于机器执行不同指令所需的时间不同，因此不同指令所包含的机器周期数也不相同。通常，包含一个机器周期的指令称为单周期指令，包含两个机器周期的指令称为双周期指令等。

指令的运算速度和指令所包含的机器周期有关，机器周期数越少的指令执行速度越快，MCS-51 单片机通常可以分为单周期指令、双周期指令和四周期指令三种，四周期指令只有乘法和除法指令两条，其余均为单周期和双周期指令。

晶振周期、时钟周期、机器周期和指令周期均是单片机时序单位。晶振周期和机器周期是单片机内计算其他时间值（如波特率、定时器的定时时间等）的基本时序单位。如晶振频率为 12MHz，则机器周期为 1μs，指令周期为 1～4μs。

2.4.3　MCS-51 指令的取指/执行时序

单片机执行任何一条指令是都可以分为取指令阶段和执行指令阶段，取指令阶段简称取指阶段，单片机在这个阶段里可以把程序计数器 PC 中的地址送到程序存储器，并从中取出需要执行指令的操作码和操作数。指令执行阶段可以对指令操作码进行译码，以产生一系列控制信号完成指令的执行。如图 2-13 所示给出了 MCS-51 指令的取指/执行时序。

由图 2-13 可见，ALE 引脚上出现的信号是周期性的，每个机器周期内出现两次高电平，出现时刻为 S1P2 和 S4P2，持续时间为一个状态 S。ALE 信号每出现一次，CPU 就进行一次取指操作，但由于不同指令的字节数和机器周期数不同，因此取指令操作也随指令不同而有小的差异。

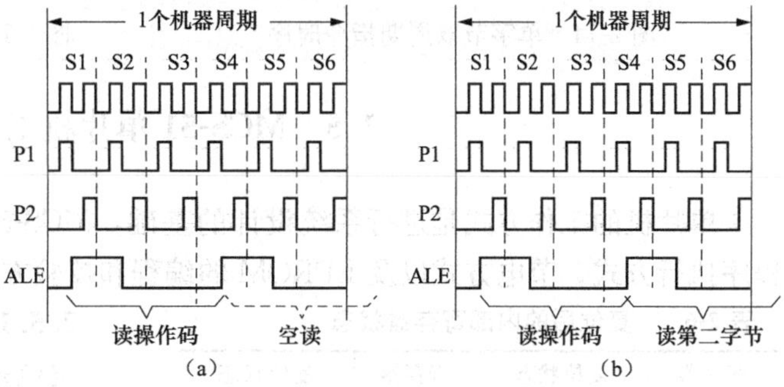

图 2-13　80C51 单片机的时钟信号

(a) 单字节指令；(b) 双字节指令

按照指令字节数和机器周期数，MCS-51 的 111 条指令可分为 6 类，分别对应于 6 种基本时序。这 6 类指令是：单字节单周期指令、单字节双周期指令、单字节四周期指令、双字节单周期指令、双字节双周期指令和三字节双周期指令。为了弄清楚这些基本时序的特点，现将几种主要时序做一简述。

1. 单字节单周期指令时序

这类指令的指令码只有一个字节（例如，INC A 指令），存放在程序存储器 ROM 中，机器从取出指令码到完成指令的执行仅需一个机器周期，如图 2-13（a）所示。

在图 2-13（a）中，机器在 ALE 第一次有效（S1P2）时从 ROM 中读出指令码，把它送到指令寄存器 IR，接着开始执行。在执行期间，CPU 一方面在 ALE 第二次有效（S4P2）时封锁 PC 加"1"，是第二次读操作无效；另一方面在 S6P2 时完成指令的执行。

2. 双字节单周期指令时序

双字节单周期指令时序如图 2-13（b）所示，MCS-51 在执行这类指令时需要分两次从 ROM 中读出指令码。ALE 在第一次有效时读出指令操作码，CPU 对它译码后便知道是双字节指令，故使程序计数器 PC 加“1”，并在 ALE 第二次有效读出指令的第二字节（也是 PC 加“1”一次），最后在 S6P2 时完成指令的执行。

3. 单字节双周期指令时序

单字节双周期指令时序如图 2-14 所示。这类指令执行时，CPU 在第一机器周期 S1 期间从程序存储器 ROM 中读出指令操作码。经译码后便知道是单字节双周期指令，故控制器自动封锁后面的连续三次读操作，并在第二机器周期的 S6P2 时完成指令的执行。

应注意的是，在对片外 RAM 进行读/写时，ALE 信号会出现非周期现象，如图 2-15 所示。在第二机器周期无读操作码的操作，而是进行外部数据存储器的寻址和数据选通，所以在 S1P2～S2P1 间无 ALE 信号。

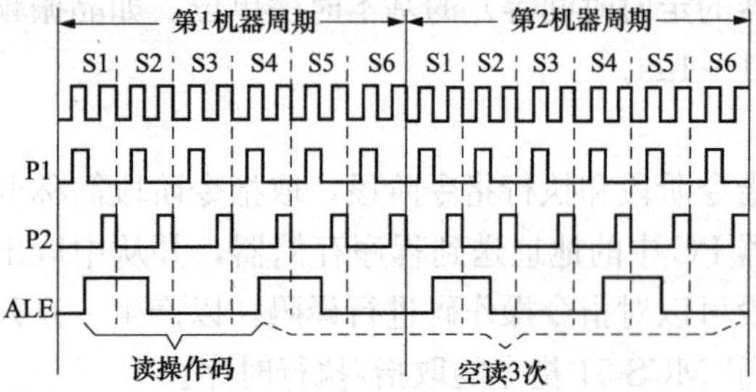

图 2-14 单字节双周期指令时序

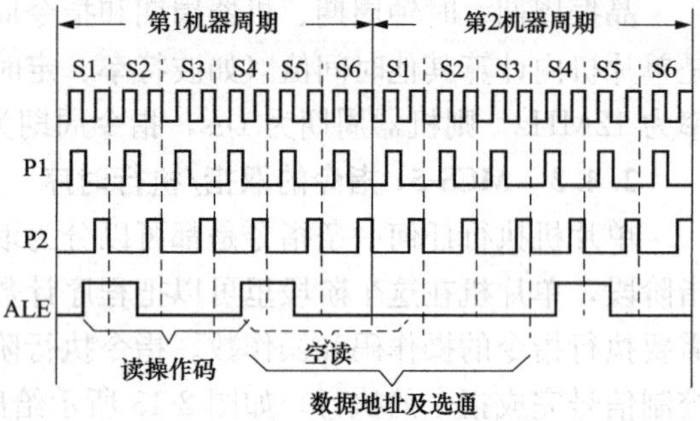

图 2-15 访问外部 RAM 的双周期指令时序

2.5 MCS-51 单片机工作方式

单片机的工作方式是进行系统设计的基础，MCS-51 单片机的工作方式包括复位方式、程序执行方式、节电方式以及 EPROM 的编程和校验方式 4 种。

表 2-6 复位后的内部寄存器状态

寄存器	复位状态	寄存器	复位状态
PC	0000H	TCON	00H
ACC	00H	TL0	00H
PSW	00H	TH0	00H
SP	07H	TL1	00H
DPTR	0000H	TH1	00H
P0～P3	FFH	SCON	00H
IP	××000000B	SBUF	不定
IE	0×000000B	PCON	0×××0000B
TMOD	00H		

2.5.1 复位方式

复位是使单片机或系统中的其他部件处于某种确定的初始状态。单片机的工作就是从复位开始的。MCS-51 的 RST 引脚是复位信号的输入端。复位信号是高电平有效，持续时间为 24 个时钟周期以上。例如，若 MSC-51 单片机时钟频率为 12MHz，则复位脉冲宽度至少应为 2μs。单片机复位后，其片内各寄存器状态见表 2-6。这时，堆栈指针 SP 为 07H，ALE、APSL、P0、P1、P2 和 P3 口各引脚均为高电平，片内 RAM 中内容不变。

2.5.2 程序执行方式

程序执行方式是单片机的基本工作方式，通常可以分为单步执行和连续执行两种工作方式。

1. 单步执行方式

单步执行方式是指按一次单步执行键就执行一条用户指令的方式，单步执行方式常常用于用户程序的调试。

单步执行方式是利用单片机外部中断功能实现的。单步执行键相当于外部中断的中断源，当它被按下时相应电路就产生一个负脉冲（即中断请求信号）送到单片机的 INT0（或 INT1）引脚。MCS-51 单片机在 INT0 上的负脉冲的作用下，便能自动执行预先安排在中断服务程序中的如下两条指令：

```
LOOP1：JNB   P3.2，LOOP1   ；若INT0=0，则不往下执行
LOOP2：JB    P3.2，LOOP2   ；若INT0=1，则不往下执行
RET1
```

并返回用户程序中执行一条用户指令，这条用户指令执行完后，单片机又自动回到上述终端服务程序执行，并等待用户再次按下单步执行键。

2. 连续执行方式

连续执行方式是所有单片机都需要的一种工作方式，被执行程序可以放在片内或片外 ROM 中，由于单片机复位后 PC＝0000H，因此机器在加电或按钮复位后总是转到 0000H 处执行程序，这就可以预先在 0000H 处放一条转移指令，以便跳转到 0000H-FFFFH 中的任何地方执行程序。

2.5.3　节电工作方式

节电方式是一种能减少单片机功耗的工作方式，通常可以分为空闲（等待）方式和掉电（停机）方式两种，只有 CHMOS 型器件才有这种工作方式。CHMOS 型单片机是一种低功耗器件，正常工作时消耗 11～20mA 电流，空闲状态时为 1.7～5mA 电流，掉电方式为 5～50mA，因此，CHMOS 型单片机特别适用于低功耗的应用场合。

CHMOS 型单片机的节电方式是由特殊功能寄存器 PCON 控制的，PCON 各位定义为：

PCON.7	PCON.6	PCON.5	PCON.4	PCON.3	PCON.2	PCON.1	PCON.0
SMOD	—	—	—	GFI	GF0	PD	IDL

其中，SMOD 为串行口波特率倍率控制位，若 SMOD＝1，则串行口波特率倍率；PCON.6～PCON.4 无定义，用户不可使用；GF1 和 GF0 为通用标志位，用户可通过指令改变他们的状态；PD 为掉电控制位；IDL 为空闲控制位。

2.6　习　　题

1. 程序状态字 PSW 各位的定义是什么？

2. 什么是堆栈？MCS-51 堆栈指示器 SP 作用是什么？并说明初始化后 SP 中的内容是什么？

3. 数据指针 DPTR 有多少位？作用是什么？

4. MCS-51 单片机寻址范围有多少？8051 最多可以配置的最多大容量 ROM 和 RAM？用户可以使用的容量又有多少？

5. 8051 片内 RAM 容量有多少？可以分为哪几个区？各有什么特点？

6. 8051 的特殊功能寄存器 SFR 有多少个？可以位寻址的有哪些？

7. P0、P1、P2 和 P3 是特使功能寄存器吗？它们的物理地址各为多少？作用是什么？

8. 8051 单片机主要由哪几部分组成？各有什么特点？

9. 8051 和片外 RAM/ROM 连接时，P0 和 P2 口各用来传送什么信号？为什么 P0 口需要采用片外地址锁存器？

10. 8051 XTAL1 和 XTAL2 的作用什么？时钟频率和那些因素有关？

11. 8051 RST 引脚的作用是什么？有哪两种复位方式？请画出电路类型。

12. 复位方式下，各寄存器中的内容是什么？说明其含义。

13. 什么是空闲方式？怎么进入和退出空闲方式？

14. 时钟周期、机器周期和指令周期的含义是什么？MCS-51 的一个机器周期包含多少个时钟周期？

15. 简述读片外 ROM 指令的执行过程。

16. 简述写片外 RAM 指令的执行过程，并画出时序图。

第3章 MCS-51单片机指令系统

在前两章的学习中，我们已经对单片微型计算机的内部结构和工作原理有了一个基本的了解。在此基础上，本章将进一步介绍指令的格式、分类和寻址方式，并以大量实例阐述MCS-51指令系统中每条指令的含义和特点，为汇编语言程序设计打下基础。

3.1 MCS-51指令系统概述

指令是CPU按照人的意图来完成某种操作的命令。一台计算机的CPU所能执行全部指令的集合称为这个CPU的指令系统。指令系统功能的强弱决定了计算机性能的高低。80C51单片机具有111条指令，其指令系统的特点：执行时间短、指令编码字节少、位操作指令丰富，这是80C51单片机面向控制特点的重要保证。

3.1.1 MCS-51指令格式

计算机能直接识别和执行的指令是二进制编码指令，称为机器指令。机器指令不便于记忆和阅读。为了编写程序的方便，人们采用了有一定含义的符号来表示机器指令，从而形成了所谓的助记符。由于助记符是机器指令的符号表示，所以它与机器指令有一一对应的关系。助记符转换成机器指令后，单片机才能识别和执行。

80C51指令系统的符号指令通常由操作助记符、目的操作数、源操作数及指令的注释几部分构成。一般格式为：

[标号:] 操作码助记符 [第一操作数] [,第二操作数] [;注释]

◆ 操作助记符表示指令的操作功能；

◆ 操作数是指令执行某种操作的对象，它可以是操作数本身，可以是寄存器，也可以是操作数的地址；

◆ 标号是该指令的符号地址。标号以大小写英文字母打头；标号不能与寄存器、端口及指令助记符重名；

◆ 注释是对指令功能的解释。

在80C51的指令系统中，多数指令为两操作数指令。当指令操作数隐含在操作助记符中时，在形式上这种指令无操作数。另有一些指令为单操作数指令或三操作数指令。在指令的一般格式中使用了可选择符号“[]”，其包含的内容因指令的不同可以有或无。在两个操作数的指令中，通常目的操作数写在左边，源操作数写在右边。

例如：指令ANL A，＃40H完成的任务是将立即数“40H”同累加器A中的数进行“与”操作，结果送回累加器。这里ANL为“与”操作的助记符，立即数“40H”为源操作数，累加器A为目的操作数（注：在指令中，多数情况下累加器用“A”表示，仅在直接寻址方式中，用“ACC”表示累加器在SFR区的具体地址E0H。试比较，指令MOV A，＃30H的机器码为74H、30H；而指令MOV ACC，＃30H的机器码为75H、E0H、30H）。

MCS-51单片机指令格式是指令码的结构形式。按指令字节数可分为单字节指令、双字节指令和三字节指令。

1. 单字节指令（49 条）

单字节指令码只有一个字节，有 8 位二进制数形式，这类指令共有 49 条。通常，单字节指令又分为两类：一类是无操作数的单字节指令；另一类是含有操作数寄存器编好的单字节指令。

（1）无操作数单字节指令。这类指令的指令码只有操作码，操作数是隐含在操作码中。例如，INC A 指令的二进制形式为：

0 0 0 0 0 1 0 0

累加器 A 隐含在操作码中。指令的功能是累加器 A 的内容加 1。

（2）含有操作数寄存器号的单字节指令。这类指令的指令码由操作码和专门用来指示操作数所在寄存器号的字段组成。这种指令的高 5 位为操作码，低 3 位为存放操作数的寄存器编码。如指令 MOV A，R0 的编码为：

1 1 1 0 1 0 0 0

其十六进制表示为 E8H（低 3 位 000 为寄存器 R0 的编码）。该指令的功能是将当前工作寄存器 R0 中的数据传送到累加器 A 中。

2. 双字节指令（46 条）

这类指令的第一个字节表示操作码，第二个字节表示参与操作的数据或数据存放的地址。如数据传送指令 MOV A，＃50H 的两字节编码为 0111 0100B，0101 0000B。

0	1	1	1	0	1	0	0
0	1	0	1	0	0	0	0

其十六进制表示为 74H，50H。该指令的功能是将立即数“50H”传送到累加器 A 中。

其中，74H 为操作码，占 1 个字节；50H 为源操作数，也占 1 个字节；累加器 A 是目的操作数寄存器。

3. 三字节指令（16 条）

这类指令的第一个字节表示该指令的操作码，后两个字节表示参与操作的数据或数据存放的地址。

例如，数据传送指令 MOV 20H，＃50H 的三个字节编码为：

0	1	1	1	0	1	0	1
0	0	1	0	0	0	0	0
0	1	0	1	0	0	0	0

其十六进制表示为 75H，20H，50H。

一般来说，指令字节数越少，指令执行速度越快，所占存储单元也就越少。因此，在程序设计中，应在可能的情况下注意选用指令字节数少的指令。

3.1.2 指令的分类

MCS-51 单片机指令系统共有 111 条指令，可以实现 51 种基本操作。这 111 条指令的分类方法较多，除可以按照指令功能和字节数分类外，还可以按照指令的机器周期数来分类。

1. 按指令所占的字节来分

(1) 单字节指令 49 条。

(2) 双字节指令 45 条。

(3) 三字节指令 17 条。

2. 按指令的执行时间来分

(1) 1 个机器周期（12 个时钟振荡周期）指令 64 条。

(2) 2 个机器周期（24 个时钟振荡周期）指令 45 条。

(3) 只有乘、除两条指令的执行时间为 4 个机器周期（48 个时钟振荡周期）。

3. 按功能分五大类

(1) 数据传送类（29 条）。

(2) 算术运算类（24 条）。

(3) 逻辑运算类（24 条）。

(4) 控制转移类（17 条）。

(5) 位操作类（17 条）。

3.1.3 指令系统中所用符号的说明

MCS-51 指令系统中的所有指令如附录 B 所示。除操作码字段采用了 42 种操作码助记符外，还在源操作数和目的操作数字段中使用了一些符号。这些符号的含义归结如下：

(1) Rn：工作寄存器，可以是 R0～R7 中的一个。

(2) ＃data：8 位立即数，实际使用时，data 应是 00H～FFH 中的一个。

(3) direct：8 位直接地址，实际使用时，direct 应该是 00H～FFH 中的一个，也可以是特殊功能寄存器 SFR 中的一个。

(4) @Ri：表示寄存器间接寻址，Ri 只能是 R0 或 R1。

(5) ＃data16：16 位立即数。

(6) DPTR：表示以 DPTR 为数据指针的间接寻址，用于对外部 64KB RAM ROM 寻址。

(7) bit：位地址。

(8) addr11：11 位目标地址。

(9) addr16：16 位目标地址。

(10) rel：8 位带符号地址偏移量。

(11) ＄表示当前指令的地址。

(12) ←表示数据传输方向。可理解为箭头左边的内容被箭头右边的内容所取代。

(13) ←→表示数据交换。箭头两侧的内容互换。

(14) (x) 表示地址 x 单元中的内容。

(15) ((x)) 表示 x 地址单元中的内容为地址的单元中的内容。

3.2 寻 址 方 式

所谓寻址方式，就是寻找操作数地址的方式。在执行指令时，CPU 首先要根据地址寻找参加运算的操作数，然后才能对操作数进行操作，操作结果还要根据地址存入相应存储单元或寄存器中。因此，计算机执行程序实际上是不断寻找操作数并进行操作的过程。通常，指令的寻址方式有多种，寻址方式越多，指令功能就越强。

在 MSC-51 单片机中，源操作数可以在指令中，可以在寄存器中，也可以在存储器单元中。为了适应这一操作数范围内的寻址，MSC-51 的指令操作系统共使用了 7 种寻址方式，它们分别是：寄存器寻址、直接寻址、立即寻址、寄存器间接寻址、变址寻址、相对寻址和位寻址。

3.2.1 寄存器寻址

操作数存放在寄存器中，指令中直接给出该寄存器的名称，这种寻址方式称为寄存器寻址。采用寄存器寻址可以获得较高的传送和运算速度。

在该寻址方式中，用符号名称表示寄存器，参加操作的数存放在寄存器里。寄存器包括 8 个工作寄存器 R0～R7（由 PSW 中的 RS1、RS0 指定当前工作寄存器组号）、累加器 A（注：使用符号 ACC 表示累加器时属于直接寻址）、寄存器 B、数据指针 DPTR。

例如，(R0) =30H，指令 MOV A，R0 执行后，A 的内容为 30H，指令执行过程如图 3-1 所示。

3.2.2 直接寻址

源操作数在内 RAM 中，指令中直接给出的操作数是片内 RAM 单元的地址，该地址通常可以是 8 位二进制数，该地址单元中的数据才是真正被操作的对象。直接地址用 direct 表示。直接寻址方式只适于内部 RAM 的数据传送。

例：MOV A，50H；A← (50H)

该指令的功能是把内部 RAM 中 50H 单元的内容送入累加器 A，指令执行过程如图 3-2 所示。

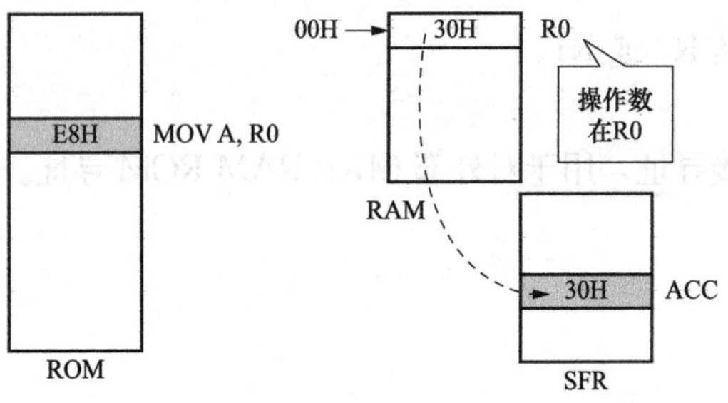

图 3-1 寄存器寻址执行过程示意图

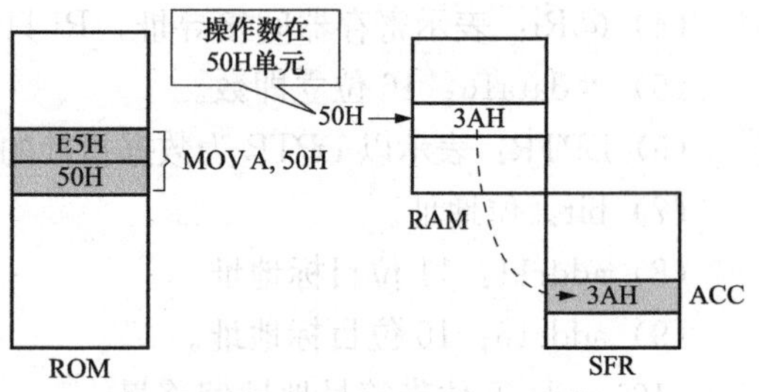

图 3-2 直接寻址执行过程示意图

直接寻址指令在使用时需要注意：

(1) 指令中数据或地址不允许以字母打头，若出现以字母 A～F 打头的十六进制数（立即数、单元地址或其他），数据地址均需加前导 0。

(2) 在 MCS-51 指令系统中，累加器有 A、ACC 和 E0H 三种表示形式，分属于两种不同的寻址方法，但指令的执行效果是完全相同的。例如，

```
INC  A
INC  ACC
INC  0E0H
```

其中，第一条指令是寄存器寻址，指令码为 04H；第二条和第三条指令是直接寻址，

指令码为05E0H，这三条指令的执行效果相同，都是使累加器A中的的内容加1。

(3) 在指令系统中，字节地址和位地址是有区别的。前者用direct，后者用bit表示。但在实际程序中，两者都要用十六进制数表示，因此使用中也容易混淆。例如，

```
MOV  A, 20H    ; A←(20H)
MOV  C, 20H    ; A←(20H)
```

在第一条指令中，由于目标寄存器是累加器A，因此指令中的20H是字节地址direct，汇编时总汇编成E520H，第二条指令中由于目标寄存器是进制标志位C（即PWS.7），故它的20H属于位地址bit，相应的20H中的内容是指24H中的单元中的最低位20H中的内容，汇编后的指令码为A220H，显然两条指令的含义和执行效果是完全不同的。

3.2.3 立即寻址

指令编码中直接给出操作数的寻址方式称为立即寻址，紧跟在操作码之后的操作数称为立即数。立即数可以为1个字节，也可以为2个字节，并要用符号"#"来标识。一般用#data表示。

例：MOV A，#85H；A←#85H

该指令的功能是将立即数85H送入累加器A中，指令执行过程如图3-3所示。

对于16位立即数指令，汇编时它的高8位应放在前面（即指令的第二字节位置），低8位放在后面（即指令的第三字节位置）。

例：MOV DPTR，#2008H；DPTR←#2008H

该指令的功能是将立即数2008H送入数据指针寄存器DPTR中。将数据指针寄存器DPTR指向2008H。

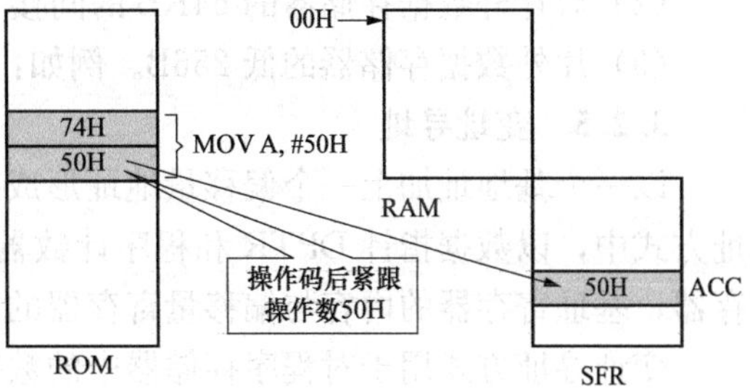

图3-3 立即寻址执行过程示意图

该指令的功能是将16位的立即数"2008H"传送到数据指针寄存器DPTR中，立即数的高8位"20H"装入DPH中，低8位"08H"装入DPL中。

在指令汇编形式中，立即数通常使用#data或#data16表示，其中，#使它区别于direct（或bit）的唯一标志。例如，

```
MOV  A, #4AH   ; A←4AH
MOV  A, 4AH    ; A←(4AH)
```

其中，在第一条指令中的源操作数是立即寻址，4AH作为一个8位二进制数传送到累加器A中，指令码为743AH。第二条指令中的源操作数是直接寻址，4AH代表地址，指令的功能是将地址4AH中的内容送入累加器A中。

3.2.4 寄存器间接寻址

寄存器中的内容为地址，从该地址去取操作数的寻址方式称为寄存器间接寻址。因此，寄存器间址实际上是一种二次寻找操作地址的寻址方式。

寄存器间接寻址只能使用寄存器R0、R1作为地址指针来寻址内部RAM区的数据；当访问外部RAM时，可使用R0、R1及DPTR作为地址指针。寄存器间接寻址符号为"@"，例如：

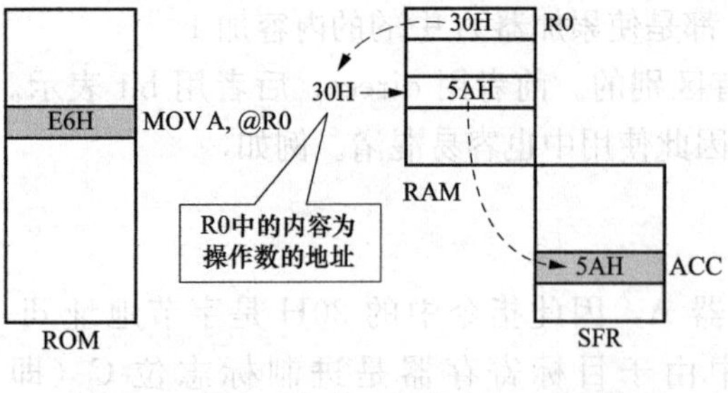

图 3-4 寄存器间接寻址执行过程示意图

MOV A，R0 ；A←R0

MOV A，@R0 ；A←(R0)

其中，第一条指令是寄存器寻址，R0 中为操作数，指令码为 E8H；第二条指令是寄存器间接寻址，寄存器 R0 中为操作数地址，不是操作数，指令码为 E6H。

例：(R0)＝30H，(30H)＝5AH，执行指令 MOVA，@R0 后，A 的内容为 5AH，指令执行过程如图 3-4 所示。

寄存器间接寻址的存储空间为片内 RAM 或片外 RAM。片内 RAM 的数据传送采用“MOV”类指令，间接寻址寄存器采用寄存器 R0 或 R1（堆栈操作时采用 SP）。片外 RAM 的数据传送采用“MOVX”类指令，间接寻址寄存器有两种选择，一是采用 R0 和 R1 作间址寄存器，这时 R0 或 R1 提供低 8 位地址，高 8 位地址由 P2 口提供；二是采用 DPTR 作为间址寄存器。总结如下：

（1）访问内部 RAM 低 128 个单元，其通用形式为@Ri。

（2）对片外数据存储器的 64KB 的间接寻址，例如：MOVX A，@DPTR。

（3）片外数据存储器的低 256B。例如：MOVX A，@Ri。

3.2.5 变址寻址

以一个基地址加上一个偏移量地址形成操作数地址的寻址方式称为变址寻址。在这种寻址方式中，以数据指针 DPTR 和程序计数器 PC 作为基址寄存器，累加器 A 作为偏移量寄存器，基址寄存器的内容与偏移量寄存器的内容之和作为操作数地址。

变址寻址方式用于对程序存储器中的数据进行寻址。由于程序存储器是只读存储器，所以变址寻址操作只有读操作而无写操作。

MCS-51 有如下两条变址寻址指令：

MOVC A，@A＋PC ；A←(A＋PC)

MOVC A，@A＋DPTR ；A←(A＋DPTR)

第一条变址寻址指令是单字节指令，机器码为 83H。该指令执行时先使 PC 中当前值（机器码 83H 所在 ROM 单元地址）加 1，即取出指令码 83H。然后把这个加 1 后的 PC 中的地址与累加器 A 中的地址偏移量相加，从而取出该地址中操作数并传送到累加器 A 中，第二条指令执行过程和第一条指令类似，现举例加以说明。

［例 3-1］ (A)＝0FH，程序存储器 240FH 单元的内容为 88H，(DPH)＝24H，(DPL)＝00H，执行指令 MOVC A，@A＋DPTR 后，A 的内容是什么？

解 由于 (DPTR)＝2400H，程序存储器 240FH 单元的内容为 88H。执行指令 MOVC A，@A＋DPTR 时，首先将 DPTR 的内容 2400H 与累加器 A 的内容 0FH 相加，得到地址 240FH，然后将该地址的内容 88H 取出传送到累加器 A。则 A 的内容为 88H，原来 A 的内容 0FH 被冲掉，如图 3-5 所示。

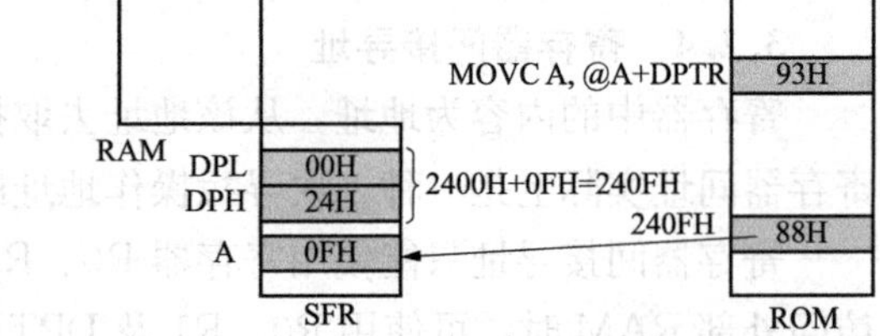

图 3-5 变地址寻址执行过程示意图

另外两条变址寻址指令为：

MOVC A，@A+PC

JMP @A+DPTR

前一条指令的功能是将累加器的内容与 PC 的内容相加形成操作数地址，把该地址中的数据传送到累加器中。后一条指令的功能是将累加器的内容与 DPTR 的内容相加形成指令跳转地址，从而使程序转移到该地址运行。

3.2.6　相对寻址

相对寻址是以程序计数器 PC 的当前值（指读出该双字节或三字节的跳转指令后，PC 指向的下条指令的地址）为基准，加上指令中给出的相对偏移量 rel 形成目标地址的寻址方式。此种寻址方式的操作是修改 PC 的值，所以主要用于实现程序的分支转移。

在跳转指令中，相对偏移量 rel 给出相对于 PC 当前值的跳转范围，其值是一个带符号的 8 位二进制数，取值范围是－128～＋127，以补码形式置于操作码之后存放。执行跳转指令时，先取出该指令，PC 指向当前值。再把 rel 的值加到 PC 上以形成转移的目标地址，如图 3-6 所示。

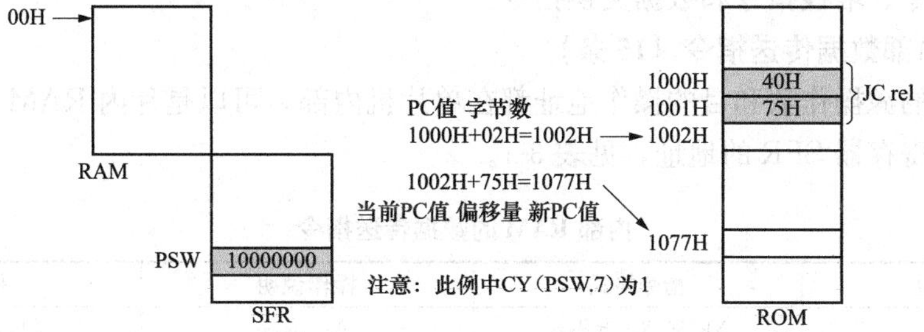

图 3-6　相对寻址执行过程示意图

在图 3-6 中，在程序存储器的 1000H 和 1001H 单元存放的内容分别为 40H 和 75H，且 (CY)＝1。“40H”为指令 JC rel 的操作码，偏移量 rel＝75H。CPU 取出该双字节指令后，PC 的当前值已是 1002H。所以，程序将转向（PC）＋75H 单元，即目标地址为 1077H 单元。而 1000H 单元可以称作指令“JC rel”的源地址。

实际应用中，经常需要根据已知的源地址和转向的目的地址计算偏移量 rel。

◆ 正向跳转时，目的地址大于源地址，地址差为目的地址减源地址，对于双字节指令有：rel＝地址差－2，对于三字节相对转移指令，正向跳转时，rel＝地址差－3。

◆ 反向跳转时，目的地址小于源地址，地址差为负值，rel 则应以补码表示，对于双字节指令有：rel＝FEH－地址差的绝对值；对于三字节相对转移指令，rel＝FDH－地址差的绝对值。

例如：源地址为 1005H，目的地址为 0F87H。当执行指令“JC rel”时，rel 为多少？

解：rel＝FEH－地址差的绝对值＝FEH－7EH＝80H

3.2.7　位寻址

对位地址中的内容进行操作的寻址方式称为位寻址。采用位寻址指令的操作数是 8 位二进制数中的某一位。指令中给出的是位地址。位寻址方式实质属于位的直接寻址。位寻址所对应的空间为片内 RAM 的 20H～2FH 单元中的 128 可寻址位；SFR 的可寻址位。

特殊功能寄存器的寻址位常用符号位地址表示。

例如：CLR ACC.0

MOV 30H，C

第一条指令的功能是将累加器 ACC 的位 0 清 0。第二条指令的功能是把位累加器（注：在指令中用“C”表示）的内容传送到片内 RAM 位地址为 30H 的位置。

3.3 数据传送指令（28 条）

在 MCS-51 单片机中，数据传送是最基本和最主要的操作。数据传送操作可以在片内 RAM 和 SFP 内进行，也可以在累加器 A 和片外存储器之间进行。指令中须指定传送数据的源地址和目的地址，以便机器在执行指令时把源地址中的数传送到目的地址中去，但不改变源地址中的内容，所以数据传送类指令属“复制”性质，而不是“剪切”。

数据传送指令的通用格式为：MOV＜目的操作数＞，＜源操作数＞

MCS-51 单片机指令系统中，数据传送指令类共 28 条，可分为内部数据传送指令、外部数据传送指令、堆栈指令和数据交换指令。

3.3.1 内部数据传送指令（15 条）

这类指令的源操作数和目的操作地址都在单片机内部，可以是片内 RAM 的地址，也可以是特殊功能寄存器 SFR 的地址，见表 3-1。

表 3-1 内部 RAM 的数据传送指令

指令类型	指令格式	操作说明	机器码
A 作为目标操作数	MOV A，#data	A←data	01110100data
	MOV A，direct	A←(direct)	11100101direct
	MOV A，Rn	A←(Rn)	11101rrr①
	MOV A，@Ri	A←((Ri))	1110011i
direct 作为目标操作数	MOV direct，#data	direct←data	01110101direct data
	MOV direct，A	direct1←(A)	11110101direct
	MOV direct1，direct2	direct1←(direct2)	10000101direct2 direct1
	MOV direct，Rn	direct←(Rn)	10001rrr direct
	MOV direct，@Ri	direct←((Ri))	1000011i direct
Rn、DPTR 作目标操作数	MOV Rn，#data	Rn←data	01111rrr data
	MOV Rn，A	Rn←(A)	11111rrr
	MOV Rn，direct	Rn←(direct)	10101rrr direct
	MOV DPTR，#data16	DPTR←data16	10010000data16
@Ri 作为目标操作数	MOV @Ri，#data	(Ri)←data	0111011i data
	MOV @Ri，direct	(Ri)←(direct)	1010011i direct
	MOV @Ri，A	(Ri)←(A)	1111011i

注 ① 表中 rrr 表示寄存器 Rn 中 n 的二进制组合，n=0 时，rrr=000；n=7 时，rrr=111。以下相同

1. 以累加器 A 为目的操作数的传送指令

MOV A，Rn ；A←(Rn)，n=0～7

MOV A，@Ri ；A←((Ri))，i=0，1

MOV　A，direct　；A←(direct)

MOV　A，#data　；A←#data

这组指令的功能是把源字节送入累加器中。源字节的寻址方式分别为直接寻址、寄存器间接寻址、寄存器寻址和立即寻址四种基本寻址方式。

[**例 3-2**]　已知（R0）=30H。指出下列程序段的执行结果和程序段的功能。并说明这段程序在程序存储器中将占据多少地址？

指令	注释	每条指令的执行结果		机器码长度
MOV	30H，#88H	；30H←88H，	(30H)=88H	2
MOV	40H，#11H	；40H←11H，	(40H)=11H	2
MOV	A，@R0	；A←((R0))，	(A)=88H	1
MOV	@R0，40H	；(R0) ←(40H)，	(30H)=11H	2
MOV	40H，A	；40H←(A)，	(40H)=88H	2

执行结果：(A)=88H，(30H)=11H，(40H)=88H

程序段功能：前两条指令称赋值指令，它分别给片内 RAM 的 30H、40H 单元赋值；后三条指令实现了将两个单元内容相互交换。存放在程序存储器中的是程序的机器码，由各指令机器码长度之和知上述程序的总长度为 9，在程序存储器中占 9 个地址。

[**例 3-3**]　假设（R0）=30H，内 RAM 中（30H）=0F7H,(68H)=66H，给出执行每条指令后 A 的内容。

MOV　A，　R0　　；(A)=30H

MOV　A，　@R0　；(A)=0F7H

MOV　A，　68H　；(A)=66H

MOV　A，　#18　；(A)=18

2. 以 Rn 为目的操作数的指令

MOV　Rn，A　　；Rn←(A)，n=0～7

MOV　Rn，direct　；Rn←(direct)，n=0～7

MOV　Rn，#data　；Rn←#data，n=0～7

这组指令的功能是把源字节送入寄存器 R0～R7 中的某一个寄存器中。源字节的寻址方式分别为立即寻址、直接寻址和寄存器寻址（由于目的字节为工作寄存器，所以源字节不能是工作寄存器及其间址方式寻址）。

[**例 3-4**]　假设（A）=2FH，内 RAM（36H）=0E6H，给出执行每条指令后的 Rn 的内容。

MOV　R1，　A

MOV　R7，　36H

MOV　R4，　#96H

3. 以直接地址为目的操作数的指令

MOV　direct，A　　；direct←(A)

MOV　direct，Rn　　；direct←(Rn)，n=0～7

MOV　direct1，direct2；

MOV　direct，@Ri　　；direct←((Ri))

MOV　direct，#data　；direct←#data

这组指令的功能是把源字节送入 direct 中。源字节的寻址方式分别为立即寻址、直接寻址、寄存器间接寻址和寄存器寻址。

例如：若（R1）＝50H，（50H）＝18H，执行指令 MOV 40H，@R1 后，（40H）＝18H。

4. 以寄存器间接地址为目的操作数的指令

```
MOV @Ri，A            ；((Ri)) ←(A)
MOV  @Ri，direct      ；((Ri)) ←(direct)
MOV  @Ri，#data       ；((Ri))←#data
```

这组指令的功能是把源字节送入 Ri 内容为地址的单元，源字节寻址方式为立即寻址、直接寻址和寄存器寻址（因目的字节采用寄存器间接寻址，故源字节不能是寄存器及其间址寻址）。

[**例 3-5**] 假设（A）＝2FH，内 RAM（36H）＝0E6H，外 RAM（36H）＝78H，（R0）＝30H，（R1）＝32H，给出执行每条指令后的结果。

```
MOV  @R1，  A         ；(32H)＝2FH
MOV  @R1，36H         ；(32H)＝0E6H
MOV  @R0，#56         ；(30H)＝38H
```

5. 以 DPTR 为目的操作数的传送指令

```
MOV  DPTR，#data16  ；DPTR←#data16
```

该指令是 51 单片机指令系统中唯一的 16 位数据的传送指令，指令的功能是将立即数的高 8 位送入 DPH，低 8 位送入 DPL。

例如：执行指令 MOV DPTR，#1234H 后，(DPU)＝12H，(DPL)＝34H。

6. 内部数据传送类指令对 PSW 中标志位的影响

在使用上述指令编程时，以累加器 A 位目的寄存器的传送指令会影响 PSW 中的奇偶标志位，其余传送指令对所有标志位均无影响。

3.3.2 外部数据传送指令（7 条）

1. 外部 ROM 的字节传送指令

外部 ROM 的字节传送类指令见表 3-2。这类指令共有两条，均属于变址寻址指令。

表 3-2　　外部数据传送类指令

指令类型	指令格式	操作说明	机器码
DPTR 作基址寄存器	MOVC A，@A＋DPTR	A←((A)＋(DPTR))	10010011
PC 作基址寄存器	MOVC A，@A＋PC	① PC←(PC) ＋1 ② A←((A))＋((PC))	10000011

因这两条指令专门用于查表而又称为查表指令，通常 ROM 中可以存放两方面的内容：一是单片机执行的程序代码；二是一些固定不变的常数（如表格数据、字段代码等）。访问 ROM 实际上指的是读 ROM 中的常数。在 80C51 单片机中，读 ROM 中的常数采用变址寻址，并须经过累加器完成。

（1）采用 DPTR 作为基址寄存器。该指令首先执行 16 位无符号数加法，将获得的基址与变址之和作为 16 位的程序存储器地址，然后将该地址单元的内容传送到累加器 A。指令执行后 DPTR 的内容不变。但累加器 A 原来的内容被破坏。

例：若（DPTR）＝3000H，（A）＝20H，执行指令 MOVC A，@A＋DPTR 后，程序存储器 3020H 单元的内容送入 A。

[例 3-6] 在程序存储器中有一平方表，从 2000H 单元开始存放，如下所示，试通过查表指令查找出 6 的平方。

地址	2000H	2001H	2002H	2003H	2004H	2005H	2006H	2007H	2008H	2009H
数据	0	1	4	9	16	25	36	49	64	81

解 表中累加器 A 中的数恰好等于该数平方值的地址对表起始地址的偏移量。例如：5 的平方值为 25，25 的地址为 2005H，它对 2000H 的地址偏移量也为 5。因此，查表时作为地址寄存器用的 DPTR 或 PC 的当前值必须是 2000H。

采用 DPTR 作为基址寄存器的查表程序比较简单，查表范围大，也容易理解。只要预先使用一条 16 位数据传送指令，把表的首地址 2000H 送入 DPTR，然后进行查表就可以了。

相应的程序如下：

```
MOV  A，#6              ；设定备查的表项
MOV  DPTR，#2000H       ；设置 DPTR 为表始址
MOVC A，@A+DPTR         ；将 A 的平方值查表后送 A
```

如果需要查找其他数的平方，只需要将累加器 A 的内容（变址）改一下即可。

(2) 以 PC 作为基址寄存器。取出该单字节指令后 PC 的内容增 1，以增 1 后的当前值去执行 16 位无符号数加法，将获得的基址与变址之和作为 16 位的程序存储器地址。然后将该地址单元的内容传送到累加器 A。指令执行后 PC 的内容不变。但累加器 A 原来的内容被破坏。

[例 3-7] 针对上例采用 PC 作为基址寄存器查找出 6 的平方。

解 为了便于理解，把如下查表程序定位在 1FFBH，相应程度如下：

```
         ORG  1FFBH
1FFAH  7406H    MOV  A，#6
1FFBH  24data   ADD  A，#data      ；A←A+data
1FFBH  83H      MOVC A，@A+PC      ；A←(A+PC)
1FFBH  83FEH    SJMP $             ；停机
2000H  00H      DB 0
2001H  01H      DB 1
2002H  04H      DB 4
…
2009H  81H      DB 81
                END
```

现对上述程序说明如下：

◆ 第二条指令取出后，PC 的当前值为 1FFEH，显然它并不是平方表的起始地址，故需使它变为 2000H，这就要在第一条加法指令中外加一个修正量 data，即如下关系成立：

PC 当前值+data=平方表起始地址

所以，data=平方表起始地址－PC 当前值=2000H－1FFEH=02H。在上述程序中，用 02H 为 data 代真。

◆ 修正量 data 实际上可以理解为查表指令对表起始地址间的存储单元个数，是一个 8

位无符号数。

2. 外部 RAM 的字节传送指令

这类指令可以实现外部 RAM 和累加器 A 之间的数据传送。相应指令如下：

```
MOVX  A，@Ri       ；A←(Ri)
MOVX  @Ri，A       ；A→ (Ri)
MOVX  A，@DPTR     ；A←(DPTR)
MOVX  @DPTR，A   A→ (DPTR)
```

前面两条指令用于访问外部 RAM 的低地址区，地址范围为 0000H～00FFH；后面两条指令可以访问外部 RAM 和 64KB 地区，地址范围是 0000H～FFFFH。

[例 3-8] 已知外部 RAM 的 88H 单元中有一数 X，试编写一个能把 X 传送到外部 RAM 的 1818H 单元的程序。

解 外部 RAM 88H 单元中的数 X 是不能直接传送外部 RAM 的 1818H 单元的，必须经过累加器 A 的传送。相应程序为

```
ORG    2000H
MOV    R0，#88H          ；R0←88H
MOV    DPTR，#1818H      ；DPTR←1818H
MOVX   A，@R0            ；A←X
MOVX   @DPTR，A          ；X→1818H
SJMP   $                 ；停机
```

3.3.3 堆栈操作指令（2 条）

堆栈是在内部 RAM 中按“后进先出”的规则组织的一片存储区。此区的一端固定，称为栈底；另一端是活动的，称为栈顶。栈顶的位置（地址）由堆栈指针 SP 指示（即 SP 的内容是栈顶的地址）。在 80C51 单片机中，堆栈的生长方向是向上的（地址增大）。入栈操作时，先将 SP 的内容加 1，然后将指令指定的直接地址单元的内容存入 SP 指向的单元；出栈操作时，先将 SP 指向的单元内容传送到指令指定的直接地址单元，然后 SP 的内容减 1。系统复位时，SP 的内容为 07H。通常用户应在系统初始化时对 SP 重新设置。SP 的值越小，堆栈的深度越深。

堆栈操作指令助记符为 PUSH 和 POP。堆栈操作指令的特点是根据堆栈指示器 SP 中栈顶地址进行数据传送操作，这类指令共有以下两条，见表 3-3。

表 3-3 栈操作指令

指令类型	指令格式	操作说明	机器码
栈（压入）	PUSH direct	① SP←(SP)+1 ② (SP) ←(direct)	11000000 direct
栈（弹出）	POP direct	① direct←((SP)) ② SP←(SP) −1	11010000 direct

```
PUSH direct  ；SP←(SP)+1，(SP)←(direct)
POP direct   ；direct←((SP))，SP←(SP)−1
```

这两条指令可以实现操作数入栈和出栈操作。前一条指令的功能是先将栈指针 SP 的内容加 1，然后将直接地址指出的操作数送入 SP 所指示的单元。后一条指令的功能是将 SP 所指示的单元的内容先送入指令中的直接地址单元，然后再将栈指针 SP 的内容减 1。

例如：

若（SP）=07H，（40H）=88H，执行指令 PUSH 40H 后，（SP）=08H，（08H）=88H。

若（SP）=5FH，（5FH）=90H，执行指令 POP 70H 后，（70H）=90H（SP）=5EH。

第一条指令称为压栈指令，用于把 direct 为地址的操作数传送到堆栈中去，这条指令执行时分为两步：第一步是先使 SP 中的栈顶地址加 1，使之指向堆栈的新的栈顶单元；第二步是把 direct 中的操作数压入由 SP 指示的栈顶单元。

第二条指令称为弹出指令，其功能是把堆栈中的操作数传送到 direct 单元，指令执行时仍分为两步：第一步是把由 SP 所指栈顶单元中的操作数弹到 direct 单元；第二步是使 SP 中的原栈顶地址减 1，使之指向新的栈顶地址，弹出指令不会改变栈顶区存储单元中的内容，堆栈中是不是有数据的唯一标志是 SP 种栈顶地址是否与栈顶地址相重合，与堆栈区中是什么数据无关。因此，只有压栈指令才会改变堆栈区（或堆栈）中的数据。

[例 3-9]　设 (40H)＝X,(50H)＝Y，试利用堆栈作为转存介质编写 40H 和 50H 单元中内容相交换的程序。

解　堆栈是一个数据区，进栈和出栈数据符合“先进后出”和“后进后出”的原则，相应程序为：

```
MOV SP,#6FH      ；将堆栈设在 70H 以上 RAM 空间
PUSH 40H         ；①将 40H 单元的“23H”入栈，之后（SP)＝70H
PUSH 50H         ；②将 50H 单元的“45H”入栈，之后（SP)＝71H
POP 40H          ；③将 SP 指向的 71H 单元的内容弹到 40H 单元，之后(SP)＝70H
POP 50H          ；④将 SP 指向的 70H 单元的内容弹到 50H 单元，之后(SP)＝6FH
```

前面 3 条指令执行后，X 和 Y 均被压入堆栈。其中，X 先入栈，故它在 70H 单元中：Y 后入栈，故它在 71H 单元中；SP 因执行的是两条 PUSH 指令，故它两次加 1 后变为 71H，指向了堆栈的新栈顶地址，如图 3-7 所示。

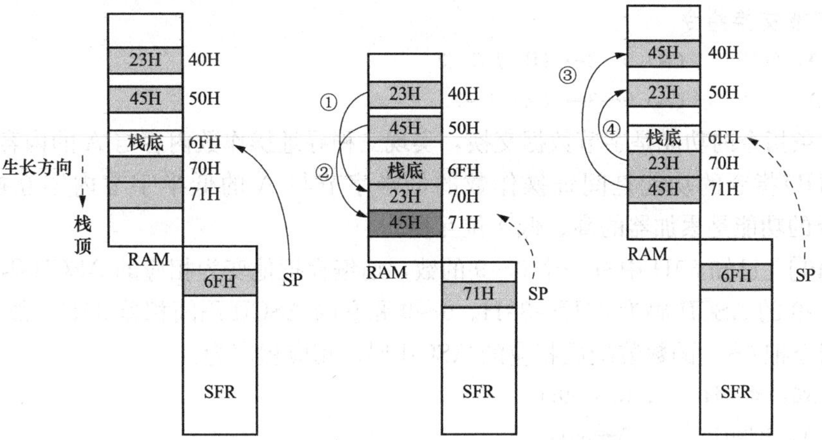

图 3-7　利用堆栈进行数据交换过程示意图

第 4 条指令执行后，后入栈的数 Y 最先弹回 40H 单元，SP 减 1 后指向新的栈顶单元 70H，第 5 条指令执行时，先入栈的 X 被弹入 50H 单元，SP 减 1 后变为 70H，与堆栈栈底地址重合，因而堆栈变空。

40H 和 50H 单元中内容进行交换的另一种编程方法是把上述程序中第 2 条和第 3 条指令对调并把第 4 条和第 5 条指令对调位置。这两种程序的效果是完全相同的。

应当指出：堆栈操作指令是直接寻址指令，因此也要注意指令的书写格式。例如，如下

指令中，左边的是正确的，右边的是不正确的。

正确指令	错误指令
PUSH ACC	PUSH A
PUSH 00H	PUSH R0
POP ACC	POP A
POP 00H	POP R0

3.3.4 数据交换指令（4条）

数据交换指令共有5条，其中字节交换指令三条，半字节交换指令两条，见表3-4。

表3-4 **数据交换指令**

指令类型	指令格式	操作说明	机器码
整字节交换指令	XCH A，direct	(A)↔(direct)	11000101direct
	XCH A，Rn	(A)↔(Rn)	11001rrr
	XCH A，@Ri	(A)↔((Ri))	1100011i
半字节交换指令	XCHD A，@Ri	$(A)_{3\sim0}$↔$((Ri))_{3\sim0}$	1101011i
	SWAP A	$(A)_{3\sim0}$↔ $(A)_{7\sim4}$	11000100

1. 字节交换指令

```
XCH   A，Rn       (A) ↔ (Rn)
XCH   A，direct   (A) ↔ (direct)
XCH   A，@Ri      (A) ↔((Ri))
```

2. 半字节交换指令

```
XCHD A，@Ri      (A) 0～3↔((Ri)) 0～3
SWAP A           (A) 0～3↔ (A) 4～7
```

前面3条指令的功能是字节数据交换，实现三种寻址操作数内容与A的内容互换。第4条指令XCHD指令的功能是间址操作数的低半字节与A的低半字节内容互换。第5条SWAP指令的功能是累加器的高、低4位互换。

［例3-10］ 已知50H中有一个0～9的数，请编程把他变为相应的ASCII码程序。

解 0～9的ASCII码为30H～39H。0～9和它的ASCII码间相差30H，故可以利用半字节交换指令把0～9的数装配成相应的ASCII码，相应程序为：

```
MOV   R0，#50H      ；R0←50H
MOV   A，#30H       ；A←30H
XCHD  A，@R0        ；A中形成相应ASCII码
MOV   @R0，A        ；ASCII码送回50H单元
```

本题还可以把50H单元中的内容直接与30H相加，以形成相应的ASCII码。

［例3-11］ 假设（A)＝12H，（R0)＝34H，内RAM（34H)＝56H，分析每条指令执行结果。

解

```
XCH    A，@R0；(A)＝56H
XCHD   A，@R0；(A)＝16H
SWAP   A    ；(A)＝21H
```

3.4　算术运算类指令（24 条）

算术运算类指令可以完成加、减、乘、除及加 1 和减 1 等运算。这类指令多数以 A 为源操作数之一，同时又是以 A 为目的操作数。

3.4.1　加法指令

加法指令共有 13 条，由不带进位加法，带进位加法和加 1 指令三类组成。加法运算指令见表 3-5。

表 3-5　加法运算指令

指令类型	指令格式	操作说明	机器码
不带进位加法指令	ADD A，#data	A←(A)＋#data	00100100 data
	ADD A，direct	A←(A)＋(direct)	00100101 direct
	ADD A，Rn	A←(A)＋(Rn)	00101rrr
	ADD A，@Ri	A←(A)＋((Ri))	0010011i
带进位的加法指令	ADDC A，#data	A←(A)＋#data＋(cy)	00110100 data
	ADDC A，direct	A←(A)＋(direct)＋(cy)	00110101 direct
	ADDC A，Rn	A←(A)＋(Rn)＋(cy)	00111rrr
	ADDC A，@Ri	A←(A)＋((Ri))＋(cy)	0011011i
加 1 指令	INC A	A←(A)＋1	00000100
	INC direct	direct←(direct)＋1	00000101 direct
	INC Rn	Rn←(Rn)＋1	00001rrr
	INC @Ri	(Ri)←((Ri))＋1	0000011i
	INC DPTR	DPTR←(DPTR)＋1	10100011

1. 不带进位加法指令

这组指令共有如下 4 条：

```
ADD  A，Rn       ；A←A+Rn
ADD  A，direct   ；A←A+(direct)
ADD  A，@Ri      ；A←A+(Ri)
ADD  A，#data    ；A←A+data
```

指令功能是把源地址所指示的操作数和累加器 A 中的操作数相加，并把两数之和保留在累加器 A 中，这些指令的功能正如指令注释段符号所示。

在使用中应注意以下 4 个问题：

(1) 参加运算的两个操作数必须是 8 位二进制数，操作结果也是一个 8 位二进制数，且对 PSW 中所有标志位产生影响。

(2) 在加法运算中，如果位 7 有进位，则进位标志 CY 置 1，否则清 0；如果位 3 有进位，则辅助进位位 AC 置 1，否则清 0。

(3) 如果两个带符号数相加，同号符号数相加，和变为异号数，则溢出标志位 OV 置

1，否则清 0。

(4) 不论把这两个数参加运算的操作数看做是无符号数还是带符号数，计算机总是按照带符号数法则运算，并产生 PSW 中的标志位。

[**例 3-12**] 设 (A)＝46H,(R2)＝68H。执行指令：ADD A，R2，分析执行结果及对各标志位的影响。

解

```
      01000110
  +)  01101000
      10101110
```

结果：(A)＝0AEH

分析：(CY)＝0；(OV)＝1；(AC)＝0；(P)＝1，

若将参与运算的两数视为无符号数,(A)＝174，说明和数正确，没有超出 0～255，CY＝0；若将参与运算的两数视为带符号数,(A)＝－82，两个正数的和为负数，说明和数错误，发生溢出，OV＝1。

因此，采用加法指令来编写带符号数的加法运算程序时，要想使累加器 A 中获得正确结果就必须检测 PSW 中 OV 标志位状态。若 OV＝0，则 A 中结果正确；若 OV＝1，则 A 中结果不正确。

2. 带进位加法指令

带进位加法指令共有 4 条，主要用于多字节加法运算：

```
ADDC  A，Rn        ；A←A＋Rn＋CY
ADDC  A，direct    ；A←A＋(direct)＋CY
ADDC  A，# data    ；A←A＋data＋CY
ADDC  A，@Ri       ；A←(Ri)＋CY
```

这组指令的功能是把源操作数与累加器 A 的内容相加再与进位标志 CY 的值相加，结果送入目的操作数 A 中。源操作数的寻址方式分别为立即寻址、直接寻址、寄存器间接寻址和寄存器寻址。

这组指令的操作影响程序状态字 PSW 中的 CY、AC、OV 和 P 标志。这里所加的进位标志 CY 的值是在该指令执行之前已经存在的进位标志的值，而不是执行该指令过程中产生的进位，例如这组指令执行之前 (CY)＝0，则执行结果与不带进位位 CY 的加法指令结果相同。

[**例 3-13**] 设内部 RAM 30H～32H 有 3 个单字节的无符号数，求和并将和的低字节送入 33H 单元，高字节送入 34H 单元。

解

```
MOV   A，30H
ADD   A，31H
MOV   33H，A
MOV   A，#00H
ADDC  A，#00H
MOV   34H，A
MOV   A，33H
ADD   A，32H
MOV   33H，A
```

```
MOV   A, 34H
ADDC  A, #00H
MOV   34H, A
```

[例 3-14] 设 (A)=6DH,(R1)=25H,(25H)=98H,(CY)=1。执行指令 ADDCA, @R1，分析执行结果及对各标志位的影响？

解

```
      01101101
      10011000
+)           1
    100000110
```

结果：(A)=06H,(CY)=1

分析：CY 求和后重新被置 1

(AC)=1；(OV)=0；(P)=0。

3. 加 1 指令

加 1 指令又称为增量（INCrease）指令，共有如下 5 条：

```
INC  A          ; A←A+1
INC  A          ; Rn←Rn+1
INC  direct     ; direct←(direct)+1
INC  @ (Ri)     ; (Ri) ←(Ri) +1
INC  DPTR       ; DPTR←DPTR+1
```

前面 4 条指令是 8 位数加 1 指令，用于使源地址所规定的 RAM 单元中内容加 1。机器在执行加 1 指令时仍按 8 位带符号数相加，但与加法指令不同，只有第一条指令能对奇偶标志位 P 产生影响。第 5 条指令功能是对 DPTR 中的内容（通常为地址）加 1，是 MCS-51 唯一的一条 16 位算术运算指令。

[例 3-15] 已知，M1 和 M2 单元中存放有两个 16 位无符号数 X1 和 X2（低 8 位在前，高 8 位在后），试写出 X1+X2 并把结果放在 M1 和 M1+1 单元（低 8 位在 M1，高 8 位在 M1+1）的程序。设两数之和不会超过 16 位。

解　16 位数加法问题可以采用 8 位数加法指令来实现，方法是两个操作数的高 8 位与低 8 位分开相加。即把 X1 的低 8 位与 X2 的低 8 位相加作为和的低 8 位，放在 M1 单元；把 X1 的高 8 位与 X2 的高 8 位相加后再与低 8 位相加过程中形成的进位位（在 CY 内）相作为和的高 18 位，放在 M1+1 单元内。参考程序为：

```
ORG   0500H
MOV   R0, #M1      ; X1 的起始地址送 R0
MOV   R1, #M2      ; X2 的起始地址送 R1
MOV   A, @R0       ; A←X1 的低 8 位
ADD   A, @R1       ; A←X1 低 8 位+X2 低 8 位，形成 CY
MOV   @R0, A       ; 和的低 8 位存 M1
INC   R0           ; 修改地址指针 R0
INC   R1           ; 修改地址指针 R1
MOV   A, @R0       ; A←X1 高 8 位
ADDC  A, @R1       ; A←X1 高 8 位+X2 高 8 位+CY
```

```
MOV   @R0, A         ; 和的高 8 位存 M1+1
SJMP  $              ; 停机
END
```

程序中的第一条指令和最后一条指令称为伪指令，其功能将在下一章中介绍。

[例 3-16] 设 (A)=7FH,(R0)=35H,(35H)=0FFH,(36H)=9AH,(DPTR)=68FFH。分析如下指令的执行过程和结果。

```
(1) INC  A       ; A←(A)+1            (A)=80H
(2) INC  R0      ; R0←(R0)+1          (R0)=36H
(3) INC  36H     ; 36H←(36H)+1        (36H)=9BH
(4) INC  @R0     ; R0←((R0))+1        (35H)=00H
(5) INC  DPTR    ; DPTR←(DPTR)+1,     (DPTR)=6900H
```

3.4.2 减法指令

在 MCS-51 指令中，减法指令共 8 条，分为带 CY 减法指令和减 1 指令两类，见表 3-6。

表 3-6 减法运算指令

指令类型	指令格式	操作说明	机器码
带借位的减法指令	SUBB A，#data	A←(A)－#data－(CY)	10010100 data
	SUBB A，direct	A←(A)－(direct)－(CY)	10010101 direct
	SUBB A，Rn	A←(A)－(Rn)－(CY)	10011rrr
	SUBB A，@Ri	A←(A)－((Ri))－(CY)	1001011i
减 1 指令	DEC A	A←(A)－1	00010100
	DEC direct	direct ←(direct)－1	00010101 direct
	DEC Rn	Rn ←(Rn)－1	00011rrr
	DEC @Ri	(Ri) ←((Ri))－1	0001011i

1. 带借位的减法指令

```
SUBB  A, Rn        ; A←(A)－(Rn)－CY, n=0～7
SUBB  A, direct    ; A←(A)－(direct)－CY
SUBB  A, @Ri       ; A←(A)－((Ri))－CY, i=0, 1
SUBB  A, #data     ; A←(A)－#data－CY
```

这组指令的功能是把累加器 A 中的数减去源地址所指的操作数和指令执行前的 CY 值，并把结果保留在累加器 A 中。

在实际使用时对程序状态字 PSW 中标志位的影响情况如下：

◆ 借位标志 CY：差的位 7 需借位时，(CY)=1；否则，(CY)=0。

◆ 辅助借位标志 AC：差的位 3 需借位时，(AC)=1；否则，(AC)=0。

◆ 溢出标志 OV：若位 6 有借位而位 7 无借位，或位 7 有借位而位 6 无借位时，(OV)=1。

◆ 如果要用此组指令完成不带借位的减法，只需先清 CY 为 0 即可。使用指令：CLR C；Cy←0。

[例 3-17] 设 (A)=98H,(R3)=6AH，(CY)=1。执行指令 SUBB A，R3，分析执行结果及对各标志位的影响？

解

```
      (A)  = 1 0 0 1 1 0 0 0        98H
      (R3) = 0 1 1 0 1 0 1 0        6AH
  —)  (CY) =               1    —)    1
  ---------------------------------------
      (A)  = 0 0 1 0 1 1 0 1        2DH
```

结果:(A)=2DH

标志位:(CY)=0,(AC)=1,(P)=0。

看作无符号数，结果正确；如果看作带符号数，一个负数 98H 减去一个正数 6AH，结果为正数 2DH，产生溢出（OV)=1，结果错误。

因此，在实际使用减法指令来编写带符号数减法运算程序时，要想在累加器 A 中获得正确的操作结果，也必须对减法指令执行后的 OV 标志位加以检测。若减法指令执行后 OV=0，则累加器 A 中结果正确；若 OV=1，则累加器 A 中结果产生了溢出。

2. 减 1 指令

```
DEC    A        ; A←A−1
DEC    Rn       ; Rn←Rn−1
DEC    direct   ; direct←(direct)−1
DEC    @Ri      ; (Ri) ←(Ri) −1
```

这组指令可以使指令中源地址所指 RAM 单元中内容减 1。与加 1 指令一样，MCS-51 的减 1 指令也不影响 PSW 标志位状态，只是第一条减 1 指令对奇偶检验标志位 P 有影响。

[例 3-18]　已知，A=DFH，R1=40H，R7=19H，(30H)=00H，(40H)=FFH，试问机器分别执行如下指令后累加器 A 和 PSW 中各标志位状态如何?

（1）DEC　A

（2）DEC　R7

（3）DEC　30H

（4）DEC　@R1

解　根据减 1 指令功能，操作结果分别为：

（1）A=DEH，P=0

（2）R7=18H，PSW 不变

（3）(30H)=FFH，PSW 不变

（4）(40H)=FEH，PSW 不变

3.4.3　十进制调整指令

十进制调整指令是一条专用指令，是绝大多数微处理器都具有的指令，用于实现 BCD 运算，见表 3-7。

表 3-7　十进制调整指令

指令类型	指令格式	操作说明	机器码
十进制调整指令	DA　A	If　$(A)_{3\sim0}>9$ or (AC)=1　then $A_{3\sim0}\leftarrow(A)_{3\sim0}+6$； If　$(A)_{7\sim4}>9$ or (CY)=1　then $(A)_{7\sim4}\leftarrow(A)_{7\sim4}+6$	11010100

指令格式为：

DA　A

若 AC=1 或 A3～A0>9，则 A←+06H；若 CY=1 或 A7～A4>9，则 A←60H。

这条指令在使用中通常紧跟在加法指令之后，用于对执行加法后累加器 A 中的操作结果进行十进制调整。该指令的功能有两条：若在加法过程中低 4 位向高 4 位进位（即 AC=

1）或累加器 A 中低 4 位大于 9，则累加器 A 作加 6 调整；若在加法过程中最高位有进位（即 CY=1）或累加器中 A 中高 4 位大于 9，则累加器 A 作加 60H 调整（即高 4 位作加 6 调整）。

十进制调整指令执行时仅对进位位 CY 产生影响。

1. BCD 加法

如果两个 BCD 数相加的结果也是 BCD 数，则称该加法为 BCD 加法。普通的二进制加法指令对两个 BCD 数相加，其结果不一定是一个 BCD 数，必须通过这条十进制调整指令才能调整为 BCD 数。

例：BCD 码的加法运算 38＋79

```
      0011      1000   |    38 (BCD)
  +)  0111      1001   | +) 79 (BCD)
                1
  ---------------------+-------------
      1011      0001   |
   (大于9)    (有进位)
```

结果为 B1H，对应的十进制数是 178，显示结果出错。正确的结果应是 117。因此，BCD 码加法运算后必须进行调整。调整原则为：

当（A7～4）＞9 或（CY）=1，则（A7～4）←（A7～4）＋6；

当（A3～0）＞9 或（AC）=1，则（A3～0）←（A3～0）＋6。

上例中（A7～4）＞9，同时（AC）=1，所以应进行如下调整：

```
       1011   0011
  +)   0110   0110
  -------------------
    1  0001   0111  (117 的 BCD 码)
```

注意：上述的 BCD 码调整过程是由硬件电路完成的，用户无需关注。用户只要在加法指令 ADD 或 ADDC 后，加上这条 DA A 指令即可完成上述调整。

2. BCD 减法

如果两个 BCD 数相减的结果也是 BCD 数，则称该减法为 BCD 减法。BCD 减法可以通过对二进制减法结果进行减 6 调整来实现。但在 MCS-51 中没有十进制减法调整指令，也不能有些微处理器那样有减法标志。因此，MCS-51 中的减法运算必须采用 BCD 补码运算法则，变成减数减减数为被减数加减数的补数，然后对其和进行十进制加法调整来实现。具体步骤为：

◆ 求 BCD 减数的补数，即 9AH=减数。由于 MCS-51 是 8 位 CPU，故 BCD 减数由两位 BCD 码组成，但两位 BCD 减数的模是 100，需要 9 位二进制，故只能用 9AH 代替两位 BCD 数的模 100。

◆ BCD 被减数加 BCD 减数的补数。

◆ 对第 2 步中得到的两数之和进行十进制加法调整，便可得到正确的 BCD 减法的运算结果。

3.4.4 乘法和除法指令

MCS-51 单片机指令系统中有乘法、除法指令各一条，见表 3-8。它们是两条执行时间最长的指令，执行时间为 4 个机器周期。

1. 乘法指令

指令格式：MUL　AB　；A×B=BA 形成标志

指令功能是将累加器A和B寄存器中的两个无符号数相乘，积的高8位存入B寄存器中，低8位存入累加器A中。

表 3-8　乘除法指令

指令类型	指令格式	操作说明	机器码
乘法指令	MUL　AB	A←[(A)×(B)]7～0 B←[(A)×(B)]15～8	10100100
除法指令	DIV　AB	A←[(A)÷(B)]之商 B←[(A)÷(B)]之余数	10000100

本指令执行过程中将对CY、OV和P三个标志位产生影响。其中，CY为0；奇偶校验标志位P仍由累加器A中的1的奇偶性确定；OV标志位用来表示积的大小，若积超过255(B≠0)，则OV=1，否则OV=0。

[例3-19]　设(A)=50H,(B)=0A0H。执行指令MUL　AB，分析执行结果及对各标志位的影响。

解　结果:(A)×(B)=3200H，则(B)=32H,(A)=00H。

标志位：(OV)=1(B中存有运算结果的高8位),(CY)=0,(P)=0。

2. 除法指令

指令格式：DIV　AB　　　；A÷B=A…B形成标志

指令功能是将累加器A中的8位无符号数除以B寄存器中的8位无符号数，所得的商存放在累加器A中，余数存放在B寄存器中。

除法指令执行过程中对CY和P标志的影响和乘法时相同，只是溢出标志位OV不一样。在除法指令执行过程中，若CPU发现B寄存器中的除数为0，则OV自动被置1，表示除数为零的除法是没有意义的；其余情况下，OV均被复位成0状态，表示除法操作是合理的。

[例3-20]　设(A)=0FBH,(B)=12H。执行指令DIV AB，分析执行结果及对各标志的影响?

解　结果:(A)÷(B)=0FBH÷12H=0DH余11H，则(A)=0DH(商),(B)=11H(余数)

标志位:(OV)=0(除数有意义，即不为0)。(CY)=0，(P)=1。

3.5　逻辑运算指令(24条)

MCS-51单片机指令系统中逻辑运算指令共24条。按操作数个数的不同可分为两类：单操作数指令和双操作数指令。

3.5.1　单操作数的逻辑运算指令

这类指令包括累加器A清零、取反和循环移位，见表3-9。

表 3-9　单操作数逻辑运算指令

指令类型		指　令	操作说明	机器码
A清0		CLR　A	A←00H	11100100
A取反		CPL　A	A←/(A)	11110100
循环左移	不带CY	RL　A	(A)左移一位，D7移入D0	00100011
	带CY	RLC　A	(A)左移一位，D7移入CY，CY移入D0	00110011
循环右移	不带CY	RR　A	(A)右移一位，D0移入D7	00000011
	带CY	RRC　A	(A)右移一位，D0移入CY，CY移入D7	00010011

1. 累加器 A 清零指令

指令格式：CLR　A

指令功能：将累加器 A 清零。

2. 累加器 A 取反指令

指令格式：CPL　A

指令功能：将累加器 A 中的内容逐位取反（说明：该指令不影响 PSW 的任何标志位）

[例 3-21] 分析执行一列程序段的最终结果。

解 指　令　　　　　　每条指令的执行结果

```
MOV  A, #5DH    ; (A)=5DH
CPL  A          ; (A)=0A2H
CLR  A          ; (A)=00H
最终结果:(A)=00H
```

3. 累加器 A 的循环左移指令

(1) 不带进位的循环左移指令。

指令格式：RL　A

指令功能：将累加器 A 中的 8 位内容逐位循环左移 1 位，D7 位移至 D0。

(2) 带进位的循环左移指令。

指令格式：RLC　A

指令功能：将累加器 A 中的 8 位，连同 CY 位一起逐位循环左移 1 位，D7 位移至 CY 位，CY 位移至 D0。

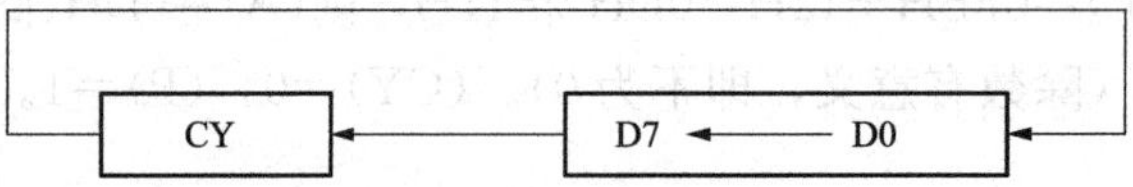

说明：该指令影响 PSW 的 CY 和 P 标志位。

4. 累加器 A 的循环右移指令

(1) 不带进位的循环右移指令。

指令格式：RR　A

指令功能：将累加器 A 中的 8 位内容逐位循环右移 1 位。D0 位移至 D7。

(2) 带进位的循环右移指令。

指令格式：　RRC　A

指令功能：将累加器 A 中的 8 位内容，连同 CY 位一起逐位循环右移 1 位，CY 位移至 D7 位，D0 位移至 CY。

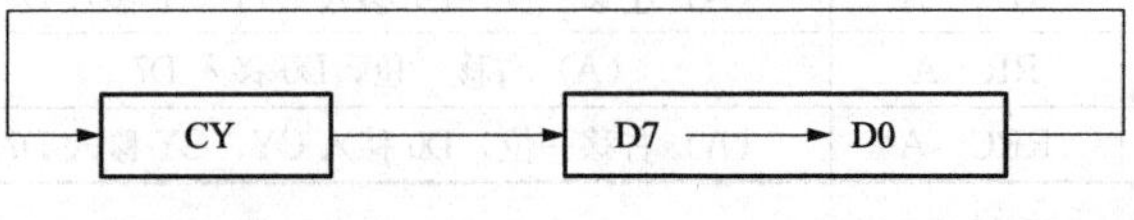

说明：该指令影响 PSW 的 CY 和 P 标志位。

［例 3-22］ 设（A）＝11000101B，(CY)＝0。分析下列各指令独立执行后的结果及对 PSW 标志位的影响。

解	指令	指令的执行结果	对标志位的影响
	（1）RL　A	；(A)＝10001011B，	不影响标志位
	（2）RLC　A	；(A)＝10001010B，	(CY)＝1，(P)＝1
	（3）RR　A	；(A)＝11100010B，	不影响标志位
	（4）RRC　A	；(A)＝01100010B，	(CY)＝1 (P)＝1

3.5.2　双操作数的逻辑运算指令

双操作数逻辑运算指令见表 3-10。

表 3-10　双操作数逻辑运算指令

指令类型	指　令	操作说明	机器码
逻辑与	ANL A，＃data	A←(A) • data	01010100 data
	ANL A，direct	A←(A) • (direct)	01010101 direct
	ANL A，Rn	A←(A) • (Rn)	01011rrr
	ANL A，@Ri	A←(A) • ((Ri))	0101011i
	ANL direct，＃data	direct←(direct) • data	01010011 direct data
	ANL direct，A	Direct←(direct) • (A)	01010010 direct
逻辑或	ORL A，＃data	A←(A)＋data	01000100 data
	ORL A，direct	A←(A)＋(direct)	01000101 direct
	ORL A，Rn	A←(A)＋(Rn)	01001rrr
	ORL A，@Ri	A←(A)＋((Ri))	0100011i
	ORL direct，＃data	direct←(direct)＋data	01000011 direct data
	ORL direct，A	direct ←(direct)＋(A)	01000010 direct
逻辑异或	XRL A，＃data	A ←(A) ⊕ data	01100100 data
	XRL A，direct	A ←(A) ⊕ (direct)	01100101 direct
	XRL A，Rn	A←(A)⊕(Rn)	01101rrr
	XRL A，@Ri	A←(A)⊕((Ri))	0110011i
	XRL direct，＃data	direct←(direct)⊕ data	01100011 direct data
	XRL direct，A	direct←(direct)⊕(A)	01100010 direct

1. 逻辑“与”指令

指令格式：ANL　＜目标操作数＞，＜源操作数＞

指令功能：将目标操作数指明的内容和源操作数指明的内容按位进行逻辑“与”操作，结果送入目标操作数中。

［例 3-23］ 设（A)＝95H，（30H)＝56H。执行下列各条指令后，结果如何？标志位如何？

（1）ANL　A，　30H

（2）ANL　30H，　＃0FH

解 (1)

(A)=10010101B
•)(30H)=01010110B
(A)=00010100B
(A) =14H,(P)=0

(2)

(30H)=01010110B
•)#0FH=00001111B
00000110B
(30H)=06H,(P)=0

在(2)题中，将30H单元的高4位屏蔽掉，低4位保持不变。

2. 逻辑“或”指令

指令格式：ORL ＜目标操作数＞,＜源操作数＞

指令功能：将目标操作数指明的内容和源操作数指明的内容按位进行逻辑“或”操作，结果送入目标操作数中。

[例3-24] 设(A)=95H,(30H)=50H，执行下列各条指令后，结果如何？标志位如何？

(1) ORL A，30H

(2) ORL 30H，#0FH

解 (1)

(A)=10010101B
逻辑+) 01010000B
(A) =11010101B
(A) =0D5H，(P) =1

(2)

(30) =01010000B
逻辑+) 00001111B
01011111B
(30H)=5FH，(P)=0

在(2)题中，将30H单元的低4位置位，高4位保持不变。

3. 逻辑“异或”指令

指令格式：XRL ＜目标操作数＞,＜源操作数＞

指令功能：将目标操作数指明的内容和源操作数指明的内容按位进行逻辑“异或”操作，结果送入目标操作数中。

[例3-25] 设(A)=95H，(30H)=0F0H，执行下列各条指令后，结果如何？标志如何？

(1) XRL A，30H

(2) XRL 30H，#50H

解 (1)

(A) =10010101B
⊕)(30H)=11110000B
(A)=01100101B
(A)=65H，(P)=0

（2）

$$\begin{array}{r} (30H)=11110000B \\ \underline{\oplus)\ \#50H=01010000B} \\ 10100000B \end{array}$$

$$(30H)=0A0H,\ (P)=0$$

在（1）题中，将累加器 A 的高 4 位取反，低 4 位保持不变。

［例 3-26］　在内部 RAM 40H 和 41H 中存放了 9 和 4 的 ASCII 码，将其转换成 BCD 码 94 并存入内部 RAM 的 30H 单元（9 的 ASCII 码为 00111001，4 的 ASCII 码为 00110100）。

解　参考程序：

```
MOV R0，#40H；          设置操作对象地址指针
MOV R1，#30H；          设置目标地址指针
MOV  A，@R0；           将 9 的 ASCII 码 39H 送 A
ANL  A，#0FH；          A=09H
SWAP  A；               A=90H
MOV  @R1，A；           将 90 暂存于 30H 单元
INC  R0；               指向 41H 单元
MOV  A，@R0；           将 04 的 ASCII 码 34H 送 A
ANL  A，#0FH；          屏蔽 4 的 ASCII 码高 4 位，成为 04H
ORL  A，  @R1；         将 90H 与 04H 合并成 94H
MOV  @R1，A；           将合并后 94 的 BCD 码送入 30H 单元
```

3.6　控制转移指令

MCS-51 单片机指令系统中，控制转移指令分为无条件转移指令、条件转移指令。

3.6.1　无条件转移指令

无条件转移指令包括长转移指令、短转移指令、绝对转移指令和间接转移指令，见表 3-11。

表 3-11　　无条件转移指令

指令类型	指令格式	操作说明	机器码
长转移	LJMP addr16	PC←addr16	00000010 addr16
短转移	AJMP addr11	$PC_{10\sim0}$←addr11	$a_{10}a_9a_8$00001$a_7\sim a_0$
相对转移	SJMP　rel	PC←(PC)+rel	10000000 rel
散转移	JMP　@A+DPTR	PC←(A)+(DPTR)	01110011

1. 长转移指令

指令格式：LJMP　addr16

指令功能：将指令中提供的 16 位地址送入 PC。

长转移指令（64KB 范围内转移指令）长转移指令的功能是把指令码中的 addr16 送入程序计数器 PC，使机器执行下条指令时无条件转移到 addr16 处执行程序。由于 addr16 是一个 16 位二进制地址（地址范围为 0000H～FFFFH），因此长转移指令是一条可以在 64KB

范围内转移的指令。为了使程序易编写，addr16 常采用符号地址）（如 LOOP \ LOOP1…）表示，只有在上机执行前才被汇编为 16 位二进制地址。长转移指令为三字节双周期指令。

2. 短转移指令

指令格式：AJMP addr11

注意：执行一条指令时，（PC）是下一条指令地址，因为当从程序存储器中取本指令时，PC 已经“PC 递增”。

指令功能：以指令中 11 位地址 addr11 修改 PC 中的低 11 位。

说明：

◆ 目标地址的获得：把下一条指令的地址（PC）的高 5 位与指令中 11 位地址并在一起，在 PC 中构成。

◆ 因为以目标地址修改了 PC，下一次取指将到该目标地址取之，实现程序转移。

◆ 实际编程时，目标程序标号即目标地址，addr11 来自该地址低 11 位。汇编指令形式是：AJMP ＜目标程序标号＞。

◆ 指令有局限，存在转移不到目标地址的现象。这种现象的判断和指出，由编译器完成，用户用不着介入。

［例 3-27］ 试判断下列指令能否实现转移？设下列三题的 AJMP 指令都是从程序存储器 20FEH 处开始存放。

（1）AJMP label1；label1 为目标程序标号，对应目标地址为 2800H

（2）AJMP label2；label2 为目标程序标号，对应目标地址为 27FFH

（3）AJMP label3；label3 为目标程序标号，对应目标地址为 2000H

解 比较 AJMP 指令的下一条指令地址与目标地址高 5 位（二进制形式），相同者可以实现转移。AJMP 为两字节指令，所以它的下一条指令地址为 20FEH＋2＝2010H。

（1）2010H 与 2800H 的高 5 位不同，不能实现转移。

（2）2010H 与 27FFH 的高 5 位相同，能实现转移。

（3）2010H 与 2000 高 5 位相同，能实现转移。

3. 相对转移指令

指令格式：SJMP rel；PC←(PC)＋2，PC←(PC)＋rel

其中第一字节为操作码，第二字节为相对偏移量 rel。rel 是一个带符号的偏移字节数(2 的补码)，取值范围为＋127～－128（00H～7FH 对应表示 0～＋127，80H～FFH 对应表示－128～－1）。负数表示反向转移，正数表示正向转移。指令执行时先将 PC 的内容加 2，再加上相对地址 rel，就得到了转移目标地址。

在用汇编语言编写程序时，rel 可以是一个转移目标地址的标号，由汇编程序在汇编过程中自动计算偏移地址，并填入指令代码中。在手工汇编时，可用转移目标地址减转移指令所在的源地址，再减转移指令字节数 2 得到偏移字节数 rel。

例如，若标号“NEWADD”表示转移目标地址 0123H，PC 的当前值为 0100H。执行指令 SJMP NEWADD 后，程序将转向 0123H 处执行［此时 rel＝0123H－(0100＋2)＝21H］。

［例 3-28］ 求下列指令的机器码，设两题的 SJMP 指令在程序存储器的地址都是 2000H。

(1) SJMP　loop；目标程序标号 loop，对应地址值为 3000H

(2) SJMP　label；目标程序标号 label，对应地址值为 207FH

解　先求 rel。

(1) loop－(PC)＝目标地址－本指令下一条指令地址＝3000H－2002H＝0FFEH，此值不在范围[－128r,＋127] 之间，rel 不存在。此处的 SJMP 指令无机器码，即“非法”。

(2) label－(PC)＝目标地址－本指令下一条指令地址＝207FH－2002H＝007DH，7DH 在范围[－128,＋127] 之间，可以作为 rel。由表 3-11 求得该汇编指令的机器码为 807DH。

4. 间接转移指令（又称散转指令）

指令格式：JMP@A＋DPTR

指令功能：将累加器 A 中的 8 位无符号数与 DPTR 的内容相加，形成转移目标地址送入 PC。下一次取值将转移到目标地址处进行。

转移目标地址是以 DPTR 内容为基址的 256B 范围内，根据不同的 A 取值可实现多分支转移，即散转，故又称为散转指令。

[例 3-29]　某单片机应用系统有 16 个键，对应的键码值（00H～0FH）存放在 R7 中，16 个键处理程序的入口地址分别为 KEY0，KEY1，…，KEY15。要求按下某键，程序即转移到该键的键处理程序。

解　预先在 ROM 中建立一张起始地址为 KEYG 的转移表：AJMP KEY0，AJMP KEY1，…，AJMP KEY15，利用间接转移指令即可实现多路分支。

参考程序：

```
      MOV DPTR，#KEYG        ；取散转表首地址作基址
      MOV   A，R7            ；取键码值
      RL   A                 ；A←(A) ×2，每条 AJMP 指令占 2B
      JMP   A+DPTR           ；散转，PC←(A) + (DPTR)
      …
KEYG：AJMP   KEY0            ；转向 0 号键处理程序
      AJMP   KEY1            ；转向 1 号键处理程序
      …
      AJPM   KKEY15          ；转向 15 号键处理程序
```

3.6.2　条件转移指令

条件转移指令是当满足给定条件时，程序转移到目标地址去执行；条件不满足则顺序执行下一条指令。

条件转移指令分为累加器 A 判零转移、比较转移和减 1 条件转移三类，见表 3-12。

表 3-12　　**条 件 转 移 指 令**

指令类型	指令格式	操作说明	机器码
判 A 转移	JZ rel	If (A)=0，then PC←(PC) +rel else (PC) 不变	01100000 rel
	JNZ rel	If (A) ≠0，then PC←(PC) +rel else (PC) 不变。	01110000 rel

续表

指令类型	指令格式	操作说明	机器码
比较转移	CJNE A，direct，rel	If (A)≠(direct)，then PC←(PC) +rel else (PC) 不变 同时依"(A)－(direct)"设置借位 C	10110101 direct rel
比较转移	CJNE A，#data，rel	If (A) ≠data，then PC←(PC) +rel else (PC) 不变。 同时依"(A)－data" 设置借位 C	10110100 data rel
比较转移	CJNE Rn，#data，rel	If Rn≠data，then PC←(PC) +rel else (PC) 不变。 同时依 "Rn－data" 设置借位 C	10111rrr data rel
比较转移	CJNE@Ri，#data，rel	If((Ri))≠data，then PC←(PC)+rel else (PC) 不变。 同时依 "((Ri))－data" 设置借位 C	1011011i data rel
减 1 条件转移	DJNZ Rn rel	Rn←(Rn) －1； If (Rn) ≠0，then PC←(PC) +rel else (PC) 不变	11011rrr rel
减 1 条件转移	DJNZ direct rel	direct←(direct) －1 If (direct)≠0，then PC←(PC)+rel else (PC) 不变	11010101 direct rel

下面将介绍实际编程时的汇编指令样式。要特别说明的是：汇编指令中往往没有表 3-12 中的 rel。对应机器码中的 rel 由编译器算出。rel 的意义和计算与前面的描述完全相同，即 rel＝目标地址－下一条指令地址＝目标程序标号（即符号地址）－(PC)＝8 位带符号数。

1. 累加器判零转移指令

JZ rel ；若 (A)＝0，则转移，否则顺序执行。

JNZ rel ；若 (A) ≠0，则转移，否则顺序执行。

这是一组以累加器 A 的内容是否为零作为判断条件的转移指令。该指令的执行结果不影响 PSW 中的标志位。

[例 3-30] 外部 RAM 区域有一个数据块，首地址为 addr1，将其传送到内部 RAM 以 addr2 为首地址的连续单元。要求遇到传送的数据为 0 时停止。

解 参考程序：

```
START: MOV R0，#addr2        ；置内部 RAM 数据块的首地址
       MOV DPTR，addr1       ；置外部 RAM 数据块的首地址
       MOV A，#00H           ；累加器 A 清零
LOOP1: MOVX A，@DPTR         ；将外部 RAM 的内容送入累加器 A
       JZ    LOOP2           ；(A)＝0，转向 LOOP2
       MOV   @R0，A          ；(A) ≠0，数据送到内部 RAM 区域
       INC   R0              ；修改内部 RAM 地址指针
       INC   DPTR            ；修改外部 RAM 地址指针
       SJMP  LOOP1           ；继续传送
LOOP2: RET                   ；停止传送并返回
```

2. 比较转移指令

实际汇编指令格式：

```
CJNE  A，#data，rel          ；若（A）≠data，则 PC←(PC) +rel
CJNE  A，direct，rel         ；若（A）≠（direct），则 PC←(PC) +rel
CJNE  Rn，#data，rel         ；若（Rn）≠data，则 PC←(PC) +rel
CJNE  @Ri，#data，rel        ；若((Ri))≠data，则 PC←(PC) +rel
```

这组指令的功能是对指定的目的字节和源字节进行比较，若它们的值不相等，则转移，转移的目标地址为当前的PC值加3后再加指令的第三字节偏移量rel；若目的字节的内容大于源字节的内容，则进位标志清0；若目的字节的内容小于源字节的内容，则进位标志置1；若目的字节的内容等于源字节的内容，程序将继续往下执行。

[例3-31] 某温度控制系统中，实时采集的温度值T存在累加器A中，温度的给定值Tg存在60H单元。

要求：T=Tg时程序返回（符号地址为HW）；

T>Tg时程序转向降温处理程序（以符号地址JW为首地址的服务程序）；

T<Tg时程序转向升温处理程序（以符号地址SW为首地址的服务程序）。

解 参考程序：

```
      MOV  60H，#Tg           ；给定温度Tg送入60H
      MOV  A，#T              ；实测温度T送入累加器A
      CJNE A，60H，LOOP       ；T≠Tg转向LOOP
      AJMP  HW                ；T=Tg转向HW
LOOP：JC SW                   ；T<Tg（即CY=1）转向SW
      JW：  …                 ；升温处理程序
      SW：  …                 ；降温处理程序
      HW：  …                 ；以HW为标号的程序
```

3. 减1条件转移指令

DJNZ　Rn，rel　　；Rn减1非0转标号处执行，为0则顺序执行。

指令功能：Rn←(Rn) −1，若（Rn）≠0，则 PC←(PC) +rel；否则（PC）不变。

DJNZ　direct，rel　；direct减1非0转标号处执行，为0则顺序执行。

指令功能：direct←(direct) −1，若（direct）≠0，则 PC←(PC) +rel；否则（PC）不变。

该类指令主要用于控制程序的循环。将Rn或direct为循环计数器，并在程序中预先对它们设置初值（循环次数），程序循环一次，循环计数器减1，直到循环计数器减为0，结束循环。

[例3-32] 设一组数据存放在以addr1为首地址的连续n个内部RAM单元中，要求将该组数据送到以addr2为首地址的连续n个内部RAM单元中。

解 参考程序：

```
      MOV R0，#addr2          ；设定目标数据区地址指针
      MOV R1，#addr1          ；设定源数据区的地址指针
      MOV R2，#n              ；用R2作数据块长度计数器
LOOP：MOV  A，@R1             ；将源数据区中的数据A
      MOV @R0，A              ；将（A）送到目标数据区
      INC R0                  ；修改地址指针，指向下一个目标数据单元。
      INC R1                  ；修改地址指针，指向下一个源数据单元。
```

```
    DJNZ  R2，LOOP         ；(R2)≠0，继续执行数据传送操作
    RET                     ；(R2)=0，n个数传送完毕，返回
```

[例 3-33] 设单片机的晶振频率为 6MHz，求下面延时程序的延时时间。

```
DELAY：  MOV R7，#250    ；该指令执行时间为1T，设置循环次数为250
         DJNZ R7，$      ；2T，执行了250次
         RET             ；2T，子程序返回
```

解 $f_{osc}=6MHz$，则一个机器周期

$$T=12\times 1/f_{osc}=12/(6\times 106)=2\ (\mu s)$$

该程序是由 DJNZ 指令控制的循环结构，则循环执行一次的时间为 $2T=2\times 2\mu s=4\mu s$ 则整过程序执行的延时时间为 $2\mu s+4\mu s\times 250+4\mu s=1006\mu s\approx 1ms$

3.7 子程序调用和返回指令

为简化程序设计，经常将功能完全相同或反复使用的程序单独编写成子程序，供主程序调用。主程序需要时通过调用指令，转移到子程序处执行子程序，子程序执行完毕再返回到主程序继续执行主程序。

3.7.1 调用指令

子程序调用指令应完成两项操作：第一，在转移至子程序之前，CPU 将断点（PC）压入堆栈来实现保护；第二，必须确保子程序入口地址的转移，即把子程序的入口地址送入 PC。

断点是一个地址，是子程序调用指令的下一条指令地址，或被中断指令地址。执行子程序调用指令时，断点＝下一条指令地址＝（PC）。

MCS-51 系列单片机共有两条子程序调用指令：长调用指令和绝对调用指令。指令内容详见表 3-13。

表 3-13 子程序调用和返回指令

指令类型	指　令	操作说明	机器码
子程序调用	LCALL ddr16（长调用）	$SP\leftarrow(SP)+1,(SP)\leftarrow(PC)_{7\sim0}$； $SP\leftarrow(SP)+1,(SP)\leftarrow(PC)_{15\sim8}$； PC←addr16。	00010010addr16
	ACALL adr11（绝对调用）	$SP\leftarrow(SP)+1,(SP)\leftarrow(PC)_{7\sim0}$； $SP\leftarrow(SP)+1,(SP)\leftarrow(PC)_{15\sim8}$； $PC_{10\sim0}\leftarrow$addr11	$a_{10}a_9a_8$10001 a7～a0

（1）长调用指令。

指令格式：

LCALL　label；调用子程序 label

指令功能：首先将下一条指令地址（PC）压入栈区保存起来；然后将符号地址 label 赋予 PC。本指令执行完毕，CPU 的下一次取指，取的是子程序的第一条指令了。长调用可在 64KB ROM 空间任意调用子程序。

（2）绝对调用指令。指令格式：

ACALL　label；调用子程序 label

指令功能：首先将下一条指令地址（PC）压入栈区保存起来；然后将符号地址 label 的低 11 位赋予 PC 的低 11 位。

ACALL 指令与 AJMP 指令修改 PC 的方法是相同的，关于 AJMP 指令的说明全部适合 ACALL 指令。

[例 3-34]　已知（SP）=30H，子程序 DIR 入口地址为 1234H，问下列各题指令能否执行？执行结果是什么？

1）023FH：LCALL DIR；LCALL 为 3B 指令，下一条指令地址（PC）=0242H

2）023FH：ACALL DIR；ACALL 为 2B 指令，下一条指令地址（PC）=0241H

3）0FFFH：ACALL DIR；ACALL 为 2B 指令，下一条指令地址（PC）=1001H

解　冒号前数码为冒号后指令的地址。

1）长调用指令 LCALL，调用范围为 64KB，能够执行。执行过程是先将断点 0242H 入栈，再将目标地址 1234H 送入 PC。

执行结果：(SP)=32H,(31H)=42H,(32H)=02H,(PC)=1234H

2）不能执行。因为下一条指令地址 0241H 的高 5 位与 DIR 地址 1234H 的高 5 位不同。

3）能执行。1001H 的高 5 位与 DIR 地址 1234H 的高 5 位相同。执行过程是执行过程是先将断点（在 PC 内）1001H 入栈，再将目标地址 DIR（即 1234H）低 11 位送入 PC 的低 11 位。

执行结果：(SP)=32H,(31H)=01H,(32H)=10H,(PC)=1234H

3.7.2　返回指令

返回指令应能完成恢复断点的操作，即将原压入栈的断点弹出送回 PC，保证 CPU 返回到断点处继续执行原程序。返回指令用在子程序或中断服务程序结束之处。返回指令见表 3-14。

表 3-14　**返　回　指　令**

指令类型	指　令	操作说明	机器码
子程序返回	RET	$(PC)_{15\sim8}\leftarrow((SP)),SP\leftarrow(SP)-1$ $(PC)_{7\sim0}\leftarrow((SP)),SP\leftarrow(SP)-1$	00100010
中断返回	RETI	$(PC)_{15\sim8}\leftarrow((SP)),SP\leftarrow(SP)-1$ $(PC)_{7\sim0}\leftarrow((SP)),SP\leftarrow(SP)-1$ “优先级激活”触发器清 0	00110010

（1）子程序返回指令。

指令格式：RET

指令功能：将栈顶中的数码（断点）弹出到 PC。

说明：执行 RET 指令后，下一次取指将从断点处继续，回到主程序。

（2）中断返回。

指令格式：RETI

指令功能：将栈顶中的数码（断点）弹出到 PC；将“优先级激活”触发器清 0，表示中断处理过程结束。

[例 3-35] 设 (SP)=59H，内部 RAM (59H)=20H,(58H)=03H。执行指令 RET，结果是什么？

解 (SP)=57H,(PC)=2003H

3.7.3 空操作指令

指令格式：NOP

指令功能：不执行任何实际操作。

说明：该指令机器码为 00000000B，1 个字节长度，执行时间为 1 个机器周期。

3.8 位操作指令

MCS-51 单片机中有一个功能很强、结构完整的位处理器，又称布尔处理器。布尔处理器在硬件上是一个完整的系统，由运算器 ALU（具有位运算功能）、位累加器 C（即 PSW 的 CY 位）、可位寻址的 RAM 及并行 I/O 口组成。

布尔处理器的位操作功能为很多逻辑电路的“硬件软化”提供了有效而简便的方法，充分体现了单片机的位处理能力。

MCS-51 单片机位操作指令共 17 条，包括位传送、位逻辑运算和控制转移三类。

表 3-15 MCS-51 的位传送指令

指令类型	指　令	操作说明	机器码
位传送指令	MOV C，bit	CY←(bit)	10100010 bit
	MOV bit，C	bit←(CY)	10010010 bit

3.8.1 位传送指令

MCS-51 的位传送指令见表 3-15。

指令格式：

```
MOV  C, bit   ; bit←(CY)
MOV  bit, C   ; CY←(bit)
```

第一条指令的功能是将位地址 bit 中的内容传送到位累加器 CY 中。第二条指令的功能是将累加器 CY 中的内容传送到位地址 bit 所指的位单元中。两个任意位地址 bit 之间不能直接传送数据，若要完成这种传送，可以通过 CY 作为中间媒介来进行。

[例 3-36] 试编程实现将 00H 位中的内容和 7FH 位中的内容相互换。

解 参考程序：

```
MOV  C, 00H      ; C←(00H)
MOV  01H, C      ; 将00H位的内容暂放在01H位中
MOV  C, 7FH      ; C←(7FH)
MOV  00H, C      ; 00H←(C)
MOV  C, 01H      ; C←(01H)
MOV  7FH, C      ; 7FH←(C)
```

[例 3-37] 把引脚 P0.0 状态传送到引脚 P1.7。

解 参考程序：

```
MOV  C, P0.0
MOV  P1.7, C
```

3.8.2 位逻辑运算指令

位逻辑运算指令见表 3-16。

表 3-16　　位逻辑运算指令

指令类型	指　令	操作说明	机器码
清零	CLR C	C←0	11000011
	CLR bit	bit←0	11000010 bit
置位	SETB C	C←1	11010011
	SETB bit	bit←1	11010010 bit
取反	CPL C	C←($\overline{C}$)	10110011
	CPL bit	bit←($\overline{bit}$)	10000010 bit
位逻辑“与”	ANL C，bit	C←(CY)·(bit)	10000010 bit
	ANL C，$\overline{bit}$	C←(CY)·($\overline{bit}$)	10110000 bit
位逻辑“或”	ORL C，bit	C←(CY)+(bit)	01110010 bit
	ORL C，$\overline{bit}$	C←(CY)+($\overline{bit}$)	10100000 bit

1. 位清零指令

CLR　C　　；将位加累器清 0

CLR　bit　　；位地址 bit 单元的清 0。

2. 位置位指令

SETB　C　　；将位累加器置 1

SETB bit　　；位地址 bit 单元的置 1。

3. 位取反指令

CPL　C　　；将 C 取反后再送回C 中

CPL　bit　　；将位地址 bit 单元的内容取反再送回 bit 单元

［例 3-38］　设（P1）＝7CH＝01111100B，连续执行下面三条指令后，P1 的内容为多少

SETB　P1.7　；P1.7←1

CLR　P1.3　；P1.3←0

CPL　P1.1　；P1.1←/0

结果：（P1）＝11110110B＝0F6H

4. 位逻辑“与”指令

ANL C，bit

ANL C，$\overline{bit}$

指令功能是将 C 的内容和位地址 bit 单元的内容（或内容取反）进行逻辑“与”操作结果送回 C 位。

5. 位逻辑“或”指令

ORL　C，bit

ORL　C，$\overline{bit}$

指令功能是将 C 的内容和位地址 bit 的内容（或内容取反）进行逻辑“或”，操作结果再送回 C 位。

［例 3-39］　设（P1）＝5CH＝01011100B，（P2）＝63H＝01100011B。执行下列程序段后，结果如何？

MOV C，P1.6　　；（C）＝1

ANL C，P1.4　　；（C）＝（C）·（P1.4）＝1

ORL C，$\overline{P2.0}$　　；（C）＝（C）＋（$\overline{P2.0}$）＝1

MOV P2.7，C　　　；(P2.7)=1

结果：(P2)=11100011B=0E3H，(C)=1

[例 3-40] 设 M、N 和 K 都代表位地址，试分析下列程序段的功能。

MOV C，N

ANL C，$\overline{M}$

MOV K，C　　　；$K=N\cdot\overline{M}$

MOV C，M

ANL C，$\overline{N}$　　　；$C=\overline{N}\cdot\overline{M}$

ORL C，K　　　；$C=\overline{N}\cdot\overline{M}+N\cdot\overline{M}$

MOV K，C

上述程序的功能是求 N 与 M 异或，该程序可以替代硬件异或电路。

3.8.3 判位转移指令

判位转移指令的"位"指进位位 C 和位地址 bit。位控制转移指令见表 3-17。

表 3-17　　位控制转移指令

指令类型	指　令	操作说明	机器码
判 C 转移	JC rel	If (CY)=1 then PC←(PC) +rel else (PC) 不变	01000000 rel
	JNC rel	If (CY)=0 then PC←(PC) +rel else (PC) 不变	01010000 rel
判 bit 转移	JB bit，rel	If (bit)=1 then PC←(PC) +rel else (PC) 不变	00100000 bit rel
	JNB bit，rel	If (bit)=0 then PC←(PC) +rel else (PC) 不变	00110000 bit rel
	JBC bit，rel	If (bit)=1 then PC←(PC) +rel，bit←0 else (PC) 不变	00010000 bit rel

1. 判 C 转移指令

(1) (C) 为 1 转移。实际汇编指令格式：

JC＜目标程序标号＞　；(C) 为 1 转标号处执行，否则顺序执行。

指令功能：如果 C 的内容为 1 则 PC←(PC) +rel；否则 (PC) 不变。

(2) (C) 为 0 转移。实际汇编指令格式：

JNC＜目标程序标号＞　；(C) 为 0 转标号处执行，否则顺序执行。

指令功能：如果 C 的内容为 0 则 PC←(PC) +rel；否则 (PC) 不变。

[例 3-41] 内部 RAM 的 M1 和 M2 单元中各有一个 8 位无符号二进制数，试编程比较它们的大小，并把大数送到内部 RAM 的 MAX 单元。

解　参考程序：

```
MOV A，M1             ；A←(M1)
CJNE A，M2，LOOP1     ；若 (A) ≠ (M2)，转移到 LOOP1
SJMP EXIT
LOOP1：JNC LOOP2      ；(CY)=0 即 (M1) > (M2) 则转到 LOOP2
      MOV A，M2       ；(CY)=1 即 (M1) < (M2) 则 (A) ←(M2)
```

```
LOOP2：MOV MAX，A   ；大数送 MAX 单元
EXIT：  RET          ；返回
```

2. 判 bit 转移指令

（1）（bit）为 1 转移。实际汇编指令格式：

JB　bit，＜目标程序标号＞　；（bit）为 1 转标号处执行，否则顺序执行。

指令功能：如果 bit 的内容为 1 则 PC←（PC）＋rel；否则（PC）不变。

（2）（bit）为 0 转移。实际汇编指令格式：

JNB bit，＜目标程序标号＞　；（bit）为 0 转标号处执行，否则顺序执行。

指令功能：如果 bit 的内容为 0 则 PC←（PC）＋rel；否则（PC）不变。

（3）（bit）为 1 清 0 转移。实际汇编指令格式：

JBC　bit，＜目标程序标号＞　；（bit）为 1，清 0 并转标号处执行，否则顺序执行

指令功能：如果 bit 的内容为 1 则 bit←0，PC←（PC）＋rel；否则（PC）不变。

［例 3-42］　编程实现下面条件等式的运算：

$$Y=\begin{cases}100 & (X>0)\\ 0 & (X=0)\\ -1 & (X<0)\end{cases}$$

解　设 X 存放在内部 RAM 的 M1 单元，Y 存放在内部 RAM 的 M2 单元。

参考程序：

```
MOV R0，#M1
MOV R1，#M2
MOV A，@R0              ；将 X 值送入 A
JZ  ZERO                ；判 A 转移指令：（A）=0，转到 ZERO
JB  ACC.7，NEG          ；判 bit 转移，ACC.7 为 A 之最高位（符号位）：（A）为负转 NEG
MOV @R1，#100           ；（A）>0，则（Y）=100
RET
NEG：MOV @R1，#0FFH；（Y）=－1 的补码
RET
ZERO：MOV @R1，#00H ；（Y）=0
RET
```

至此，已介绍了 8051 的 111 条指令，这些指令是程序设计的基础，因此应正确理解并掌握他们。

3.9　习　　题

1. 指令通常有哪三种表示形式？各有什么特点？

2. MCS-S1 指令按功能可以分为哪几类？每类指令的作用是什么？

3. MCS-S1 共有哪 7 中寻址方式？各有什么特点？

4. 指出下列每条指令源操作数的寻址方式和功能。

（1）MOV A，#40H

　　MOV A，50H

MOV 50H，＃20H
MOV C，50H
MOV 50H，20H

（2）MOV A，40H
MOV R6，＃66H
MOV 66H，＃45H
MOV 66H，C
MOV 66H，R1

5. 写出下列指令的机器码，指出下列程序执行后的操作结果：

（1）MOV A，＃60H
MOV A，50H
MOV @R0，A
MOV 41H，R0
XCH A，R0

（2）MOV DPTR，＃2003H
MOV A，＃18H
MOV 20H，＃38H
MOV R0，＃20H
XCH A，@R0

6. 写出能完成下列数据传送的指令。

（1）R1 中的内容传送到 R0。

（2）内部 RAM 20H 单元中的内容送到 30H 单元。

（3）外部 RAM 20H 单元中的内容送到内部 RAM 的 20H 单元。

（4）外部 RAM 2000H 单元中的内容送到内部 RAM 的 20H 单元。

（5）外部 ROM 2000H 单元中的内容送到内部 RAM 的 20H 单元。

（6）外部 ROM 2000H 单元中的内容送到内部 RAM 的 3000H 单元。

7. 试编出把外部 RAM 的 2050H 单元中的内容与 2060H 单元中的内容相交换的程序。

第4章 汇编语言程序设计

在单片机的应用中，汇编语言程序设计是一个关键问题，它不仅是实现人机对话的基础和直接关系到所设计单片机控制（或应用）系统的控制特性，而且对系统的存储容量和工作效能也有很大影响。因此，本章内容的学习对汇编程序的编写具有指导意义。

4.1 汇编语言的格式

汇编语言（assembly language）是一种面向机器的程序设计语言，由助记符和伪指令等组成，很容易为人们所识别、记忆和读写，所以也称为符号语言。采用汇编语言编写的程序称为汇编语言源程序，其扩展名为“ASM”，该程序虽然不能为计算机直接执行，但它可由“汇编程序”翻译成机器语言（即目标代码），这个转换过程称为“汇编”。

单片机没有自主开发的功能，需要使用仿真器或仿真软件进行仿真调试。调试与硬件有关程序还要借助仿真开发工具并与硬件连接。一般来说汇编语言的程序开发调试过程包括四部：一是编辑源程序；二是汇编；三是调试；四是程序固化。程序开发调试过程如图4-1所示。

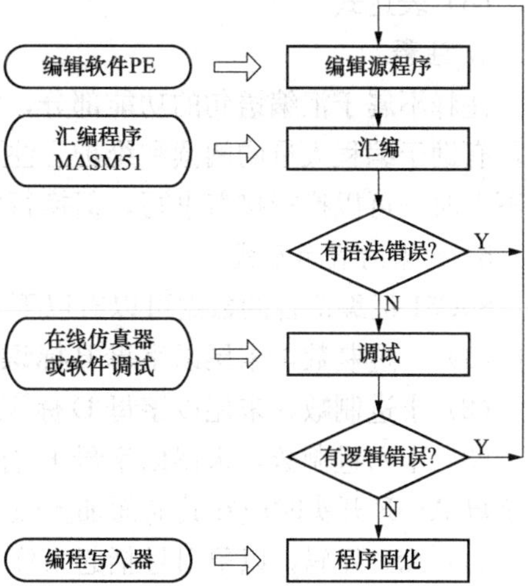

图4-1　程序开发调试过程

采用汇编语言编写的程序称为汇编语言源程序。这种程序是不能被CPU直接识别和执行的，必须由人工或机器把它翻译成机器语言才能被计算机执行。为了使机器能够识别和正确汇编，必须对汇编语言的格式和语法规则做出规定。因此用户在进行程序设计时必须严格遵循汇编语言的格式和语法规则，才能编出符合要求的汇编语言源程序。

汇编语言源程序由汇编语句构成。汇编语言源程序中的汇编语句要正确，必须符合相应的语法规则。

8051单片机汇编语言的语句行由4个字段组成，汇编程序能对这种格式正确地进行识别。这4个字段的格式为：

[标号:] 操作码 [操作数] [；注释]

括号内的部分可以根据实际情况取舍。每个字段之间要用分隔符分隔，可以用作分隔符的符号有空格、冒号、逗号、分号等。如：

LOOP：MOV A，# 7FH；A←7FH

1. 标号

标号是语句地址的标志符号，用于引导对该语句的非顺序访问。有关标号的规定为：

（1）标号由1～8个ASCII字符组成。第一个字符必须是字母，其余字符可以是字母、数字或其他特定字符。

（2）不能使用该汇编语言已经定义了的符号作为标号。如指令助记符、寄存器符号名称等。

（3）标号后边必须跟冒号。

2. 操作码

操作码用于规定语句执行的操作。它是汇编语句中唯一不能空缺的部分。它用指令助记符表示。

3. 操作数

操作数用于给指令的操作提供数据或地址。在一条汇编语句中操作数可能是空缺的，也可能包括一项，还可能包括两项或三项。各操作数间以逗号分隔。

操作数字段的内容可能包括以下几种情况：

（1）工作寄存器名。

（2）特殊功能寄存器名。

（3）标号名。

（4）常数。

（5）符号“$”，表示程序计数器PC的当前值。

（6）表达式。

4. 注释

注释不属于汇编语句的功能部分，它只是对语句的说明。注释字段可以增加程序的可读性，有助于编程人员的阅读和维护。注释字段必须以分号“;”开头，长度不限，当一行书写不下时，可以换行接着书写，但换行时应注意在开头使用分号“;”。

5. 数据的表示形式

80C51汇编语言的数据可以有以下几种表示形式：

（1）二进制数，末尾以字母B标识。例如：1000 1111B。

（2）十进制数，末尾以字母D标识或将字母D省略。例如：88D，66。

（3）十六进制数，末尾以字母H标识。例如：78H，0A8H（应注意的是，十六进制数以字母A～F开头时应在其前面加上数字“0”）。

（4）ASCII码，以单引号括起来标识。例如：‘AB’，‘1245’。

4.2 汇编语言构成

汇编语言是汇编语句的集合，是汇编语言程序设计基础。汇编语言语句包括指令性语句和指示性语句两类。

1. 指令性语句

指令性语句是指采用指令助记符构成的汇编语言语句，它当然要符合汇编语言的语法规则。对MCS-51单片机而言，指令性语句是指111条指令的助记符语句。因此，指令性语句是进行汇编语言程序设计的基本语句。每条指令性语句都有与之相对应的机器码，并由机器在汇编时翻译成目标代码（即机器码）来执行。

2. 指示性语句

指示性语句又称为伪指令语句，伪指令是用来指示与控制汇编过程的一些命令，形式上与一般指令相似，但并不产生机器代码。它仅起汇编命令作用，为汇编程序提供必要的控制。

标准的 80C51 汇编程序定义了许多伪指令，下面仅对一些常用的进行介绍。

(1) ORG。

格式：ORG<表达式>

该指令的功能是向汇编程序说明下面紧接的程序段或数据段存放的起始地址。表达式通常为 16 进制地址，也可以是已定义的标号地址。例如：

```
ORG 8000H           ；表示紧接在后面的程序的机器码从地址 8000H 单元开始存放
START：MOV A，＃30H
…
```

在每一个汇编语言源程序的开始，都要设置一条 ORG 伪指令来指定该程序在存储器中存放的起始位置。若省略 ORG 伪指令，则该程序段从 0000H 单元开始存放。在一个源程序中，可以多次使用 ORG 伪指令规定不同程序段或数据段存放的起始地址，但要求地址值由小到大依序排列，不允许空间重叠。

(2) END。

格式：END [表达式]

END 标志源代码的结束，编译器遇到 END 语句即停止编译，处于 END 之后的程序，汇编程序将不处理。若没有 END 语句，编译将报错。

(3) EQU (Equation)。

格式：<符号名>　EQU　<表达式>

功能：伪指令 EQU 是把表达式值赋给符号名。

[例 4-1]
```
X1   EQU   40H          ；把数值 40H 赋值给变量 X1
…
MOV  A，X1              ；A←(40H)。X1 当 40H 用。
```

汇编语言程序中 X1 当 40H 用。编译后 X1 的值为 40H。

(4) BIT (Bit)。

格式：<符号名>　BIT　<位名或位地址>

功能：伪指令 BIT 把一个位地址赋予符号名。

[例 4-2]
```
SW1   BIT   P1.0        ；把位地址 P1.0 赋值给 SW1
FLG   BIT   40H         ；把位地址 40H 赋值给 FLG
```

在汇编语言程序中 SW1 和 FLG 当做位地址用。编译后 SW1 的值为 P1.0 的位地址，FLG 的值为 40H。

(5) DB (Define byte)。

格式：[标号:]　DB　<表达式>

功能：表达式是用逗号分隔的，不多余 8 个的若干字节项。DB 伪指令用于将这若干字节项从标号处开始存放；若无标号则紧挨着上行内容存放。此伪指令常用于在程序存储器中定义常量表。

［例 4-3］ ORG 1000H

```
TAB:     DB   30H，31H，32H，33H
         DB   41H，42H，43H，44H
         DB  0ABH,’E’,’F’
String:  DB   ’MCS-51’
```

说明：冒号前是程序存储器地址；单引号括起来的内容表示字符或字符串的 ASCII 码。

由上程序段可知：

1）符号地址 TAB＝1000H，String＝100BH。

2）部分程序存储器的内容为：

1000H：30H 31H 32H 33H 41H 42H 43H 44H

1008H：ABH 45H 46H

100BH：4DH 43H 53H 5F 35H 31H

(6) DW（Define Word）。

格式：［标号:］ DW <表达式>

功能:表达式是用逗号分隔的，若干字项（2B）。DW 伪指令用于将这若干字项从标号处开始存放；若无标号则紧挨着上行内容存放。此伪指令常用于在程序存储器中定义常量表。

［例 4-4］ ORG 1100H

```
TABW  DW  1246H，31H
DW    10， 100，1000
```

则部分程序存储器的内容为：

1100H：46 12 31 00 0A 00 64 00 E8 03

(7) DATA。

格式：<符号名> DATA <表达式>

功能:DATA 伪指令用于给符号名赋以表达式值。

［例 4-5］ NUM DATA 3000H；编译后 NUM 的值为 3000H

说明：DATA 与 EQU 的功能功能相似，区别在于 DATA 定义的符号名汇编后作为标号登记在符号表中，可以先使用后定义，而 EQU 定义的符号名不登记在符号表中，必须先定义后使用。

(8) DS。

格式：［标号:］ DS <表达式>

功能：DS 伪指令用于告诉编译器从 DS 指定的地址单元开始，保留由表达式指定的若干字节空间作为备用空间。

［例 4-6］ ORG 1000H

```
DS   0AH
DB   41H，42H，43H，44H
```

经上述定义后，从 1000H 单元开始保留 10B 的存储单元，从 100AH 单元开始连续存放 41H，42H，43H，44H。

4.3　汇编序言源程序的设计与汇编

在单片机应用中，绝大部分实用程序都采用汇编语言编写。因此，汇编语言程序设计不仅关系到单片机控制系统的特性和效率，而且还与控制系统本身的硬件结构有关。为了编出质量高而且功能强的实用程序，编程人员一方面要正确理解程序设计的目标和步骤，另一方面还要掌握汇编语言程序的汇编原理和方法，现在就这两个关键问题作以概述。

4.3.1　汇编语言源程序的设计步骤

用汇编语言编写一个程序大致的设计步骤介绍如下：

(1) 分析设计任务，明确设计的具体要求、确定数学模型。在弄清设计任务书的基础上，设计者应把控制系统的计算任务或控制对象的物理过程抽象并归纳为数学模型。

(2) 确定贴切单片机的计算方法。根被控对象的实时过程和逻辑关系，须把数学模型演化为计算机可以识别的形式，并拟制出具体的算法和步骤。同一数学模型，往往有不同的算法，设计者应找出一种切合实际的最佳算法。

(3) 画出程序流程图。程序流程图不仅可以体现程序的设计思想，而且可以使复杂的问题简化并受到提挈纲领的效果。

(4) 存储器分配。确定程序与数据区存放的空间。

(5) 按流程图编写汇编语言程序。

(6) 程序的调试、修改、测试，最后确定源程序。

上机调试可以检验程序的正确性。因为所有的程序编写完成后都难免有缺点和错误，只有通过上机调试才能比较容易发现不足并纠正。

4.3.2　源程序的编辑与汇编

1. 源程序的编辑

源程序的编写要依据 80C51 汇编语言的基本规则，特别要用好常用的汇编命令（即伪指令）。例如下面的程序段：

```
ORG 0040H
MOV A，＃7FH
MOV R1，＃44H
END
```

这里的 ORG 和 END 是两条伪指令，其作用是告诉汇编程序此汇编源程序的起止位置。编辑好的源程序应以“. ASM”扩展名存盘，以备汇编程序调用。

2. 源程序的汇编

将汇编语言源程序转换为单片机能执行的机器码形式的目标程序的过程叫汇编。汇编常用的方法有两种：一是手工汇编；二是机器汇编。

手工汇编时，把程序用助记符指令写出后，通过手工方式查指令编码表，逐个把助记符指令翻译成机器码，然后把得到的机器码程序（以十六进制形式）键入到单片机开发机中，并进行调试。因为手工汇编是按绝对地址进行定位的，所以，对于偏移量的计算和程序的修改非常不便。通常只在程序较小或开发条件有限制时才使用。

机器汇编是在常用的个人计算机 PC 上，使用交叉汇编程序将汇编语言源程序转换为机器码形式的目标程序。此时汇编工作由计算机完成，生成的目标程序由PC机传送到开发机上，经调试无误后，再固化到单片机的程序存储器ROM中。机器汇编与手工汇编相比具有极大的优势，所以是汇编工作的首选。

源程序经过机器汇编后，形成的若干文件中含有两个主要文件，一个是列表文件；另一个是目标码文件。因汇编软件的不同，文件的格式及信息会有一些不同，但主要信息介绍如下。列表文件主要信息为：

地址	目标码	汇编程序
		ORG　0040H
0040H	747F	MOV A，＃7FH
0042H	7944	MOV R1，＃44H
		END

4.4 顺序结构程序设计

顺序结构程序是一种最简单、最基本的程序（也称为简单程序），它是一种无分支的直线型程序，按照程序编写的顺序依次执行。编写这类程序主要应注意正确地选择指令，提高程序的执行效率。

［**例 4-7**］ 编写16位二进制数求补程序。设16位二进制数存放在R1R0中，求补以后的结果则存放于R3R2中。

解 二进制数的求补可归结为“求反加1”的过程。求反可用CPL指令实现；加1时应注意，加1只能加在低8位的最低位上。因为现在是16位数，有两个字节，因此要考虑进位问题，即低8位取反加1，高8位取反后应加上低8位加1时可能产生的进位。还要注意这里的加1不能用INC指令，因为INC指令不影响CY标志。

本题较简单，框图省略，编写源程序如下：

```
ORG  0200H
MOV    A，R0          ；低8位送A
CPL    A              ；取反
ADD    A，＃01H       ；加1
MOV    R2，A          ；存结果
MOV    A，R1          ；高8位送A
CPL    A              ；取反
ADDC   A，＃00H       ；加进位
MOV    R3，A          ；存结果
END
```

［**例 4-8**］ 编程将20H单元中的8位无符号二进制数转换成三位BCD码，并存放在22H（百位）和21H（十位，个位）两个单元中。

解 在MCS-51系列单片机中有除法指令，转化比较方便。因为8位二进制数对应的十进制数为0～255，所以先将原数除以100，商就是百位数的BCD码，余数作为被除数再除以10，商为10位数的BCD码，最后的余数就是个位数的BCD码，将十位、个位的BCD码合并到一个字节中，将结果存入即可。

```
ORG    1000H
MOV    A, 20H       ；取数送 A
MOV    B, #64H      ；除数 100 送 B 中
DIV    AB           ；商（百位数 BCD 码）在 A 中，余数在 B 中
MOV    22H, A       ；百位数送 22H
MOV    A, B         ；余数送 A 作被除数
MOV    B, #0AH      ；除数 10 送 B 中
DIV    AB           ；十位数 BCD 码在 A 中，个位数在 B 中
SWAP   A            ；十位数 BCD 码移至高 4 位
ORL    A, B         ；并入个位数的 BCD 码
MOV    21H, A       ；十位、个位 BCD 码存入 21H
END
```

另外一种算法则是连续除以 10：先除以 10，余数为个位数 BCD 码，再将商除以 10 可得百位数 BCD 码（商）和十位数 BCD 码（余数）。

4.5 分支程序设计

在很多实际问题中，都需要根据不同的情况进行不同的处理。这种思想体现在程序设计中，就是根据不同条件而转到不同的程序段去执行，这就构成了分支程序。分支程序的结构有两种，如图 4-2 所示，图 4-2（a）结构是用条件转移指令来实现分支。当给出的条件成立时，执行程序段 A，否则执行程序下一条指令；图 4-2（b）结构是用散转指令 JMP 来实现多分支转移。它首先将分支程序按序号排列，然后按照序号的值来实现多分支转移。

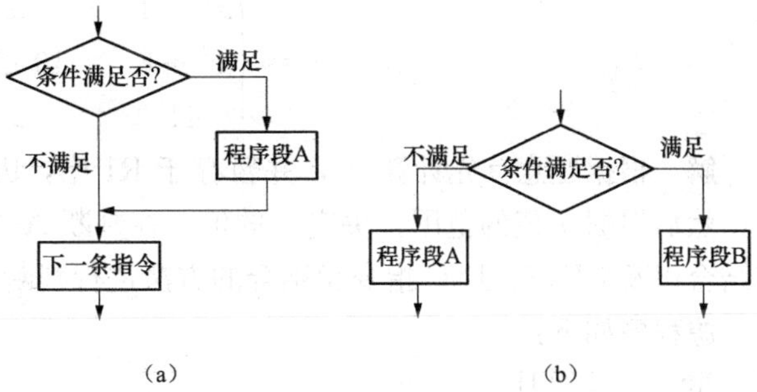

图 4-2　分支程序结构
（a）双分支结构；（b）多分支结构

分支程序的特点是改变程序的执行顺序，跳过一些指令，去执行另外一些指令。应注意：对每一个分支都要单独编写一段程序，每一分支的开始地址赋给一个标号。

在编写分支程序时，关键是如何判断分支的条件。在 MCS-51 系列单片机中可以直接用来判断分支条件的指令并不多，只有累加器为零（或不为零）、比较条件转移指令 CJNE 等，MCS-51 单片机还提供了位条件转移指令，如 JC，JB 等。把这些指令结合在一起使用，就可以完成各种各样的条件判断。分支程序设计的技巧，就在于正确而巧妙地使用这些指令。

［例 4-9］ 设变量 x 存放在 30H 单元，函数值 y 存入 31H 单元。试编程实现下式的方式给 y 赋值。

$$y=\begin{cases}1 & x>0\\0 & x=0\\-1 & x<0\end{cases}$$

解 x 是有符号数，因此可以根据它的符号位来决定其正负，判别符号位是 0 还是 1 可利用 JB 或 JNB 指令。而判别 x 是否等于 0 则可以直接使用累加器判零 JZ 指令。把这两种指令结合使用就可以完成本题的要求。

编程如下：

```
        ORG   1000H
        MOV    A，30H          ；取数 x 送 A
        JZ     COMP            ；x=0，则转 COMP 处理
        JNB    ACC.7，POSI     ；x>0，则转 POSI 处理
        MOV    A，#0FFH        ；x<0，则 Y=-1
        SJMP   COMP
POSI：  MOV    A，#1           ；x>0，则 Y=1
COMP：  MOV    31H，A          ；存函数值
        END
```

［**例 4-10**］ 设 5AH 单元中有一整数 x，请编写计算下述函数式的程序，结果存入 5BH 单元。

$$y=\begin{cases}x^2-1 & x<10\\x^2+8 & 10\leqslant x\leqslant 15\\41 & x>15\end{cases}$$

解 根据题意首先计算 x^2，并暂存于 R1 中，因为 x^2 最大值为 225，故只用一个寄存器，然后根据 x 值的范围，决定 y 的值。在判断 A<10 和 A>15 时，采用 CJNE、JC 指令相结合以及 CJNE、JNC 指令相结合的方法进行判断。R0 用做中间寄存器。

源程序如下：

```
    ORG    2000H
    MOV    A，5AH            ；取数 x 送 A
    MOV    B，A              ；x 送 B
    MUL    AB                ；计算 x²
    MOV    R1，A             ；x² 暂存 R1 中
    MOV    A，5AH            ；重新把 x 装入 A
    CJNE   A，#0AH，L1       ；x 与 10 比较
L1：JC     L2                ；若 x<10，转 L2
    MOV    R0，#41           ；x≥10，先假设 x>15，41 作为函数值送 R0
    CJNE   A，#10H，L3       ；x 与 16 比较
L3：JNC    L4                ；若 x≥16，转 L4
    MOV    A，R1             ；10≤x≤15，取 x² 送 A 中
    ADD    A，#08            ；计算 x²+8
    MOV    R0，A             ；函数值送 R0
    SJMP   L4                ；转 L4
L2：MOV    A，R1             ；取 x² 送 A 中
```

```
      CLR    C          ；清CY，为减法作准备
      SUBB   A，#01H    ；计算x²-1
      MOV    R0，A      ；函数值送R0
L4：  MOV    5BH，R0    ；函数值存入指定单元
      SJMP   $
      END
```

上述两例，都是用条件转移指令实现分支，下面介绍利用散转指令JMP实现多分支程序转移。

利用JMP指令实现多分支转移时，首先应在ROM中建立一个散转表，表中可以存放无条件转移指令、地址偏移量或各分支入口地址（该表亦可称转移表、偏移量表、地址表）。表中存放的内容不同，所编写的散转程序也就不同。

所谓散转程序，就是使用散转指令“JMP　@A+DPTR”来实现多分支程序的转移。散转指令的操作是把16位数据指针DPTR的内容与累加器A中的8位无符号数相加，形成16位地址（即转移的目的地址），装入程序计数器PC，因而使程序发生转移。在编写散转程序时，一般是将散转表的首地址送DPTR，分支序号送A，根据序号查找相应的转移指令或入口地址，从而实现多分支的转移。

下面根据表中所存放的不同内容来编写不同的散转程序。

(1) 采用转移指令组成表。在许多实际应用中，往往要根据某标志单元的内容（键盘输入或运算结果）是0，1，2，…，n，分别转向操作程序0，操作程序1，操作程序2，…，操作程序n。

针对上述要求，可以先用无条件转移指令（如AJMP）按顺序组成一个转移表，将转移表首地址装到数据指针DPTR中，将分支序号装入累加器A，执行“JMP　@A+DPTR”指令进入转移表后，再由“AJMP”指令转入对应程序段的入口。从而实现散转。

［例4-11］ 试编程根据R7的内容（即分支序号），转向相应的操作程序。

若R7=0，转入OPR0；若R7=1，转入OPR1；…；若R7=n，转入OPRn

解　编写散转程序如下：

```
JUMP1：MOV    DPTR，#TAB1    ；转移表首地址送数据指针DPTR
       MOV    A，R7          ；序号送A
       ADD    A，R7          ；序号×2→A（修正变址值）
NOAD： JMP    @A+DPTR        ；转入转移表内
TAB1： AJMP   OPR0           ；转移指令组成转移表
       AJMP   OPR1
         ⋮
       AJMP   OPRn
         ⋮
OPR0： 操作程序0
OPR1： 操作程序1
OPR2： 操作程序2
         ⋮
OPRn： 操作程序n
```

程序中，转移表TAB1是由绝对转移指令“AJMP”组成，每条AJMP指令各占2个字

节，即每条转移指令的地址依次相差 2 个字节，所以累加器 A 中的值必须做乘 2 修正。若转移表是由 3B 长转移指令“LJMP”组成，则累加器 A 中的值必须乘 3。

转移表中使用“AJMP”指令，这就限制了转移的入口 OPR0、OPR1、…、OPRn 必须和散转表首地址 TAB1 位于同一个 2KB 空间范围内。另外，分支数 n 最大为 128。

(2) 采用地址偏移量组成表。如果分支序号较少，所有分支程序均处在 256B 之内时，可使用地址偏移量组成表。

[例 4-12] 编程根据 R7 的内容，转向相应的操作程序。设 (R7) =0～4

解 程序清单如下：

```
JUMP2：MOV    DPTR，#TAB2        ；表首地址送数据指针 DPTR
       MOV    A，R7              ；分支序号送 A
       MOVC   A，@A+DPTR         ；根据序号查表，取地址偏移量送 A
       JMP    @A+DPTR            ；表首地址+地址偏移量形成目标地址
TAB2： DB     OPR0-TAB2          ；分支入口地址与表首的偏移量定义到表中
       DB     OPR1-TAB2
       DB     OPR2-TAB2
       DB     OPR3-TAB2
       DB     OPR4-TAB2
OPR0： 操作程序 0
OPR1： 操作程序 1
OPR2： 操作程序 2
OPR3： 操作程序 3
OPR4： 操作程序 4
```

使用这种方法，偏移量表的长度加上各程序段的长度必须在 256B 之内。

(3) 采用各分支入口地址组成表。前面讨论的采用地址偏移量组成表的方法，其转向范围在 256B 之内，在使用时受到较大限制。若需要转向较大的范围，可以建立一个转移地址表，即将所要转移的各分支入口地址（16 位地址），组成一个表。在散转之前，先用查表方法获得表中的转移地址，然后将该地址装入 DPTR，最后按 DPTR 中的内容进行散转。

[例 4-13] 试编程根据 R7 的内容（即分支序号），转向相应的操作程序。设各分支转移入口地址为 OPR0、OPR1、…、OPRn，编写散转程序如下：

```
JUMP3：MOV    DPTR，#TAB3        ：表首地址送 DPTR
       MOV    A，R7              ；取分支序号送 A
       ADD    A，R7              ；序号×2（转移地址占 2 个字节）
DADD： MOV    R3，A              ；暂存 2 倍序号（即索引值）
       MOVC   A，@A+DPTR         ；根据序号查表，取转移地址高 8 位送 A
       XCH    A，R3              ；转移地址高 8 位与 R3 互换
       INC    A                  ；2 倍序号加 1 送 A（索引值加 1）
       MOVC   A，@A+DPTR         ；查表，取转移地址低 8 位送 A
       MOV    DPL，A             ；转移地址低 8 位送 DPL
       MOV    DPH，R3            ；转移地址高 8 位 DPH
       CLR    A                  ；A 清 0
       JMP    @A+DPTR            ；按 DPTR 中的地址进行转移
```

```
TAB3:  DW    OPR0            ；将各分支入口地址定义到表中
       DW    OPR1
               ⋮
       DW    OPRn
```

这种方法显然可以实现 64KB 地址空间的转移，分支数最大为 128。分支程序在单片机应用中极为重要，在编程方法上有许多技巧，可通过阅读一些典型的程序逐渐增加这方面的能力。

4.6　循环程序设计

在很多实际程序中会遇到需多次重复执行某段程序的情况，这时可把这段程序设计为循环程序，这有助于缩短程序，同时也节省了程序的存储空间，提高程序的质量。

循环程序一般由四部分组成。

（1）置循环初值。即设置循环过程中有关工作单元的初始值，例如，置循环次数、地址指针及工作单元清 0 等。

（2）循环体。即循环的工作部分，完成主要的计算或操作任务，是重复执行的程序段。这部分程序应特别注意，因为它要重复执行许多次，若能少写一条指令，实际上就是少执行某条指令若干次。因此，应注意优化程序。

（3）循环修改。每循环一次，就要修改循环次数、数据及地址指针等。

（4）循环控制。根据循环结束条件，判断是否结束循环。

如果在循环程序的循环体中不再包含循环程序，即为单重循环程序。如果在循环体中还包含有循环程序，那么这种现象就称为循环嵌套，这样的程序就称为二重循环程序或三重以至多重循环程序。在多重循环程序中，只允许外重循环嵌套内重循环程序，而不允许循环体互相交叉。也不允许从循环程序的外部跳入循环程序的内部。

循环程序结构框图有两种，如图 4-3 所示。图 4-3（a）结构是“先执行后判断”，适用于循环次数已知的情况。其特点是一进入循环，先执行循环处理部分，然后根据循环次数判断是否结束循环。图 4-3（b）结构是“先判断后执行”，适用于循环次数未知的情况。其特点是将循环控制部分放在循环的入口处，先根据循环控制条件判断是否结束循环。若不结束，则执行循环操作；若结束，则退出循环。

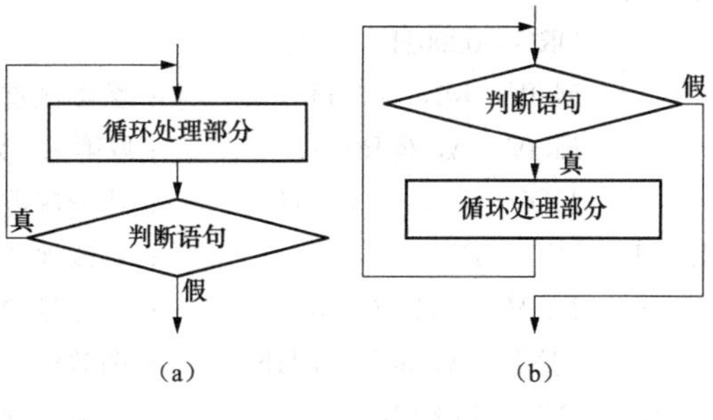

图 4-3　循环程序结构框图

（a）先执行后判断；（b）先判断后执行

下面通过一些实际的例子，说明如何编制循环程序。

［例 4-14］　编写多字节无符号数加法程序。

设有两个多字节无符号数分别存放在内部 RAM 的 DAT1 和 DAT2 开始的区域中（低字节先存），字节个数存放在 R2 中。求它们的和，并将结果存放在 DAT1 开始的区域中。

解　多字节首地址已知，宜采用间接寻址方式，多字节的求和，应采用循环程序，程序如下：

```
        ORG   0200H
        MOV   R0,   #DAT1      ；数据块首地址送 R0
        MOV   R1,   #DAT2      ；数据块首地址送 R1
        CLR   C                ；清进位 CY
LOOP：  MOV   A，@R0           ；取一个数送 A
        ADDC  A，@R1           ；两个数相加
        MOV   @R0，A           ；存结果
        INC   R0               ；修改地址指针
        INC   R1
        DJNZ  R2，LOOP         ；字节数减 1，不为 0，继续求和
        CLR   A                ；A 清 0
        ADDC  A，  #00H        ；加进位
        MOV   @R0，A           ；进位值存到高地址中
        END
```

［**例 4-15**］ 编写查找最大值程序。

假设从内部 RAM30H 单元开始存放着 10 个无符号数，找出其中的最大值送入内部 RAM 的 MAX 单元。

解 寻找最大值的方法很多，最基本的方法是比较和交换依次进行的方法，即先取第一个数和第二个数比较，并把前一个数作为基准。若比较结果基准数大，则不作交换，再取下一个数来作比较；若比较结果基准数较小，则用较大的数来代替原有的基准数，即做一次交换。然后再以基准数和下一个数作比较。总之，要保持基准数是到目前为止最大的数，比较结束时，基准数就是所求的最大值。查找最大值程序流程图如图 4-4 所示。

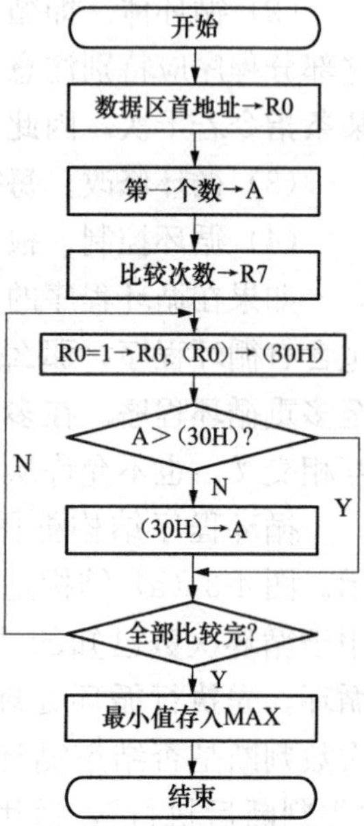

图 4-4　查找最大值程序流程图

```
        ORG   0200H
        MOV   R0，#30H         ；数据区首地址送 R0
        MOV   A，@R0           ；取第一个数作基准数送 A
        MOV   R7，  #09H       ；比较次数送计数器 R7
LOOP：  INC   R0               ；修改地址指针，指向下一地址单元
        MOV   30H，@R0         ；要比较的数暂存 30H 中
        CJNE  A，30H，CHK      ；两数作比较
CHK：   JNC   LOOP1            ；A 大，则转移
        MOV   A，@R0           ；A 小，则将较大数送 A
LOOP1：DJNZ  R7，LOOP          ；计数器减 1，不为 0，继续
        MOV   MAX，  A         ；比较完，存结果
        END
```

［**例 4-16**］ 编写数据检索程序。

假设从内部 RAM60H 单元开始存放着 32 个数据，查找是否有“＄”符号（其 ASCII 码为 24H），如果找到就将数据序号送入 2FH 单元，否则将 FFH 送入 2FH 单元。

解 数据检索就是在指定数据区中查找关键字。例如，在考勤系统中，有时需要查找某个职工上下班情况，或磁卡就餐系统中将某个磁卡挂失或销户等就属于这类问题。

实现数据检索的算法有很多，如顺序检索、对分检索等。对分检索需要先对数据排序；顺序检索是把关键字与数据区中的数据从前向后逐个比较，判断是否相等。本例采用顺序检索进行编程。程序如下：

```
        ORG  0300H
        MOV  R0，#60H          ；数据区首地址送R0
        MOV  R7，#20H          ；数据长度送计数器R7
        MOV  2FH，#00H         ；工作单元清0
LOOP：  MOV  A，@R0            ；取数送A
        CJNE A，#24H，LOOP1    ；与“$”比较，不等转移
        SJMP  HERE             ；找到，转结束（序号在2FH单元）
LOOP1：INC   R0                ；修改地址指针
        INC  2FH               ；序号加1
        DJNZ R7，LOOP          ；计数器减1，不为0，继续
        MOV  2FH，#0FFH        ；未找到，标志送2FH单元
HERE：  AJMP  HERE；           ；程序结束
        END
```

[例4-17] 编写50ms软件延时程序。

解 软件延时程序一般都是由DJNZ Rn，rel指令构成。执行一条DJNZ指令需要2个机器周期。由此可知，软件延时程序的延时时间主要与机器周期和延时程序中的循环次数有关，在使用12MHz晶振时，一个机器周期为1μs，执行一条DJNZ指令需要2个机器周期，即2μs。延时50ms需用双重循环，源程序如下：

```
DEL：   MOV  R7，#125          ；执行时需1个机器周期
DEL1：  MOV  R6，#200          ；
DEL2：  DJNZ  R6，DEL2         ；200×2=400μs（内循环时间）
        DJNZ  R7  DEL1         ；0.4ms×125=50ms（外循环时间）
        RET
```

该延时程序的第一条指令是置外循环的初值，下面的指令为循环体，指令“DJNZ R7，DEL1”为外循环的控制部分；第二条指令是置内循环初值，“DJNZ R6，DEL2”既是内循环体，也是内循环的控制部分。

以上延时时间是粗略的计算，不太精确，它没有考虑到除DJNZ R6，DEL2指令外其它指令的执行时间，如把其他指令的执行时间计算在内，它的延时时间为：

$$(400+1+2)\times 125+1=50.375\text{ms}$$

即延时时间$=(2\cdot T_M\cdot R6+3\cdot T_M)\cdot R7+1\cdot T_M\approx(2\cdot R6\cdot R7+3\cdot R7)\cdot T_M$

如果应用系统中对延时时间的要求不是十分严格，可按粗略计算的方法进行计算和编程，如果系统要求比较精确的延时，可按如下修改：

```
DEL：   MOV  R7，#125
DEL1：  MOV  R6，#198
        NOP
DEL2：  DJNZ  R6，DEL2        ；内循环时间：198×2+2=398μs
```

```
      DJNZ  R7  DEL1   ；外循环时间：(398＋2)×125＋1＝50.001ms
      RET
```

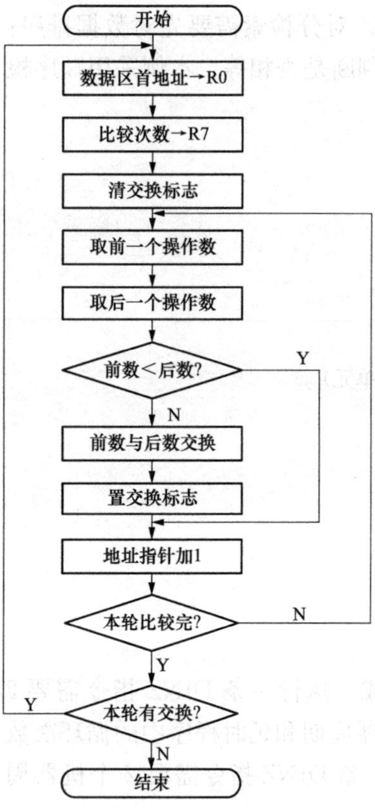

图 4-5 冒泡法排序程序流程图

上述程序延时时间为 50.001ms。

应注意，用软件实现延时的系统，不允许有中断，否则将严重影响定时的准确性。

对于更长时间的延时，可采用更多重的循环，如延时 1s 时，可用三重循环。

[例 4-18] 编写无符号数排序程序。

假设在片内 RAM 中，起始地址为 40H 的 10 个单元中存放有 10 个无符号数。试进行升序排序。

解 数据排序常用方法是冒泡排序法。这种方法的过程类似水中气泡上浮，故称冒泡法。执行时从前向后进行相邻数的比较，如数据的大小次序与要求的顺序不符就将这两个数互换，否则不互换。对于升序排序，通过这种相邻数的互换，使小数向前移动，大数向后移动。从前向后进行一次冒泡（相邻数的互换），就会把最大的数换到最后。再进行一次冒泡，就会把次大的数排在倒数第二的位置。依此类推，完成由小到大的排序。

编程中选用 R7 作比较次数计数器，初始值为 09H，位地址 00H 作为冒泡过程中是否有数据互换的标志位，若 (00H)＝0，表明无互换发生，已排序完毕。(00H)＝1，表明有互换发生。程序流程图如图 4-5 所示。

程序如下：

```
        ORG   0400H
START：MOV   R0，#40H    ；数据区首址送 R0
        MOV   R7，#09H    ；各次冒泡比较次数送 R7
        CLR   00H         ；互换标志位清 0
LOOP： MOV   A，@R0      ；取前数送 A 中
        MOV   2BH，A      ；暂存到 2BH 单元中
        INC   R0          ；修改地址指针
        MOV   2AH，@R0    ；取后数暂存到 2AH 单元中
        CLR   C           ；清 CY
        SUBB  A，@R0      ；前数减后数
        JC    NEXT        ；前数小于后数，则转（不互换）
        MOV   @R0，2BH    ；前数大于后数，两数交换
        DEC   R0
        MOV   @R0，2AH
        INC   R0          ；地址加 1，准备下一次比较
        SETB  00H         ；置互换标志
NEXT： DJNZ  R7，LOOP     ；未比较完，进行下一次比较
```

```
JB   00H，START   ；有交换，表示未排完序，进行下一轮冒泡
END                ；无交换，表示已排好序，结束
```

4.7　子程序设计

在实际问题中，常常会遇到在一个程序中有许多相同的运算或操作，例如，多字节的加、减、乘、除处理，代码转换、字符处理等。如果每遇到这些运算或操作，都重复编写程序，会使程序繁琐、浪费内存。因此在实际中，经常把这样多次使用的程序段，按一定结构编好，存放在内存中；当需要时，程序可以去调用这些独立的程序段。通常将这种能够完成一定功能、可以被其他程序调用的程序段称为子程序。调用子程序的程序称为主程序或调用程序。调用子程序的过程，称为子程序调用。子程序执行完后返回主程序的过程称为子程序返回。

1. 子程序的结构与设计注意事项

子程序是具有某种功能的独立程序段，从结构上看，它与一般程序没有多大区别，唯一的区别是在子程序末尾有一条子程序返回指令（RET），其功能是当子程序执行完后能自动返回到主程序中去。

在编写子程序时要注意以下几点。

（1）要给每个子程序赋一个名字，实际上是子程序入口地址的符号。

（2）明确入口条件、出口条件。所谓入口条件，表明子程序需要哪些参数，放在哪个寄存器和哪个内存单元。出口条件则表明子程序处理的结果是如何存放的。

（3）注意保护现场和恢复现场。在执行子程序时，可能要使用累加器或某些工作寄存器。而在调用子程序之前，这些寄存器中可能存放有主程序的中间结果，这些中间结果在主程序中仍有用，这就要求在子程序使用累加器和这些工作寄存器之前，要将其中的内容保护起来，即保护现场。当子程序执行完毕，即将返回主程序之前，再将这些内容取出，送到累加器或原来的工作寄存器中，这一过程称为恢复现场。

保护现场通常用堆栈来进行。在需要保护现场的情况，编写子程序时，要在子程序的开始部分使用压栈指令 PUSH，把需要保护的寄存器内容压入堆栈。当子程序执行完，在返回指令 RET 前边使用弹栈指令 POP，把堆栈中保护的内容弹出到原来的寄存器，要注意，由于堆栈操作是“先入后出”，因此，先压入堆栈的参数应该后弹出，才能保证恢复原来的数据。

为了做到子程序有一定的通用性，子程序中的操作对象，尽量用地址或寄存器形式，而不用立即数形式。另外，子程序中如含有转移指令，应尽量用相对转移指令。

2. 子程序的调用与返回

主程序调用子程序是通过子程序调用指令 LCALL add16 和 ACALL add11 来实现的。前者称为长调用指令，指令的操作数部分给出了子程序的 16 位入口地址。后者为绝对调用指令，它的操作数提供了子程序的低 11 位入口地位，此地址与程序计数器 PC 的高 5 位并在一起，构成 16 位的调用地址（即子程序入口地址）。它们的功能，首先是将 PC 中的内容（调用指令下一条指令地址，称断点地址）压入堆栈（即保护断点），然后将调用地址送入 PC，使程序转入子程序的入口地址。

子程序的返回是通过返回指令 RET 实现的。这条指令的功能是将堆栈中存放的返回地址（即断点）弹出堆栈，送回到 PC 去，使程序返回到主程序断点处继续往下执行。

主程序在调用子程序时要注意以下问题：

（1）在主程序中，要安排相应指令来满足子程序的入口条件，即提供子程序的入口数据。

（2）在主程序中，要安排相应的指令，处理子程序提供的出口数据。

（3）在主程序中，不希望被子程序更改内容的寄存器，也可以在调用前由主程序安排压栈指令来保护现场，然后子程序返回后再安排弹栈指令恢复现场。

（4）在主程序中，要正确地设置堆栈指针。

3. 子程序嵌套

子程序嵌套（或称多重转子）是指在子程序执行过程中，还可以调用另一个子程序。

堆栈在子程序调用中是必不可少的。因为断点地址均是自动存入堆栈区的。使用子程序进行程序设计会给用户带来很多方便，在实际程序中，特别是监控程序中，经常把一些常用的运算如数码转换、延时、拆字、多字节运算等操作编成子程序，供用户调用，以节省编程时间。下面通过具体例子说明子程序的设计和调用。

［例 4-19］ 用程序实现 $C=a^2+b^2$。设 a、b 均小于 10。a 存在 31H 单元，b 存在 32H 单元，把结果 C 存入 33H 单元。

解 因本题二次用到平方值，所以在程序中采用把求平方编为子程序的方法。

子程序名称：SQR。

功能：求 X^2（通过查平方表来获得）。

入口参数：某个数在 A 中。

出口参数：某数的平方在 A 中。

主程序是通过两次调用子程序来得到 a^2 和 b^2，并在主程序中完成相加。依题意编写主程序和子程序如下：

主程序：

```
      ORG    2200H
      MOV    SP，#3FH        ；设堆栈指针（调用和返回指令要用到堆栈）
      MOV    A，31H          ；取 a 值
      LCALL  SQR             ；第一次调用，求 a²
      MOV    R1，A           ；a² 值暂存 R1 中
      MOV    A，32H          ；取 b 值
      LCALL  SQR             ；第二次调用，求 b²
      ADD    A，R1           ；完成 a²+b²
      MOV    33H，A          ；存结果到 33H
      SJMP   $               ；暂停
```

子程序：

```
      ORG    2400H
SQR:  ADD    A，#01H         ；查表位置调整
      MOVC   A，@A+PC        ；查表取平方值
      RET                    ；子程序返回
```

```
TAB:DB      0, 1, 4, 9, 16, 25
    DB      36, 49, 64, 81
```

求平方的子程序在此采用的是查表法，也可以采用计算法（另编程）。用伪指令 DB 将 0～9 的平方值以表格的形式定义到 ROM 中。A 之所以要加一，是因为 RET 指令占了一个字节。

子程序入口和出口参数都是 A，不需要进行现场保护。关于堆栈内容在程序执行过程中的变化描述如下：

当程序执行第一条 LCALL SQR 指令时，断点地址为 2208H，此时 08H 压入 40H 单元，22H 压入 41H 单元。2400H 装入 PC，当在子程序中执行 RET 指令时，2208H 弹入 PC，主程序接着从此地址执行。当执行第二条 LCALL SQR 指令时，断点地址为 220EH，此时 0EH 压入 40H 单元，22H 压入 41H 单元。2400H 装入 PC。当在子程序执行 RET 指令时，220EH 弹入 PC，主程序接着从此地址运行。

[例 4-20] 求两个无符号数据块中的最大值。数据块的首地址分别为 60H 和 70H，每个数据块的第一个字节都存放数据块的长度。结果存入 5FH 单元。

解 本例可采用分别求出两个数据块的最大值，然后比较其大小的方法。求最大值的过程可采用子程序。

子程序名称：QMAX

子程序入口条件：R1 中存有数据块首地址。

出口条件：最大值在 A 中。

下面分别编写主程序和子程序：

主程序：

```
        ORG     2000H
        MOV     SP, #3FH            ; 设堆栈指针
        MOV     R1, #60H            ; 取第一数据块首地址送 R1 中
        ACALL   QMAX                ; 第一次调用求最大值子程序
        MOV     40H, A              ; 第一个数据块的最大值暂存 40H
        MOV     R1, #70H            ; 取第二数据块首地址送 R1 中
        ACALL   QMAX                ; 第二次调用求最大值子程序
        CJNE    A, 40H, NEXT        ; 两个最大值进行比较
NEXT:   JNC     LP                  ; A 大，则转 LP
        MOV     A, 40H              ; A 小，则把 40H 中内容送入 A
LP:     MOV     5FH, A              ; 存最大值到 5FH 单元
        SJMP    $
```

子程序：

```
        ORG     2200H
QMAX:   MOV     A, @R1              ; 取数据块长度
        MOV     R2, A               ; R2 作计数器
        CLR     A                   ; A 清 0，准备做比较
LP1:    INC     R1                  ; 指向下一个数据地址
        CLR     C                   ; 0→CY，准备作减法
        SUBB    A, @R1              ; 用减法作比较
```

```
        JNC     LP3             ；若A大，则转LP3
        MOV     A，@R1          ；A小，则将大数送A中
        SJMP    LP4             ；无条件转LP4
LP3：   ADD     A，@R1          ；恢复A中值
LP4：   DJNZ    R2，LP1         ；计数器减1，不为0，转继续比较
        RET                     ；比较完，子程序返回
```

［**例4-21**］ 在50H单元存有两位十六进制数，编程将它们分别转换成ASCII码，并存入51H、52H单元。

解法1：十六进制数转换成ASCII码的过程可采用子程序。

子程序名称：HASC

功能：把低4位十六进制数转换成ASCII码（采用查表法）。

入口条件：A中存有待转换的十六进制数。

出口条件：转换后的ASCII码在A中。

由于一个字节单元中有两位十六进制数，而子程序的功能是一次只转换一位十六进制数，所以50H单元中的两位十六进制数要拆开、转换两次，因此，主程序需两次调用子程序，才能完成一个字节的十六进制数向ASCII码的转换。编写主程序和子程序如下：

主程序：

```
        ORG   2100H
        MOV   SP，#3FH          ；设堆栈指针
        MOV   A，50H            ；取待转换的数送A
        ACALL  HASC             ；第一次调用转换子程序，
        MOV   51H，A            ；存转换结果
        MOV   A，50H            ；重新取待转换的数
        SWAP   A                ；高4位交换到低4位上，准备转换高4位
        ACALL  HASC             ；再次调用子程序，转换高4位
        MOV    52H，A           ；存转换结果
        END                     ；结束
```

子程序：

```
        ORG   2500H
HASC：  ANL   A，#0FH           ；只保留低4位，高4位清0
        ADD  A，#01H            ；查表位置调整
        MOVC  A，@A+PC          ；查表取ASCII码送A中
        RET                     ；子程序返回
TAB：   DB   30H，31H，32H，33H，34H，35H，36H，37H
        DB   38H，39H，41H，42H，43H，44H，45H，46H
```

子程序在此采用的是查表法，查表法只需把转换结果按序编成表连续存放在ROM中，用查表指令即可实现转换，查表法编程方便、且程序量小。

十六进制数转换成ASCII码，也可以采用计算法，计算法需判断十六进制数是0～9、还是A～F，以确定转换时是+30H、还是+37H，读者可自行编程。

如果要求转换的不是某个单元的两位十六进制数，而是一组数据，数据块的长度在R2中，数据块首地址在R0中，转换结果存放的首地址在R1中，则子程序不变，只修改主程

序即可。由于数据块长度已知，源操作数首地址、目的操作数首地址已知，主程序可编成循环程序，故对上述主程序修改如下：

```
       ORG   2100H
       MOV   SP, #3FH        ; 设堆栈指针
LOOP:  MOV   A, @R0          ; 取待转换的数送 A
       ACALL HASC            ; 调用转换子程序，
       MOV   @R1, A          ; 存转换结果
       INC   R1              ; 修改目的地址
       MOV   A, @R0          ; 重新取待转换的数
       SWAP  A               ; 高 4 位交换到低 4 位上，准备转换高 4 位
       ACALL HASC            ; 再次调用子程序，转换高 4 位
       MOV   @R1, A          ; 存转换结果
       INC   R0              ; 修改源操作数地址
       INC   R1              ; 修改目的操作数地址
       DJNZ  R2, LOOP        ; 一组数据未转换完，继续
       END                   ; 转换完，结束
```

解法 2：十六进制数转换成 ASCII 码的过程仍采用子程序。子程序名称和功能同解法 1，与解法 1 不同的是采用堆栈来传递参数。对应的主程序和子程序如下：

主程序：

```
    ORG   2100H
    MOV   SP, #3FH        ; 设堆栈指针
    PUSH  50H             ; 把 50H 单元内的数压入堆栈
    ACALL HASC            ; 调用转换子程序
    POP   51H             ; 把已转换的低半字节的 ASCII 码弹入 51H 单元
    MOV   A, 50H          ; 重取数送 A
    SWAP  A               ; 准备处理高半字节的十六进制数
    PUSH  ACC             ; 参数进栈
    ACALL HASC            ; 再次调用子程序
    POP   52H             ; 把已转换的高半字节的 ASCII 码弹入 52H 单元
    SJMP  $
```

子程序：

```
       ORG   2500H
HASC:  DEC   SP              ; 修改 SP 指针到参数位置
       DEC   SP
       POP   ACC             ; 弹出参数到 A 中
       ANL   A, #0FH         ; 只保留低 4 位
       ADD   A, #07          ; 修正查表位置
       MOVC  A, @A+PC        ; 查表，取表中的 ASCII 码送 A
       PUSH  ACC             ; 把结果压入堆栈
       INC   SP              ; 修改 SP 指针到断点位置
       INC   SP
       RET                   ; 子程序返回
```

```
TAB：  DB  30H，31H，32H，33H，34H，35H，36H，37H，38H，39H
       DB  41H，42H，43H，44H，45H，46H
```

当主程序第一次执行 PUSH 50H 时，即把 50H 中的内容压入 40H 单元内。执行 ACALL HASC 指令后，则主程序的断点地址高低位（PCH、PCL）分别压入 41H、42H 单元。进入子程序后，二次执行 DEC SP，则把堆栈指针修正到 40H。此时执行 POP ACC 则把 40H 中的数据（即 50H 单元内容）弹入到 ACC 中。当查完表以后，执行 PUSH ACC，则已转换的 ASCII 码值压入堆栈的 40H 单元，再二次执行 INC SP，则 SP 变为 42H，此时执行 RET 指令，则恰好把原断点内容又送回 PC，SP 又指向 40H，所以返回主程序后执行 POP 51H，正好把 40H 的内容弹出到 51H。第二次调用过程类似，不再赘述。

实际上，可以把具有各种功能的程序均编成子程序，例如，任意数的平方，数据块排队，多字节的加、减、乘、除等。把子程序结构应用到编写大块的复杂程序中去，就可以把一个复杂的程序分割成很多独立的、关联较少的功能模块，通常称为模块化结构。这种方式不但结构清楚、节省内存，而且也易于调试。是程序设计中经常采用的编程方式。

4.8 运算类程序

MCS-51 系列单片机指令系统，只提供了单字节和无符号数的加、减、乘、除指令，而在实际程序设计中经常要用到有符号数以及多字节数的加、减、乘、除运算，这里，只例举几个典型例子，来说明组织这类程序的设计方法。

为了使编写的程序具有通用性、实用性，下述运算程序均以子程序形式编写。

［例 4-22］ 两个 8 位有符号数加法，和超过 8 位。

解 在计算机中，有符号数一律用补码表示，两个有符号数的加法，实际上是两个数补码相加，由于和超过 8 位，因此，和就是一个 16 位符号数，其符号位在 16 位数的最高位。在进行这样的加法运算时，应先将 8 位数符号扩展成 16 位，然后再相加。

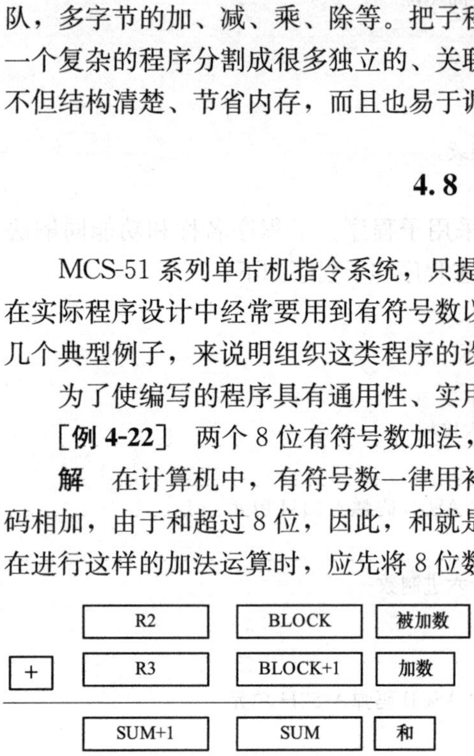

图 4-6　8 位有符号数加法

符号扩展的原则：若是 8 位正数，则高 8 位扩展为 00H；若是 8 位负数，则高 8 位扩展为 FFH。经过符号扩展之后，再按双字节相加，则可以得到正确的结果。

编程时，寄存器 R2 和 R3 作两个加数的高 8 位，如图 4-6 所示。并先令其为全 0，即先假定两个加数为正数，然后判别符号位，根据符号位再决定是否将其高 8 位改为 FFH。

子程序入口：(R0)＝存放加数的首地址（两个加数连续存放）

　　　　　　(R1)＝存放和的首地址

工作寄存器：R2 作加数的高 8 位，R3 作另一个加数的高 8 位

```
SBADD：MOV    R2，＃00H       ；高 8 位先设 0
       MOV    R3，＃00H
       MOV    A，@R0          ；取出第一个加数
       JNB    ACC.7，N1       ；若是正数，则转 N1
       MOV    R2，＃0FFH      ；若是负数，高 8 位送全 1
N1：   INC    R0              ；修改 R0 指针
```

```
        MOV    B, @R0        ；取第二个加数到B
        JNB    B.7, N2       ；若是正数，则转N2
        MOV    R3, #0FFH     ；是负数，高8位送全1
N2:     ADD    A, B          ；低8位相加
        MOV    @R1, A        ；存和的低8位
        INC    R1            ；修改R1指针
        MOV    A, R2         ；取一个加数的高8位送A
        ADDC   A, R3         ；高8位相加
        MOV    @R1, A        ；存和的高8位
        RET
```

在调用该子程序时，只需把加数及和的地址置入R0和R1，就可以调用这个子程序。

［**例4-23**］ 两个8位带符号数的乘法程序。

解 MCS-51的乘法指令是对两个无符号数求积，若是带符号数相乘，应作如下处理：

（1）保存被乘数和乘数的符号，并由此决定乘积的符号。决定积的符号时可使用位运算指令进行异或操作—通过位的与、或运算来完成。

（2）被乘数或乘数均取绝对值相乘，最后，再根据积的符号，冠以正号或者负号。正数的绝对值是其原码本身，负数的绝对值是通过求补码来实现的。

（3）若积为负数，还应把整个乘积求补，变成负数的补码。

子程序入口：(R0)＝被乘数，(R1)＝乘数

出口：(R3)＝积的高8位，(R2)＝积的低8位

8位有符号数乘法程序流程图如图4-7所示，程序清单如下：

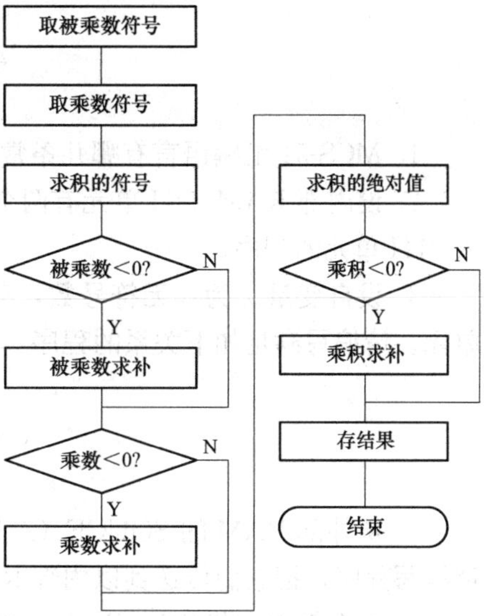

图4-7 8位有符号数乘法程序流程图

```
SBMUL:  MOV   A, R0          ；取被乘数
        RLC   A              ；符号位送CY
        MOV   00H, C         ；存被乘数符号
        MOV   A, R1          ；取乘数
        RLC   A              ；符号位送CY
        MOV   01H, C         ；存乘数符号
        ANL   C, /00H        ；01H∧/00H
        MOV   02H, C         ；暂存到02H位
        MOV   C, 00H         ；取被乘数符号
        ANL   C, /01H        ；00H∧/01H
        ORL   C, 02H         ；或运算
        MOV   02H, C         ；存积的符号
        MOV   A, R1          ；取乘数
        JNB   ACC.7, NCP1    ；乘数为正则转
        CPL   A              ；乘数为负则求补
        INC   A
NCP1:   MOV   B, A           ；乘数存于B
        MOV   A, R0          ；取被乘数
        JNB   ACC.7, NCP2    ；被乘数为正则转
        CPL   A              ；被乘数为负求补
```

```
        INC   A
NCP2：  MUL   AB              ；相乘
        JNB   02H，NCP3       ；积为正则转
        CPL   A               ；积为负则求补
        ADD   A，#01H         ；需用加法来加 1
NCP3：  MOV   R2，A           ；存积的低 8 位
        MOV   A，B            ；积的高 8 位送 A
        JNB   02H，NCP4       ；积为正则转
        CPL   A               ；高 8 位求反
        ADDC  A，#00H         ；加进位
NCP4：  MOV   R3，A           ；存积的高 8 位
        RET
```

以上对符号数相乘的处理方法，也可以用于多字节带符号数的乘法运算及除法运算。

通过上述编程实例，介绍了汇编语言程序设计的各种情况。从中可以看出，程序设计主要涉及两个方面的问题：一是算法，或者说程序的流程图；二是工作单元的安排。在以上例子中，8 个工作寄存器已够用，有时也会出现不够用的情况，特别是可以用于间接寻址的寄存器只有 R0 和 R1，很容易不够用，这时，可通过设置 RS1、RS0，以选择不同的工作寄存器组，这一点在使用上应加以注意。

4.9 习　题

1. MCS-51 汇编语言有哪几条常用伪指令？各起什么作用？

2. 设内部 RAM 20H 单元有两个非零的 BCD 数，请编写求两个 BCD 数的积并把积送入 21H 单元的程序。

3. 设自变量 x 为一无符号数，存放在内部 RAM 的 VAX 单元，函数 y 存放在 FUNC 单元。请编写满足如下关系的程序：

$$y=\begin{cases}5x & 20\leqslant x\leqslant 50\\ x & x\geqslant 50\\ 2x & x\leqslant 20\end{cases}$$

4. 从外部 RAM 的 SOUCE（二进制 8 位）开始有一数据块，该数据块以 $ 字符结尾。请编写程序，把它们传送到以内部 RAM 的 DIST 为起始地址的区域（$ 字符也要传送）。

5. 在上例中，若 SOUCE 为二进制 16 位，则程序又该如何编？

6. 外部 RAM 从 2000H 到 2IOOH 有一数据块，请编写将它们传送到从 3000H 到 3IOOH 区域的程序。

7. 设有一起始地址为 FIRST+I 的数据块，存放在内部 RAM 单元，数据块长度存放在 FIRST 单元而且不为 0，要求统计该数据块中正偶数和负奇数的个数，并将它们分别存放在 PAPE 单元和 NAOE 单元。试画出能实现上述要求的程序流程图并编写相应程序。

8. 请编写能从以内部 RAM 的 BLOCK 为起始地址的 100 个无符号数中找出最小值并把它送入 MIN 单元的程序。

9. 在内部 RAM 中，有一个以 BLOCK 为起始地址的数据块，块长存放在 LEN 单元。

请用查表指令编写程序，先检查它们是否是十六进制数中的 A～F，若是十六进制数中的 A～F，则把它们变为 ASCII 码；若不是，则把它们变为 00H。

10. 设在片内 RAM 的 20H 草元中有一数，其值范围为 0～100，要求利用查表法求此数的平方值并把结果存入片外 RAM 的 20H 和 2IH 单元（20H 单元中为低字节），试编写相应程序。

11. 在内部 RAM 中，从 BLOCK 开始的存储区有 10 个单字节十进制数（每字节有两个 BCD 数），请编程求 BCD 数之和（和为 3 位 BCD 数），并把它们存于 SUM 和 SUM＋1 单元（低字节在 SUM 单元）。

12. 在题 4.11 中，若改为 10 个双字节十进制数求和（和为 4 位 BCD 数），结果仍存于从 SUM 开始的连续单元（低字节先存）。请修改相应程序。

13. 已知 MDA 和 MDB 内分别存有两个小于 10 的整数，请用查表子程序实现 $c=a^2+2ab+b^2$，并把和存于 MDC 和 MDC＋1 单元（MDC 中放低字节）。

14. 已知外部 RAM 起始地址为 STR 的数据块中有一以回车符 CR 断尾的十六进制 ASCII 码。请编写程序，将它们变为二进制代码，放在起始地址为 BDATA 的内部 RAM 存储区中。

15. 设晶振频率为 6MHz，试编写能延时 20ms 的子程序。

16. 已知内部 RAM 的 MA（被减数）和 MB（减数）中分别有两个带符号数。请编写减法子程序，并把结果存入 RESULT 和 RESULT＋I<低 8 位在 RESULT 单元中。

17. 设 R0 内为一补码形式的带符号被除数，Rl 内为补码形式的带符号除数，请通过编程完成除法，并把商置于 R2 内且余数置于 R3 内。

18. 设 8031 单片机外部 RAM 从 IOOOH 单元开始存放 100 个无符号 8 位二进制数。要求编写子程序，能把它们从大到小依次存入片内从 IOH 开始的 RAM 存储区，请画出程序流程图。

第 5 章 MCS-51 中断系统

5.1 中 断 概 述

5.1.1 什么是中断

计算机具有实时处理能力，能对外界发生的事件进行及时处理，这是依靠它们的中断系统来实现的。例如 CPU 在处理某一事件 A 时，发生了另一事件 B 请求 CPU 迅速去处理（中断发生）。CPU 暂时中断当前的工作 A，转去处理事件 B（中断响应和中断服务）。待 CPU 将事件 B 处理完毕后，再回到原来事件 A 被中断的地方继续处理事件 A（中断返回）。这一处理过程称为中断。中断过程示意图如图 5-1 所示。

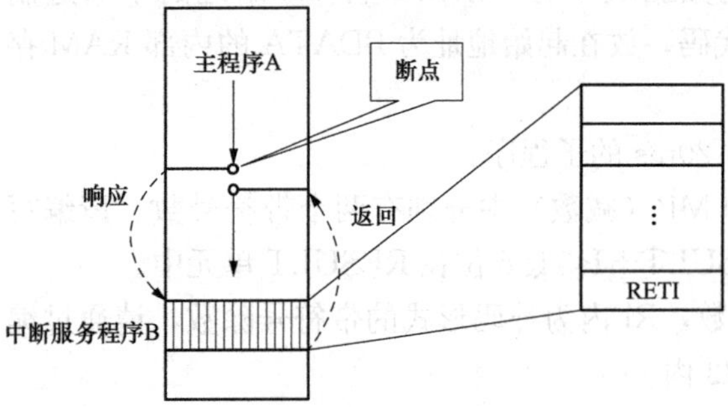

图 5-1 中断过程示意图

由上例可知，中断是指计算机暂时停止计算机原程序的执行转而为外部设备服务（执行中断服务程序），并在服务完成后自动返回原程序执行的过程。中断由中断源产生，中断源在需要时可以向 CPU 提出“中断请求”，“中断请求”一般是一种电信号，CPU 一旦对这个电信号进行监测和响应便可以自动转入该中断源的中断服务程序执行，并在执行完后自动返回原程序继续执行，而且中断源不同，中断服务程序的功能也不同。因此，中断又可以定义为 CPU 自动执行终端服务程序并返回原程序执行的过程。

随着计算机技术的发展，人们发现中断技术不仅解决了快速主机与慢速 I/O 设备的数据传送问题，而且还具有如下优点。

（1）可以提高 CPU 的工作效率。CPU 执行主程序中安排的有关指令可以使外设与其并行工作，而且任何一个外设在工作完成后都可以通过中断得到满意服务，因此，CPU 在与外界交换信息时，通过中断就可以避免不必要的等待和查询，从而大大提高 CPU 的工作效率。

（2）可以提高实时数据的处理时效并提高系统的可靠性。单片机对实时数据的处理时效常常是被控系统的生命，是影响产品质量和系统安全的关键。CPU 有了中断功能，系统的失常和故障就都可以通过中断立刻通知 CPU，使它可以迅速采集实时数据和故障信息，并对系统做出应急处理。

5.1.2 中断系统的结构

80C51 系列单片机的中断系统有 5 个中断源，2 个优先级，可实现二级中断服务嵌套。由片内特殊功能寄存器中的中断允许寄存器 IE 控制 CPU 是否响应中断请求；由中断优先级寄存器 IP 安排各中断源的优先级；同一优先级内各中断同时提出中断请求时，由内部的查询逻辑确定其响应次序。

80C51单片机的中断系统由中断请求标志位（在相关的特殊功能寄存器中）、中断允许寄存器IE、中断优先级寄存器IP及内部硬件查询电路组成，80C51中断系统结构图如图5-2所示。图中反映了80C51单片机中断系统的功能和控制情况。

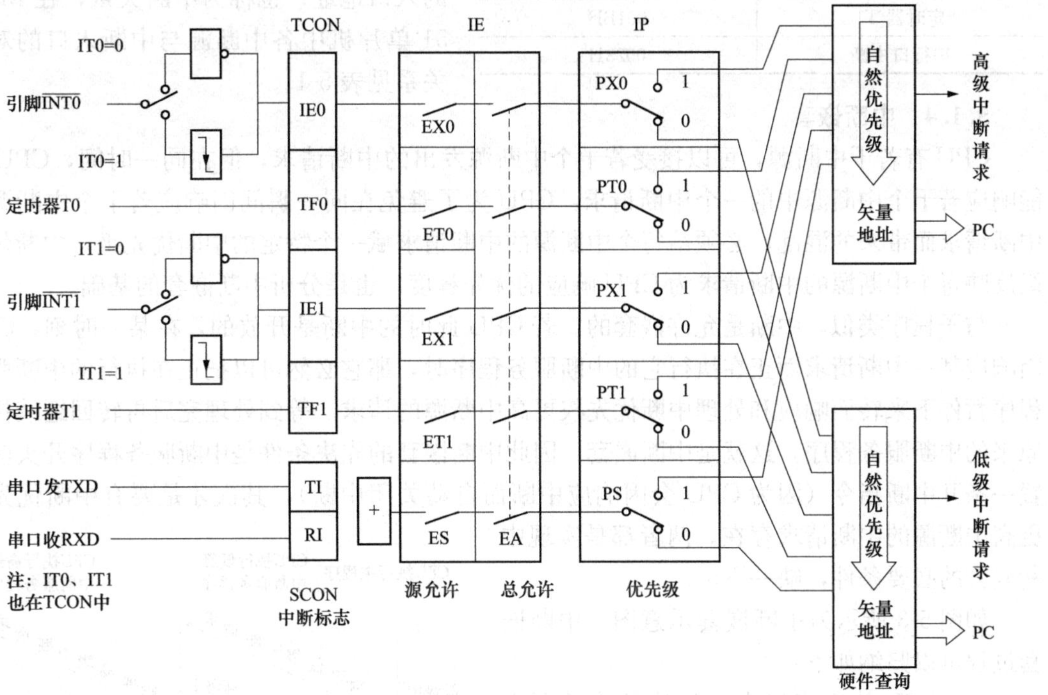

图5-2　80C51中断系统结构图

5.1.3　80C51的中断源

中断源是指在计算机系统中向CPU发出中断请求的来源，中断可以人为设定，也可以是为响应突发性随机事件而设置。通常有I/O设备、实时控制系统中的随机参数和信息故障源等。80C51单片机有5个中断源，分别为：

（1）INT0（P3.2），外部中断0请求信号输入引脚。可由IT0（TCON.0）选择其为低电平有效还是下降沿有效。当CPU检测到P3.2引脚上出现有效的中断信号时，中断标志IE0（TCON.1）置1，向CPU申请中断。

（2）INT1（P3.3），外部中断1请求信号输入引脚。可由IT1（TCON.2）选择其为低电平有效还是下降沿有效。当CPU检测到P3.3引脚上出现有效的中断信号时，中断标志IE1（TCON.3）置1，向CPU申请中断。

（3）TF0（TCON.5），定时/计数器T0溢出中断请求标志。当定时/计数器T0发生溢出时，置位TF0，并向CPU申请中断。

（4）TF1（TCON.7），定时/计数器T1溢出中断请求标志。当定时/计数器T1发生溢出时，置位TF1，并向CPU申请中断。

（5）RI（SCON.0）或TI（SCON.1），串行口中断请求标志。当串行口接收完一帧串行数据时置位RI或当串行口发送完一帧串行数据时置位TI，向CPU申请中断。

表 5-1 MCS-51 中断向量表

中断源	入口地址
外部中断 0	0003H
定时器 T0	000BH
外部中断 1	0013H
定时器 T1	001BH
串行口中断	0023H

当某中断源的中断请求被 CPU 相应后，CPU 将会把中断源的入口地址装入程序计数器 PC 中，中断服务程序即从此地址开始执行。此地址称为中断服务程序的入口地址，也称为中断矢量，在 MCS-51 单片机中各中断源与中断入口的对应关系见表 5-1。

5.1.4 中断嵌套

CPU 有若干中断源，可以接受若干个中断源发出的中断请求，但在同一时间，CPU 只能响应若干个中断源中的一个中断请求，CPU 为了避免在同一瞬间因响应若干个中断源的中断请求而带来的混乱，必须给每个中断源的中断请求赋一个特定的中断优先级，中断优先级反映每个中断源的中断请求为 CPU 响应的优先程度，也是分析中断嵌套的基础。

与子程序类似，中断是允许嵌套的。若 CPU 此时的中断是开放的，在某一时刻，CPU 因响应某一中断请求而正在执行它的中断服务程序时，那它必然可以把正在执行的中断服务程序暂停下来转而响应和处理中断优先权更高中断源的请求，等到处理完后再转回继续执行原来的中断服务程序，这就是中断嵌套，因此中断嵌套的先决条件是中断服务程序开头应设置一条开中断指令（因为 CPU 会因响应中断而自动关闭中断），其次才是要有中断优先权更高中断源的中断请求存在。两者都是实现中断嵌套的必要条件，缺一不可。

如图 5-3 所示为中断嵌套示意图。中断嵌套过程可以归纳如下：

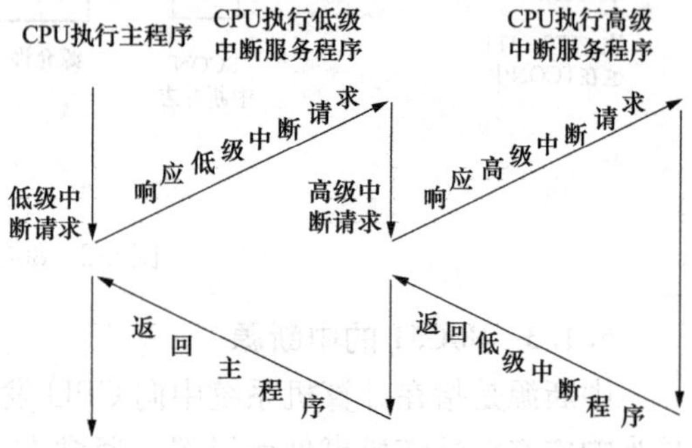

图 5-3 中断嵌套示意图

(1) CPU 执行安排在主程序开头的开中断指令后，若来了一个 B 中断请求，CPU 便可响应 B 中断从而进入 B 中断服务程序执行。

(2) CPU 执行设置在 B 中断服务程序开头的一条开中断指令后使 CPU 中断再次开放，若此时又来了优先级更高的 A 中断请求，则 CPU 响应 A 中断从而进入 A 中断服务程序执行。

(3) CPU 执行到 A 终端服务程序末尾的一条中断返回指令 RETI 后自动返回，执行 B 终端服务程序。

(4) CPU 执行到 B 终端服务程序末尾的一条中断返回指令 RETI 后，又可返回执行主程序。

至此，CPU 便已完成一次嵌套深度为 2 的中断嵌套。对于嵌套深度更大的中断嵌套。其主要工作过程也与此类似，请读者自己分析。

5.2 80C51 中断的控制

5.2.1 中断请求标志

在中断系统中，应用哪种中断，采用哪种触发方式，要由定时/计数器的控制寄存器

TCON 和串行口控制寄存器 SCON 的相应位进行规定。TCON 和 SCON 都属于特殊功能寄存器，字节地址分别为 88H 和 98H，可进行位寻址。

1. TCON 的中断标志

TCON 是定时/计数器控制寄存器，它锁存 2 个定时/计数器的溢出中断标志及外部中断 INT0 和 INT1 的中断标志（TCON. 4、TCON. 6 位用来控制定时/计数器的启/停，待下节讨论），与中断有关的各位定义如下：

	D7	D6	D5	D4	D3	D2	D1	D0	
TCON	TF1	TR1	TF0	TR0	IE1	IT1	IE0	IT0	88H
位地址	8FH	—	8DH	—	8BH	8AH	89H	88H	

◆ IT0（TCON. 0）——外部中断 INT0 触发方式控制位。

当 IT0=0 时，INT0 为电平触发方式。CPU 在每个机器周期的 S5P2 取样 INT0 引脚电平，当取样到低电平时，置 IE0=1 表示 INT0 向 CPU 请求中断；取样到高电平时，将 IE0 清 0。必须注意，在电平触发方式下，CPU 响应中断时，不能自动清除 IE0 标志。也就是说，IE0 状态完全由 INT0 状态决定。所以，在中断返回前必须撤除 INT0 引脚的低电平。

当 IT0=1 时，INT0 为边沿触发方式（下降沿有效）。CPU 在每个机器周期的 S5P2 取样 INT0 引脚电平，如果在连续的两个机器周期检测到 INT0 引脚由高电平变为低电平，即第一个周期取样到 INT0=1，第二个周期取样到 INT0=0，则置 IE0=1，产生中断请求。在边沿触发方式下，CPU 响应中断时，能由硬件自动清除 IE0 标志。注意，为保证 CPU 能检测到负跳变，INT0 的高、低电平时间至少应保持 1 个机器周期。

◆ IE0（TCON. 1）——外部中断 INT0 中断请求标志位。IE0=1 时，表示 INT0 向 CPU 请求中断。

◆ IT1（TCON. 2）——外部中断 INT1 触发方式控制位。其操作功能与 IT0 类同。

◆ IE1（TCON. 3）——外部中断 INT1 中断请求标志位。IE1=1 时，表示 INT1 向 CPU 请求中断。

◆ TF0（TCON. 5）——定时/计数器 T0 溢出中断请求标志位。在 T0 启动后就开始由初值加 1 计数，直至最高位产生溢出由硬件置位 TF0，向 CPU 请求中断。CPU 响应中断时，TF0 由硬件自动清 0。

◆ TF1（TCON. 7）——定时/计数器 T1 溢出中断请求标志位。其操作功能与 TF0 类同。

2. SCON 的中断标志

SCON 是串行口控制寄存器，与中断有关的是它的低两位 TI 和 RI，定义如下：

	D7	D6	D5	D4	D3	D2	D1	D0	
SCON	—	—	—	—	—	—	TI	RI	98H
位地址	—	—	—	—	—	—	99H	98H	

◆ RI（SCON. 0）——串行口接收中断标志位。当允许串行口接收数据时，每接收完一个串行帧，由硬件置位 RI。同样，RI 必须由软件清除。

◆ TI（SCON.1）——串行口发送中断标志位。当CPU将一个发送数据写入串行口发送缓冲器时，就启动了发送过程。每发送完一个串行帧，由硬件置位TI。

CPU响应中断时，不能自动清除TI，TI必须由软件清除。单片机复位后，TCON和SCON各位清0。另外，所有能产生中断的标志位均可由软件置1或清0，由此可以获得与硬件使之置1或清0同样的效果。

5.2.2 对中断请求的控制

1. 中断允许控制

CPU对中断系统所有中断以及某个中断源的开放和屏蔽是由中断允许寄存器IE控制的。IE的状态可通过程序由软件设定。某位设定为1，相应的中断源中断允许；某位设定为0，相应的中断源中断屏蔽。CPU复位时，IE各位清0，禁止所有中断。IE寄存器（字节地址为A8H）各位的定义如下：

	D7	D6	D5	D4	D3	D2	D1	D0	
IE	EA	—	—	ES	ET1	EX1	ET0	EX0	A8H
位地址	AFH	—	—	ACH	ABH	AAH	A9H	A8H	

◆ EX0（IE.0）——外部INT0中断允许位。

◆ ET0（IE.1）——定时/计数器T0中断允许位。

◆ EX1（IE.2）——外部INT1中断允许位。

◆ ET1（IE.3）——定时/计数器T1中断允许位。

◆ ES（IE.4）——串行口中断允许位。

◆ EA（IE.7）——CPU中断允许（总允许）位。

［例5-1］ 编写中断系统初始化程序，要求外中断1、定时器1允许中断，其他不允许。

解 方法1：字节操作指令

MOV IE，#8CH 或 MOV 0A8H，#8CH

方法2：位操作指令

```
SETB EA      ；开总中断允许
SETB ET1     ；开定时/计数器1允许
SETB EX1     ；开外部中断1允许
```

2. 中断优先级控制

80C51单片机有两个中断优先级，即可实现二级中断服务嵌套。每个中断源的中断优先级都是由中断优先级寄存器IP中相应位的状态来规定的。IP的状态由软件设定，某位设定为1，则相应的中断源为高优先级中断；某位设定为0，则相应的中断源为低优先级中断。单片机复位时，IP各位清0，各中断源同为低优先级中断。IP寄存器（字节地址为B8H）各位的定义如下：

	D7	D6	D5	D4	D3	D2	D1	D0	
IP	—	—	—	PS	PT1	PX1	PT0	PX0	B8H
位地址	—	—	—	BCH	BBH	BAH	B9H	B8H	

◆ PX0（IP.0）——外部中断INT0中断优先级设定位。

◆ PT0（IP.1）——定时/计数器T0中断优先级设定位。

◆ PX1（IP.2）——外部中断 INT1 中断优先级设定位。
◆ PT1（IP.3）——定时/计数器 T1 中断优先级设定位。
◆ PS（IP.4）——串行口中断优先级设定位。

同一优先级中的中断申请不止一个时，则有中断优先权排队问题。同一优先级的中断优先权排队，由中断系统硬件确定的自然优先级形成，其排列见表 5-2。

表 5-2　MCS-51 中断源自然优先级顺序

中断源	自然优先级
外部中断 0	高级
定时器/计数器 T0 溢出中断	↓
外部中断 1	↓
定时器/计数器 T1 溢出中断	↓
串行口中断	低级

［例 5-2］ 编写中断系统初始化程序，要求将 T0、外中断 1 设为高优先级，其他均设为低优先级。

解　字节操作指令：

```
MOV IP，#06H  ；IP 的高 3 位没有定义，因此设为送 0
```

［例 5-3］ 编写中断系统初始化程序，要求将外部中断 1 设为低电平触发、高优先级。

解　方法 1：位操作指令

```
SETB EA
SETB EX1
SETB PX1
CLR IT1
```

方法 2：字节操作指令

```
MOV IE，#84H
ORL IP，#04H
ANL TCON，#0FBH
```

MCS-51 单片机的中断优先级处理有三条原则：

（1）CPU 同时接收到几个中断时，首先响应优先级别最高的中断请求。

（2）正在进行的中断过程不能被新的同级或低优先级的中断请求所中断。

（3）正在进行的低优先级中断服务，能被高优先级中断请求所中断。

为了实现上述后两条原则，中断系统内部设有两个用户不能寻址的优先级状态触发器。其中一个置 1，表示正在响应高优先级的中断，它将阻断后来所有的中断请求。另一个置 1，表示正在响应低优先级中断，它将阻断后来所有的低优先级中断请求。

5.3　MCS-51 单片机中断响应过程

中断处理过程可分为四个阶段，分别是中断采样、中断查询、中断响应和中断返回。

5.3.1　中断采样

中断采样主要针对外部中断请求信号来说的。要想知道是否有中断请求发生，采样是唯一的方法。

所谓采样，就是在每个机器周期的 S5P2 期间对外部中断 0（P3.2）和外部中断 1（P3.3）引脚进行检测，根据检测的结果设置相应的中断标志位 IE0 或者 IE1 的状态。

对于电平触发方式的外部中断请求，当采样信号为高电平时，说明没有中断请求，IE0 或 IE1 为 0；当采样信号为低电平，说明有中断请求，则置位 IE0 或 IE1。注意：中断请求信号的有效电平持续时间至少要保持一个机器周期才能被采样到。

对于脉冲触发方式的外部中断请求，若在两个相邻的机器周期采样到下降沿（由高电平到低电平）信号，则中断请求有效，则置位 IE0 或 IE1；否则 IE0 或 IE1 为 0；注意：对于这种上升沿或下降沿中断触发方式，高电平和低电平的持续时间至少要保持 1 个机器周期。

5.3.2 中断查询

单片机程序执行过程中，在每个机器周期的最后一个状态（S6）期间，都要按先后顺序对各个中断标志位进行查询，以确定是否有中断请求发生。若查询到某个中断标志位为 1，将在接下来的机器周期 S1 期间按优先级进行中断处理。中断系统通过硬件自动将相应的中断矢量地址（中断入口地址，见表 5-1）送入 PC 中，以便程序进入中断服务程序。

中断查询由硬件自动完成，查询顺序为：

IE0→TF0→IE1→TF1→RI→TI

5.3.3 中断响应

1. 中断响应条件

CPU 响应中断的三个条件是：

◆ 中断源有中断请求。

◆ 此中断源的中断允许位为 1。

◆ CPU 开中断（即 EA=1）。

同时满足这三个条件时，CPU 才有可能响应中断。若遇到下列任一情况，中断响应会被搁置：

◆ CPU 正在处理同级或高优先级中断。

◆ 当前查询的机器周期不是所执行指令的最后一个机器周期。即在完成所执行指令前，不会响应中断，从而保证指令在执行过程中不被打断。

◆ 正在执行的指令为 RET、RETI 或任何访问 IE 或 IP 寄存器的指令。即只有在这些指令后面至少再执行一条指令时才能接受中断请求。

若由于上述条件的阻碍中断未能得到响应，当条件消失时该中断标志却已不再有效，那么该中断将不被响应。就是说，中断标志曾经有效，但未获响应，查询过程在下个机器周期将重新进行。

2. 中断响应时间

如图 5-4 所示为某中断的响应时序。

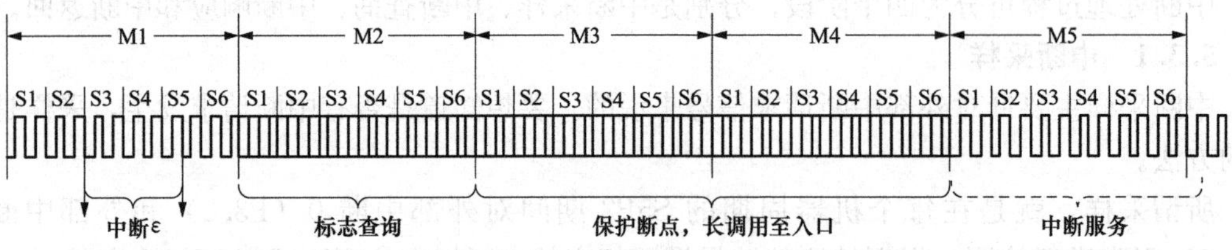

图 5-4 中断响应时序

从中断源提出中断申请，到 CPU 响应中断（如果满足了中断响应条件），需要经历一定的时间。若 M1 周期的 S5P2 前某中断生效，在 S5P2 期间其中断请求被锁存在相应的标志位中。下一个机器周期 M2 恰逢某指令的最后一个机器周期，且该指令不是 RET、RETI 或访问 IE、IP 的指令。于是，后面两个机器周期 M3 和 M4 便可以执行硬件 LCALL 指令，M5 周期将进入中断服务程序。

80C51 的中断响应时间（从标志置 1 到进入相应的中断服务）至少要 3 个完整的机器周期。中断控制系统对各中断标志进行查询需要 1 个机器周期。如果响应条件具备，CPU 执行中断系统提供的相应向量地址的硬件长调用指令，这个过程要占用 2 个机器周期。另外，如果中断响应过程受阻，就要增加等待时间。若同级或高级中断正在进行，所需要的附加等待时间取决于正在执行的中断服务程序的长短，等待的时间不确定。若没有同级或高级中断正在进行，所需要的附加等待时间在 3～5 个机器周期之间。这是因为：

（1）如果查询周期不是正在执行指令的最后机器周期，附加等待时间不会超 3 个机器周期（因执行时间最长的指令 MUL 和 DIV 也只有 4 个机器周期）。

（2）如果查询周期恰逢 RET、RETI 或访问 IE、IP 指令，而这类指令之后又跟着 MUL 或 DIV 指令，则由此引起的附加等待时间不会超过 5 个机器周期（1 个机器周期完成正在进行的指令再加上 MUL 或 DIV 的 4 个机器周期）。所以，对于没有嵌套的单级中断，响应时间为 3～8 个机器周期。

3. 中断响应

CPU 响应中断的过程如下：

将相应的优先级状态触发器置 1（以阻断后来的同级或低级的中断请求）；执行一条硬件 LCALL 指令，即把程序计数器 PC 的内容压入堆栈保存，再将相应的中断服务程序的入口地址送入 PC；执行中断服务程序。

中断响应过程的前两步是由中断系统内部自动完成的，而中断服务程序则要由用户编写程序来完成。编写中断服务程序时应注意：

（1）由于 80C51 系列单片机的两个相邻中断源中断服务程序入口地址相距只有 8 个单元，一般的中断服务程序是不够存放的，通常是在相应的中断服务程序入口地址单元放一条长转移指令 LJMP，这样可以使中断服务程序能灵活地安排在 64KB 程序存储器的任何地方。若在 2KB 范围内转移，则可用 AJMP 指令。

（2）硬件 LCALL 指令，只是将 PC 内的断点地址压入堆栈保护，而对其他寄存器（如程序状态字寄存器 PSW、累加器 A 等）的内容并不作保护处理。所以，在中断服务程序中，首先用软件保护现场，在中断服务之后、中断返回前恢复现场，以防止中断返回后丢失原寄存器的内容。

中断处理过程如图 5-5 所示。

5.3.3 中断返回

中断服务程序的最后一条指令必须是中断返回指令 RETI。RETI 指令能使 CPU 结束中断服务程序的执行，返回到曾经被中断过的程序处，继续执行主程序。RETI 指令的功能是：

（1）将中断响应时压入堆栈保存的断点地址从栈顶弹出送回 PC，CPU 从原来中断的地方继续执行程序。

（2）将相应中断优先级状态触发器清 0，通知中断系统，中断服务程序已执行完毕。

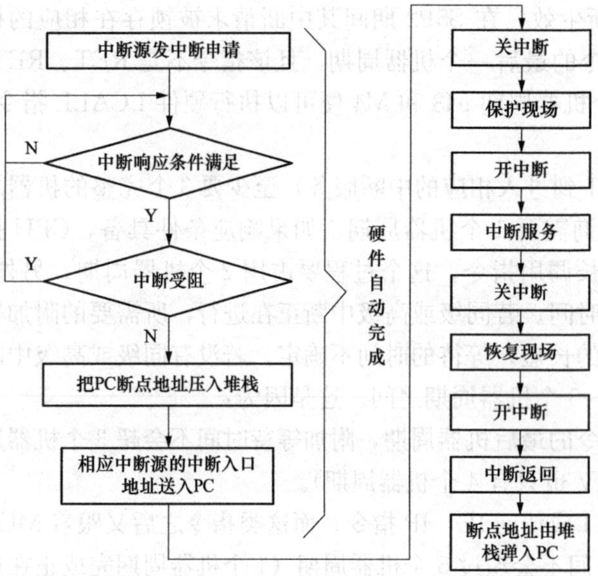

图 5-5 中断处理流程

（注意：不能用 RET 指令代替 RETI 指令，因为用 RET 指令虽然也能控制 PC 返回到原来中断的地方，但 RET 指令没有清零中断优先级状态触发器的功能，中断控制系统会认为中断仍在进行，其后果是与此同级的中断请求将不被响应。所以中断服务程序结束时必须使用 RETI 指令）。

若用户在中断服务程序中进行了入栈操作，则在 RETI 指令执行前应进行相应的出栈操作，使栈顶指针 SP 与保护断点后的值相同，即在中断服务程序中 PUSH 指令与 POP 指令必须成对使用，否则不能正确返回断点。

5.3.4 中断编程

中断编程具有一定的规律性，主要表现在两方面，一方面体现在相关特殊寄存器的设置上，即初始化设置类似性。另一方面体现在编程的框架上，即主程序和中断服务程序的格局。

1. 主程序

单片机复位后，(PC)＝0000H，而 0003H～002BH 分别为各中断源的入口地址。编程时应在 0000H 处写一条跳转指令（一般为长跳转指令），主程序是以跳转的目标地址作为起始地址开始编写，一般从 003H 开始。主程序中关于中断初始化的步骤为：

(1) 设置堆栈指针 SP。

(2) 定义中断优先级。

(3) 定义外中断触发方式。

(4) 开放中断。

(5) 安排好等待中断或中断发生前主程序应完成的操作内容。

2. 中断服务程序

中断服务程序的编写步骤：

(1) 根据需要保护现场。

(2) 中断要完成任务。

(3) 恢复现场。与保护现场相对应，注意先进后出、后进先出操作原则。

(4) 中断返回，最后一条指令必须是 RETI。

中断服务程序的一般结构如图 5-6 所示。

3. 中断服务程序编制中的注意事项

(1) 视需要确定是否保护现场。

(2) 及时清除那些不能被硬件自动清除的中断请求标志，以免产生错误的中断。

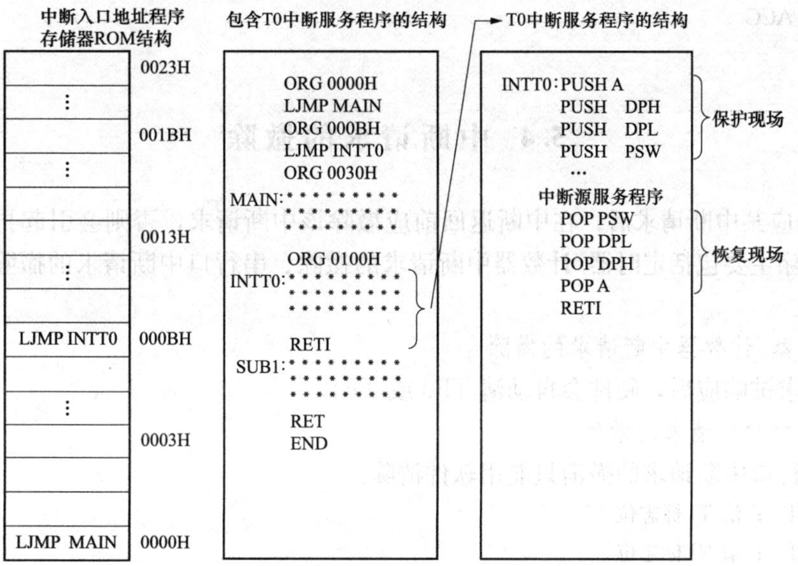
中断入口地址程序
存储器ROM结构
0023H
001BH
0013H
LJMP INTT0
000BH
0003H
LJMP MAIN
0000H
包含T0中断服务程序的结构
ORG 0000H
LJMP MAIN
ORG 000BH
LJMP INTT0
ORG 0030H
MAIN:
ORG 0100H
INTT0:
RETI
SUB1:
RET
END
T0中断服务程序的结构
INTT0: PUSH A
PUSH DPH
PUSH DPL
PUSH PSW
保护现场
中断源服务程序
POP PSW
POP DPL
POP DPH
POP A
RETI
恢复现场

图 5-6　中断服务程序的结构

(3) 中断服务程序中的压栈与弹栈指令必须成对使用，以确保中断服务程序的正确返回。

(4) 主程序和中断服务程序之间的参数传递与主程序和子程序的参数传递方式相同。

[例 5-4] 现有外部中断 1 提出申请，且主程序中有 R0、R1、DPTR、累加器 A 需保护，则编制程序应为：

```
ORG   0000H
AJMP   MAIN
ORG   0013H
LJMP   INT1
    …
ORG   0030H
MAIN:                ；主程序
        …
    AJMP $         ；等待中断
 ；中断服务程序
INT1：PUSH   ACC
      PUSH   DPH
      PUSH   DPL
      PUSH   R0
      PUSH   R1
         …
      POP   R1
      POP   R0
      POP   DPL
      POP   DPH
```

```
POP   ACC
RETI
```

5.4 中断请求的撤除

CPU 响应某中断请求后，在中断返回前应撤除该中断请求，否则会引起再次中断。中断请求的撤除主要包括定时器/计数器中断请求的撤除、串行口中断请求的撤除、外部中断请求的撤除。

1. 定时器/计数器中断请求的撤除

中断请求被响应后，硬件会自动清 TF0 或 TF1。

2. 串行口中断请求的撤除

所有串行口中断请求的撤消只能用软件清除。

```
CLR   TI  ；清 TI 标志位
CLR   RI  ；清 RI 标志位
```

3. 外部中断请求的撤除

对于外部中断请求的撤除，主要包括两种情况：

(1) 边沿触发方式，中断请求的撤消是自动撤消的。

(2) 电平方式外部中断请求的撤消。

对电平方式外部中断标志的撤消是自动的，但中断请求信号的低电平可能继续存在，如果外部中断源不能及时撤除它在 INT0 或 INT1 引脚上的低电平，在以后机器周期采样时，又会把已清 0 的 IE0 或 IE1 重新置 1，在硬件上 CPU 对 INT0 和 INT1 引脚的信号不能控制，所以这个问题要通过硬件，再配合软件来解决。

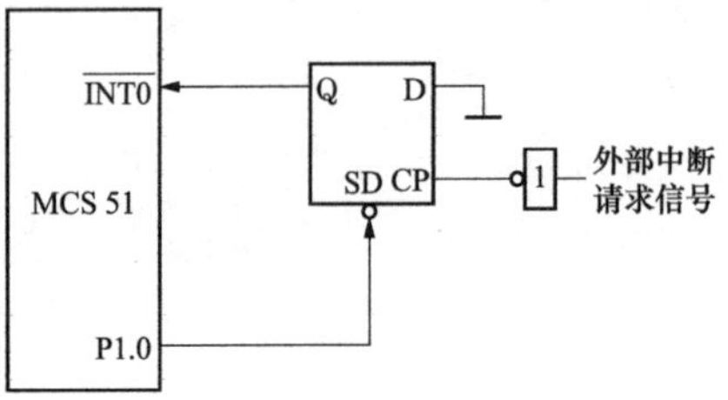

图 5-7 电平方式外部中断请求的撤除电路

如图 5-7 所示，外部中断请求信号不直接加在 INT0 或 INT1 上，而是加在 D 触发器的 CLK 端。由于 D 端接地，当外部中断请求信号出现在 CLK 端时，INT0 或 INT1 为低，发出中断请求。用 P1.0 接在触发器的 SD 端作为应答线，当 CPU 响应中断后可使用如下两条指令：

```
CLR   P1.0
SETB  P1.0
```

执行第一条指令使 P1.0 输出为“0”，其持续时间为 2 个机器周期，足以使 D 触发器置位，从而撤除中断请求。执行第二条指令使 P1.0 变为“1”，否则 D 触发器的 SD 端始终有效，INT0 端始终为“1”，无法再次申请中断。

5.5 外部中断的应用

1. 单外部中断源示例

［**例 5-5**］ 用一个按钮控制 8 个发光二极管，每按动一次按钮，使发光二极管 L1→L2→…

L8→L1 的顺序循环移动点亮一位。

电路分析：51 单片机的 P1.0～P1.7 外部接 8 个发光二极管 L1～L8，当 P1 口某一个引脚输出低电平时，对应的发光二极管被点亮；当 P1 口某个引脚输出高电平时，对应的发光二极管熄灭。在 INT1 引脚上外接的按钮，当按钮按下时，INT1 为低电平，按钮释放时，INT1 为高电平。

解　为了实现题目要求的功能，既可以采用查询方式，也可以采用中断方式。

(1) 用查询方式实现。所谓查询，就是周期性地对按钮的状态进行访问，当查询到按钮为有效电平时，就采取相应的处理。参考程序如下所示：

```
      ORG    0000H
      SETB   P3.3
      MOV    A，#0FEH
LOOP：MOV    P1，A
      JB   P3.3，$
      JNB   P3.3，$
      RL    A
      SJMP   LOOP
      END
```

在查询方式下，CPU 需要一直检测按钮当前的状态，在此期间 CPU 不能再进行其他的任务，因此 CPU 利用率低，实时性差。

(2) 用中断方式实现。

```
        ORG    0000H
        AJMP    MAIN
        ORG    0013H
        AJMP    INT_1
        ORG    0100H
MAIN：  MOV    SP，#60H
        MOV    A，#0FEH
        MOV    P1，A
        SETB   IT1               ；外部中断 1 置为下降沿触发方式
        SETB   EA                ；开 CPU 中断
        SETB   EX1               ；外部中断 1 开中断
        SJMP   $
        ORG    0200H
INT_1：RL    A
        MOV    P1，A
        RETI
        END
```

外部中断 1 的矢量地址为 0013H，单片机复位后 PC 值为 0000H。因此在编制含有中断的程序时，主程序放在从 0000H 开始的位置，而外部中断 1 的子程序放在从 0013H 开始的位置，由于 0000H 到 0013H 只有 19 个存储单元，不可能存放整个主程序，因此在 0000H 位置要有一条跳转指令，将主程序放到后边去。对于中断服务程序，一般都写在主程序后，因此在中断入口处也要有一条跳转指令。

2. 多外部中断源系统示例

[例 5-6] 设有 5 个外部中断源，中断优先级排队顺序为 XI0、XI1、XI2、XI3、XI4。试设计它们与 80C51 单片机的接口和中断程序。

80C51 单片机仅提供了两个外部中断源（INT0、INT1），而在实际应用系统中可能有两个以上的外部中断源，这时必须对外部中断源进行扩展。本例采用中断和查询相结合实现外部中断源的扩展。

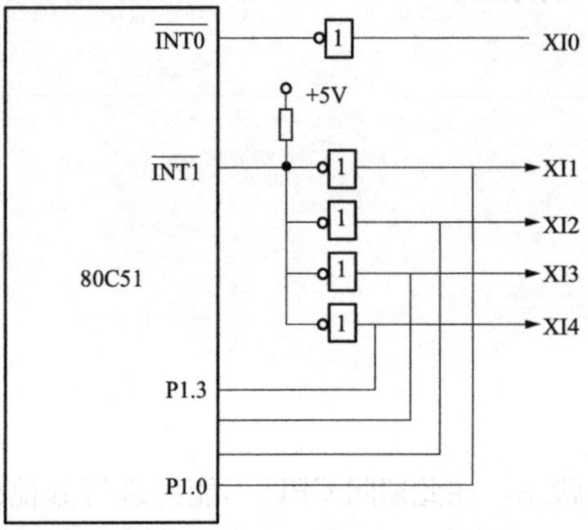

图 5-8 多个外部中断示例

系统有多个外部中断源时，可按它们的轻重缓急进行中断优先级排队，将最高优先级别的中断源接在 INT0 端，其余中断源用线或电路接到 INT1 端，同时分别将它们引向一个 I/O 口，以便在 INT1 的中断服务程序中由软件按预先设定的优先级顺序查询中断的来源。这种方法，原则上可处理任意多个中断源。对上述的 5 个中断源，可将 XI0 直接经非门接到 INT0，其余的 XI1～XI4 经集电极开路的非门构成或非电路接到 INT1 端并分别与 P1.0～P1.3 相连，如图 5-8 所示。

当 XI1～XI4 中有一个或几个有效（高电平）时，都会通过 INT1 引脚向 CPU 发出中断请求。在 INT1 的中断服务程序中依次查询 P1.0～P1.3，就可以确定究竟是哪个中断源提出中断请求。系统的中断应用程序段如下：

```
        ORG 0003H
        LJMP INSE0            ；转外部中断 0 服务程序入口
        ORG 0013H
        LJMP INSE1            ；转外部中断 1 服务程序入口
          …
INSE0： PUSH PSW              ；XI0 中断服务程序
        PUSH ACC
          …
        POP ACC
        PUSH PSW
        RETI
INSE1： PUSH PSW              ；INT1 中断服务程序
        PUSH ACC
        JB P1.0，DV1          ；P1.0 为 1，转 XI1 中断服务程序
        JB P1.1，DV2          ；P1.1 为 1，转 XI2 中断服务程序
        JB P1.2，DV3          ；P1.2 为 1，转 XI3 中断服务程序
        JB P1.3，DV4          ；P1.3 为 1，转 XI4 中断服务程序
INRET： POP ACC
        POP PSW
        RETI
```

```
DV1：…                          ；XI1 中断服务程序
     AJMP INRET
DV2：…                          ；XI2 中断服务程序
     AJMP INRET
DV3：…                          ；XI3 中断服务程序
     AJMP INRET
DV4：…                          ；XI4 中断服务程序
     AJMP INRET
```

［例 5-7］ 下图所示为蒸汽锅炉越限报警系统，对液位、压力、温度等物理量进行监测，实现越限告警。其中，液位上限 SL1 和下限 SL2 开关取自“色带指示报警仪”，分别接 P1.3，P1.2。蒸汽压力下限 SP 开关取自“压力计”，接 P1.1。炉膛温度上限 ST 开关取自“动圈式温度计”，接 P1.0。P1.7～P1.4 输出接发光二极管，与 4 个参数对应，请编写程实现越限时将相应的 LED 灯点亮。

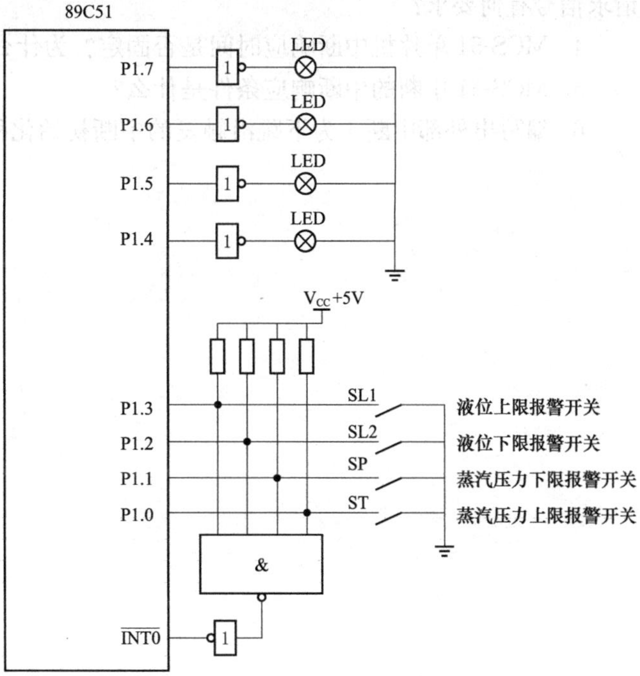

图 5-9 ［例 5-7］图

硬件电路如图 5-9 所示：

解 本例是［例 5-6］的具体应用，具体编写流程不再分析。

程序清单：

```
        ORG 0000H
        AJMP MAIN
        ORG 0003H
        AJMP ALARM
        ORG 0200H
MAIN：  SETB IT0
        SETB EX0
        SETB EA
HERE：  SJMP HERE
        ORG 0210H
ALARM： MOV   A，#0FFH
        MOV P1，A
        MOV A，P1
        SWAP  A
        MOV P1，A
        RETI
        END
```

5.6　习　　题

1. MCS-51 系列单片机能提供几个中断源、几个中断优先级？各个中断源的优先级怎样确定？在同一优先级中，各个中断源的优先顺序怎样确定？

2. 简述 MCS-51 系列单片机的中断响应过程。

3. MCS-51 系列单片机的外部中断有哪两种触发方式？如何设置？对外部中断源的中断请求信号有何要求？

4. MCS-51 单片机中断响应时间是否固定？为什么？

5. MCS-51 中断的中断响应条件是什么？

6. 编写出外部中断 1 为下跳沿触发的中断初始化程序。

第 6 章 定时器/计数器

在控制系统中，会有一些定时或延时控制的要求，如定时输出、定时检测、定时扫描等；也会有计数功能的要求，如对外部事件进行计数。

所谓计数器就是对外部输入脉冲的计数；所谓定时器也是对脉冲进行计数完成的，这里计数的是 MCS-51 内部产生的标准脉冲，通过对脉冲个数进行计数实现定时。所以，定时器和计数器本质上是一致的，在以后的叙述中将定时器/计数器笼统称为定时器。

MCS-51 系列单片机的硬件上集成有 16 位的可编程定时/计数器。MCS-51 子系列单片机有 2 个定时器/计数器，即定时/计数器 0 和 1；简称 T0 和 T1。它们都有定时和计数的功能，可用于定时控制、延时、对外部事件计数等场合。

6.1 定时器的定时和计数功能

6.1.1 定时/计数器的结构

MCS-51 单片机的定时/计数器结构图如图 6-1 所示。定时/计数器的实质上是一个 16 位的加 1 计数器，由高 8 位和低 8 位两个寄存器组成，如 T0 由 TH0 和 TL0 组成，T1 由 TH1 和 TL1 组成。与定时器相关的寄存器 TMOD 用于控制和确定各定时/计数器的功能和工作模式；寄存器 TCON 用于控制定时/计数器 T0、T1 启动和停止计数，同时包含定时/计数器的状态。它们属于特殊功能寄存器。这些寄存器的内容靠软件设置。系统复位时，寄存器的所有位都被清零。

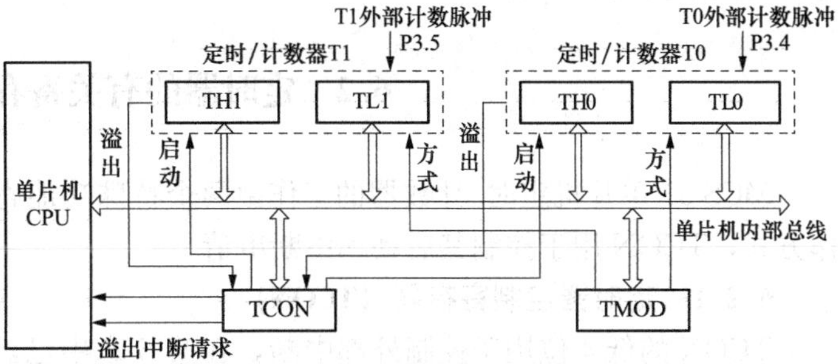

图 6-1 定时/计数器的结构图

定时/计数器 T0 和 T1 都是加法计数器，每输入一个脉冲，计数器加 1，当加到计数器为全 1 时，再输入一个脉冲，就使计数器发生溢出，溢出时，计数器回 0，并置位 TCON 中的 TF0 或 TF1，以表示定时时间已到或计数值已满，向 CPU 发出中断申请。

6.1.2 定时/计数器的工作原理

作为定时/计数器的加 1 计数器，其输入的计数脉冲有两个来源，一个是由系统的时钟振荡器输出脉冲经 12 分频后送来，另一个是由 T0 或 T1 引脚（即引脚 P3.4 和 P3.5 的第二功能）输入的外部脉冲源，如图 6-2 所示。

每来一个脉冲，计数器加 1。当加到计数器为全 1 时，再输入一个脉冲，就使计数器回零，且计数器的溢出使 TCON 中 TF0 或 TF1 置 1，向 CPU 发出中断请求（定时/计数器中断允许时）。如果定时/计数器工作于定时模式，则表示定时时间已到；如果工作于计数模

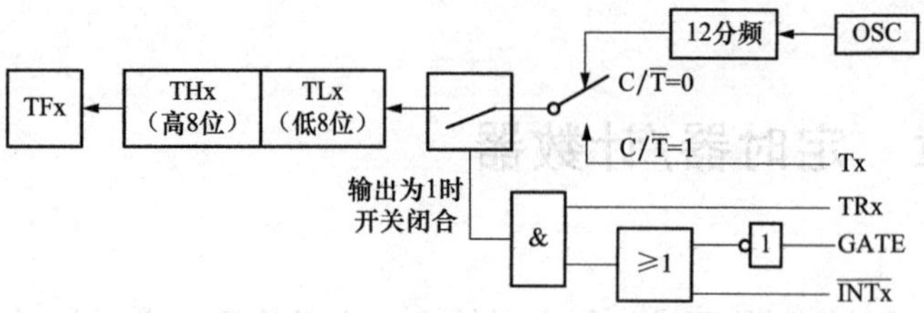

图 6-2 定时器工作原理图

式，则表示计数值已满。可见，由溢出时计数器的值减去计数初值才是加 1 计数器的计数值。

1. 定时器的定时功能

如图 6-2 所示，当寄存器 TMOD 的位 C/T̄＝0 时，图中右边的单刀双掷开关与 12 分频器的输出接通，此时定时器实现的是定时功能。设置为定时器模式时，加 1 计数器是对内部机器周期计数（1 个机器周期等于 12 个振荡周期，即计数频率为晶振频率的 1/12）。计数值乘以机器周期就是定时时间。

2. 定时器的计数功能

如图 6-2 所示，当寄存器 TMOD 的位 C/T̄＝1 时，图中右边的单刀双掷开关与 T_x（x=0 或者 1）引脚接通，此时定时器实现的就是计数功能。设置为计数器模式时，外部事件计数脉冲由 T0（P3.4）或 T1（P3.5）引脚输入到计数器。在每个机器周期的 S5P2 期间取样 T0、T1 引脚电平。当某周期取样到一高电平，而下一周期又取样到一低电平时，则计数器加 1，更新的计数值在下一个机器周期的 S3P1 期间装入计数器。由于检测一个从 1 到 0 的下降沿需要 2 个机器周期，因此要求被取样的电平至少要维持一个机器周期，所以最高计数频率为晶振频率的 1/24。当晶振频率为 12MHz 时，最高计数频率不超过 1/2MHz，即计数脉冲的周期要大于 2μs。

6.2 定时器的有关寄存器

MCS-51 单片机定时/计数器的工作由两个特殊功能寄存器控制。TMOD 用于设置其工作方式，TCON 用于控制其启动和中断申请。

6.2.1 定时器控制寄存器（TCON）

TCON 的低 4 位用于控制外部中断，在第 5 章中已经介绍。TCON 的高 4 位用于控制定时/计数器的启动和中断申请。字节地址为 88H，位地址为 88H～8FH，其格式如下：

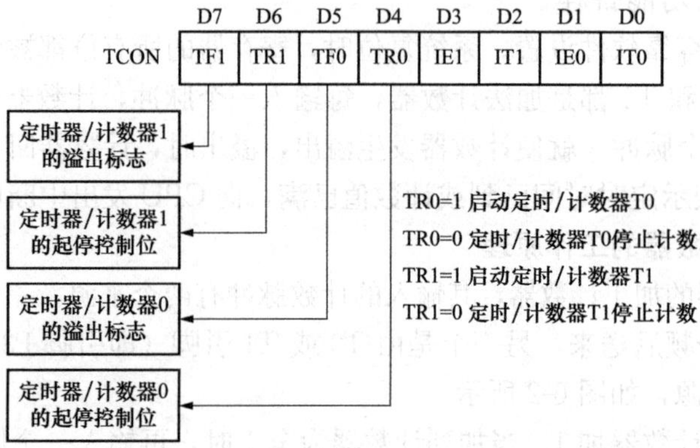

TF1（TCON.7）：定时/计数器 T1 溢出中断请求标志位。定时/计数器 T1 计数溢出时由硬件自动置 TF1 为 1。CPU 响应中断后 TF1 由硬件自动清 0。T1 工作时，CPU 可随时

查询 TF1 的状态。所以，TF1 可用作查询测试的标志。TF1 也可以用软件置 1 或清 0，同硬件置 1 或清 0 的效果一样。

TR1（TCON.6）：定时/计数器 T1 运行控制位。TR1 置 1 时，定时/计数器 T1 开始工作；TR1 置 0 时，定时/计数器 T1 停止工作。TR1 由软件置 1 或清 0。所以，用软件可控制定时/计数器的启动与停止。

TF0（TCON.5）：定时/计数器 T0 溢出中断请求标志位，其功能与 TF1 类同。

TR0（TCON.4）：定时/计数器 T0 运行控制位，其功能与 TR1 类同。

6.2.2　定时器工作方式控制寄存器（TMOD）

工作方式寄存器 TMOD 用于设置定时/计数器的工作方式，低 4 位用于 T0，高 4 位用于 T1。字节地址为 89H，该寄存器不能进行位寻址，只能用字节传送类指令设置其内容。其各位定义如下：

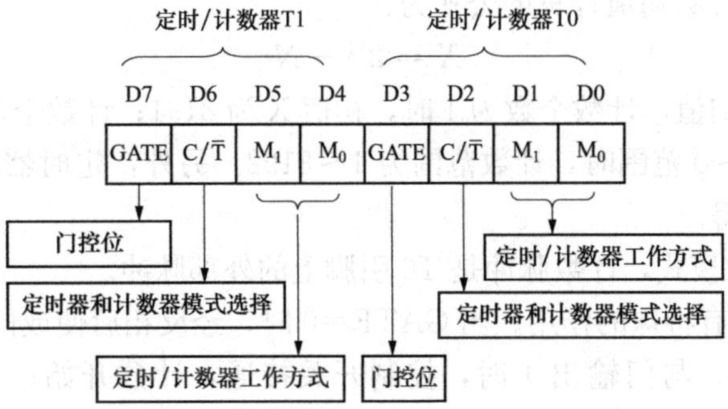

GATE：门控位。GATE＝0 时，只要用软件使 TCON 中的 TR0 或 TR1 为 1，就可以启动定时/计数器工作；GATA＝1 时，要用软件使 TR0 或 TR1 为 1，同时外部中断引脚 $\overline{\text{INT0}}$或$\overline{\text{INT1}}$也为高电平时，才能启动定时/计数器工作。即此时定时器的启动条件，加上了$\overline{\text{INT0}}$或$\overline{\text{INT1}}$引脚为高电平这一条件。

C/$\overline{\text{T}}$：定时/计数模式选择位。C/$\overline{\text{T}}$＝0 为定时模式；C/$\overline{\text{T}}$＝1 为计数模式。

M1M0：工作方式设置位。定时/计数器有 4 种工作方式，由 M1M0 进行设置。见表 6-1。

表 6-1　　M1、M0 控制的 4 种工作方式

M1M0	工作方式	说　明
00	方式 0	13 位定时/计数器
01	方式 1	16 位定时/计数器
10	方式 2	8 位自动重装定时/计数器
11	方式 3	T0 分成两个独立的 8 位定时/计数器；T1 此方式停止计数

6.3　定时器的工作方式

MCS-51 单片机定时/计数器 T0 有 4 种工作方式（方式 0、1、2、3），T1 有 3 种工作方式（方式 0、1、2）。前 3 种工作方式中，T0 和 T1 除了所使用的寄存器、有关控制位、标志位不同外，其他操作完全相同。为了简化叙述，下面以定时/计数器 T0 为例进行介绍。

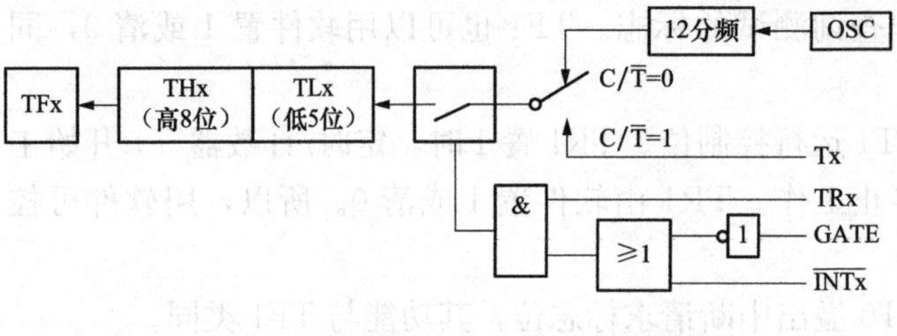

图 6-3 定时/计数器 T0 在方式 0 时的逻辑结构图

1. 方式 0

当 TMOD 的 M1M0 为 00 时，定时/计数器 T0 工作于方式 0，如图 6-3 所示为定时/计数器 T0 在方式 0 时的逻辑结构图。

方式 0 为 13 位计数，由 TL0 的低 5 位（高 3 位未用）和 TH0 的 8 位组成。TL0 的低 5 位溢出时向 TH0 进位，TH0 溢出时，置位 TCON 中的 TF0 标志，向 CPU 发出中断请求。

$C/\overline{T}=0$ 时为定时模式，且有 $N=t/T_{cy}$，式中 t 为定时时间，N 为计数个数，T_{cy}为时钟周期。通常，在定时/计数器的应用中要根据计数个数求出送入 TH1、TL1 和 TH0、TL0 中的计数初值。计数初值计算的公式为：

$$X = 2^{13} - N$$

式中，X 为计数初值，计数个数为 1 时，初值 X 为 8191；计数个数为 8192 时，初值 X 为 0。即初值在 8191～0 范围时，计数范围为 1～8192。另外，定时器的初值还可以采用计数个数直接取补法获得。

$C/\overline{T}=1$ 时为计数模式，计数脉冲是 T0 引脚上的外部脉冲。

门控位 GATE 具有特殊的作用。当 GATE=0 时，经反相后使或门输出为 1，此时仅由 TR0 控制与门的开启，与门输出 1 时，控制开关接通，计数开始；当 GATE=1 时，由 $\overline{INT0}$控制或门的输出，此时控制与门的开启由$\overline{INT0}$和 TR0 共同控制。当 TR0=1 时，$\overline{INT0}$引脚的高电平启动计数，$\overline{INT0}$引脚的低电平停止计数。这种方式可以用来测量$\overline{INT0}$引脚上正脉冲的宽度。

工作方式 0 的相关计算参数整理如下：

（1）最大计数量：

$$n_{max} = 2^{13} = 8192$$

（2）已知要求的计数量 n，则计数器的初值为：

$$x = 2^{13} - n = 8192 - n$$

（3）最大定时时间：

$$t_{max} = 2^{13} \times \frac{12}{f_{osc}} = 8192 \times \frac{12}{f_{osc}}$$

（4）已知要求的定时时间 t，则定时器的初值为：

$$x = 2^{13} - t \times \frac{f_{osc}}{12} = 8192 - t \times \frac{f_{osc}}{12}$$

（5）求得初值后，应将 x 分配到 TL0 和 TH0：

$$(TL0) = 000x_4x_3x_2x_1x_0B$$

$$(TH0) = x_{12}x_{11}x_{10}x_9x_8x_7x_6x_5B$$

［例 6-1］ 设定时器 T0 选择工作方式 0，定时状态，编程实现在 P1.0 上输出一个周期为 2ms 的方波，f_{osc}=12MHz。

解 方波的周期用 T0 来确定，让 T0 每隔 1ms 计数溢出 1 次，即 TF0=1；查询到

TF0=1 则 CPU 对 P1.0 取反。

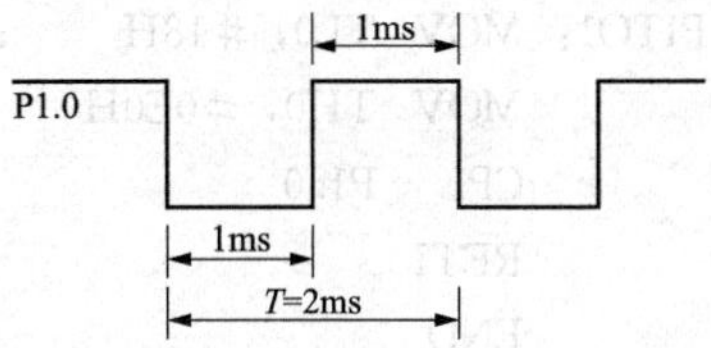

1）计算最大定时时间。

$$t_{max} = 2^{13} \times \frac{12}{f_{osc}} = 8192 \times \frac{12}{12 \times 10^6} s = 8.192ms$$

2）计算计数器的初值。

$$x = 2^{13} - t \times \frac{f_{osc}}{12} = 8192 - 1 \times 10^{-3} \times \frac{12 \times 10^6}{12} = 7192$$

3）将 x 化为十六进制，即 x=1C18H=1，1100，0001，1000B。从而：TH0=E0H，TL0=18H。

4）确定工作方式。定时器 T0 为工作方式 0：M1M0=00；定时工作状态，C/T=0；GATE=0，不受 INT0 控制，定时器 T1 不用，所以对应寄存器位全部取“0”值。故 TMOD=00H。

5）程序设计。采用查询 TF0 的状态来控制 P1.0 的输出，同时要重新装入初值。

```
       ORG  0100H
MAIN:  MOV  TMOD,#00H   ；设置 T0 为方式 0
       MOV  TL0,#18H    ；送计数初值
       MOV  TH0,#0E0H   ；送计数初值
       SETB TR0         ；启动 T0
LOOP:  JBC  TF0,NEXT    ；查询定时时间到，转 NEXT，同时清 TF0
       SJMP LOOP        ；重复循环
NEXT:  MOV  TL0,#18H    ；T0 重置初值
       MOV  TH0,#0E0H   ；T0 重置初值
       CPL  P1.0        ；P1.0 的状态取反
       SJMP LOOP        ；重复循环
       END
```

[例 6-2] 将［例 6-1］中的程序改为中断法实现。

解 由［例 6-1］分析可知：TH0=E0H，TL0=18H，TMOD 初始化为 00H。定时器 0 的中断服务程序入口地址为 000BH，则将［例 6-1］改为中断法编程如下：

```
       ORG  0000H
       AJMP START       ；跳转主程序
       ORG  000BH       ；定时器 0 中断服务程序入口地址
       LJMP PITO1       ；跳转中断服务程序
       ORG  0100H
START: MOV  SP,#60H     ；堆栈初始化
       MOV  TMOD,#00H   ；定时器 T0 工作方式设定为 0
       MOV  TH0,#0E0H   ；设置计数器初值
       MOV  TL0,#18H
       CLR  P1.0        ；设置方波的起始状态
       SETB EA          ；开总中断
       SETB ET0         ；开定时器 0 中断
       SETB TR0         ；启动定时器 0
       SJMP $           ；等待中断
```

```
PITO1: MOV  TL0, #18H       ;中断服务程序
       MOV  TH0, #0E0H
       CPL  P1.0
       RETI
       END
```

应说明的是，方式 0 采用 13 位计数器是为了与早期的产品兼容，计数初值的高 8 位和低 5 位的确定比较麻烦，所以在实际应用中常由 16 位的方式 1 取代。

2. 方式 1

当 M1M0 为 01 时，定时/计数器工作于方式 1。其电路结构和操作方法与方式 0 基本相同，它们的差别仅在于计数的位数不同，如图 6-4 所示。

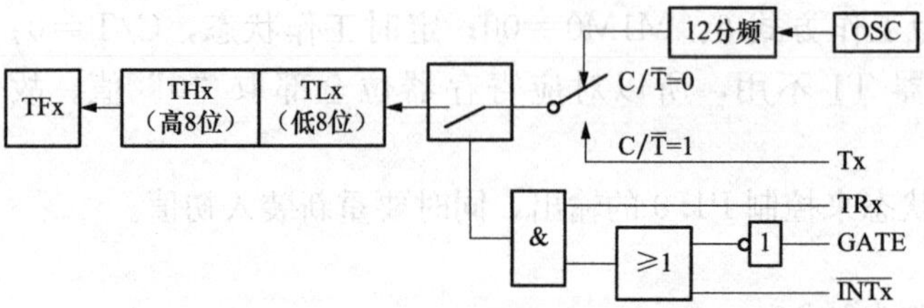

图 6-4 定时/计数器 T0 方式 1 的逻辑结构图

方式 1 的计数位数是 16 位，由 TL0 作为低 8 位，TH0 作为高 8 位，组成了 16 位加 1 计数器。计数个数与计数初值的关系为：

$$X = 2^{16} - N$$

当计数个数为 1 时，初值 X 为 65535；计数个数为 65536 时，初值 X 为 0。即初值在 65535～0 范围时，计数范围为 1～65536。

工作方式 1 的相关计算参数整理如下：

(1) 最大计数量：

$$n_{max} = 2^{16} = 65536$$

(2) 已知要求的计数量 n，则计数器的初值为：

$$x = 2^{16} - n = 65536 - n$$

(3) 最大定时时间：

$$t_{max} = 2^{16} \times \frac{12}{f_{osc}} = 65536 \times \frac{12}{f_{osc}}$$

(4) 已知要求的定时时间 t，则定时器的初值为：

$$x = 2^{16} - t \times \frac{f_{osc}}{12} = 65536 - t \times \frac{f_{osc}}{12}$$

(5) 求得初值后，应将 x 分配到 TL0 和 TH0：

$$(TL0) = x_7 x_6 x_5 x_4 x_3 x_2 x_1 x_0 B$$

$$(TH0) = x_{15} x_{14} x_{13} x_{12} x_{11} x_{10} x_9 x_8 B$$

[例 6-3] 设单片机晶振频率为 f_{osc}=12MHz，使用定时器 T1 以方式 1 产生周期为 2ms 的连续方波，并由 P1.0 输出（用查询方式完成）。

解 本例同 [例 6-1]，基本定时时间为 1ms。

1) 计算计数初值。

$$x = 2^{16} - t \times \frac{f_{osc}}{12} = 65536 - 1 \times 10^{-3} \times \frac{12 \times 10^6}{12} = 64536$$

转换为二进制数：x=11111100 0001 1000B，故：

$$(TL1) = 0001\ 1000B = 18H$$

$$(TH1)=1111\ 1100B=0FCH。$$

2）TMOD 寄存器初始化。

CATE	C/T	M1	M0	CATE	C/T	M1	M0

为实现定时器 T1 的定时控制：GATE＝0；实现定时功能：C/T＝0；定时器 T1 为工作方式 1：M1M0＝01；定时器 T0 不用，相关位设置为 0，故 TMOD 初始化为 10H。

3）程序设计。

```
        ORG    0000H
START： MOV    TMOD，#10H
        CLR    P1.0
        MOV    TH1，#0FCH
        MOV    TL1，#18H
        SETB   TR1
LOOP：  JNB    TF1，$
        MOV    TL1，#18H
        MOV    TH1，#0FCH
        CPL    P1.0
        CLR    TF1
        SJMP   LOOP
        END
```

3. 方式 2

当 M1M0 为 10 时，定时/计数器工作于方式 2，其逻辑结构如图 6-5 所示。

方式 2 为自动重装初值的 8 位计数方式。TH0 为 8 位初值寄存器，当 TL0 计满溢出时，由硬件使 TF0 置 1，向 CPU 发出中断请求，并将 TH0 中的计数初值自动送入 TL0。TL0 从初值重新进行加 1 计数。周而复始，直至 TR0＝0 才会停止。计数个数与计数初值的关系为：

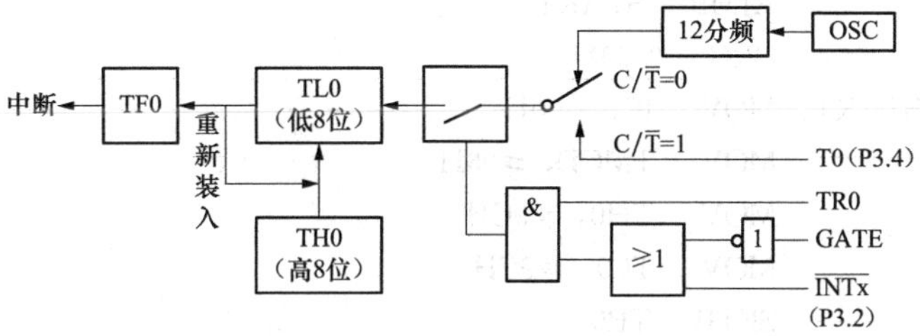

图 6-5　定时/计数器 T0 方式 2 的逻辑结构图

$$X=2^8-N$$

可见，计数个数为 1 时，初值 X 为 255；计数个数为 256 时，初值 X 为 0。即初值在 255～0 范围时，计数范围为 1～256。由于工作方式 2 时省去了用户软件中重装常数的程序，所以特别适合于用作较精确的脉冲信号发生器。

工作方式 2 的相关计算参数整理如下：

（1）最大计数量：

$$n_{max}=2^8=256$$

（2）已知要求的计数量 n，则计数器的初值为：

$$x=2^8-n=256-n$$

（3）最大定时时间：

$$t_{\max}=2^8\times\frac{12}{f_{\text{osc}}}=256\times\frac{12}{f_{\text{osc}}}$$

（4）已知要求的定时时间 t，则定时器的初值为：

$$x=2^8-t\times\frac{f_{\text{osc}}}{12}=256-t\times\frac{f_{\text{osc}}}{12}$$

（5）求得初值后，应将 x 分配到 TL0 和 TH0：

$$(\text{TL0})=x_7x_6x_5x_4x_3x_2x_1x_0B$$

$$(\text{TH0})=x_7x_6x_5x_4x_3x_2x_1x_0B$$

工作方式 0 和工作方式 1 在运行程序时，都需要重置计时器初值，这样从定时器溢出发出溢出标志到重装完定时器初值再次开始计数，这会产生一段时间间隔，导致定时时间增加了若干微秒，造成定时不够精确。

为了减小这种定时误差，单片机中设置了工作方式 2（自动重装初值），则可避免上述因素，省去程序中重装初值的指令，实现精确定时。但是工作方式 2 的缺点是只有 8 位计数器，定时时间受到很大限制。

［例 6-4］ 用定时器 T0 以工作方式 2 计数，每计 100 次进行累加器加 1 操作。

解 1）计算计数初值：$x=2^8-100=156=9\text{CH}$

所以：(TH0)=9CH，(TL0)=9CH

2）TMOD 初始化：M1M0=10，C/T=1，GATE=0

所以：(TMOD)=06H

3）程序设计

```
        ORG   0000H
        AJMP   START
        ORG   0100H
START:  MOV    IE，#00H
        MOV    TMOD，#06H
        MOV    TH0，#9CH
        MOV    TL0，#9CH
        SETB   TR0
LOOP:   JBC    TF0，LOOP1
        SJMP   LOOP
LOOP1:  INC    A
        SJMP   LOOP
        END
```

4. 方式 3

方式 3 只适用于定时/计数器 T0，定时器 T1 处于方式 3 时相当于 TR1=0，停止计数。

当 T0 的方式字段中的 M1M0 为 11 时，T0 被设置为方式 3，其逻辑结构如图 6-6 所示。

方式 3 时，T0 分为两个独立的 8 位计数器 TL0 和 TH0，TL0 使用 T0 的所有控制位：C/T、GATE、TR0、TF0 和 INT0。当 TL0 计数溢出时，由硬件使 TF0 置 1，向 CPU 发出中断请求。而 TH0 固定为定时方式（不能进行外部计数），并且借用了 T1 的控制位 TR1、TF1。因此，TH0 的启、停受 TR1 控制，TH0 的溢出将置位 TF1。

T0 工作在方式 3 时，因 T1 的控制位 C/T、M1M0 并未交出，原则上 T1 仍可按方式 0、1、2 工作，只是不能使用运行控制位 TR1 和溢出标志位 TF1，也不能发出中断请求信号。方式设定后，T1 将自动运行，如果要停止工作，只需将其定义为方式 3 即可。

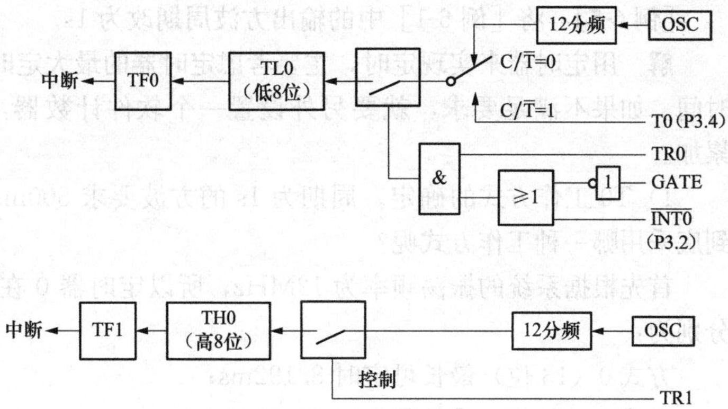

图 6-6　定时/计数器 T0 方式 3 的逻辑结构图

在单片机的串行通信应用中，T1 常作为串行口波特率发生器，且工作于方式 2。这时将 T0 设置成方式 3，可以使单片机的定时/计数器资源得到充分利用。

6.4　定时/计数器初始化

MCS-51 系列单片机的定时/计数器的初始化一般包括以下几个步骤：

(1) 对 TMOD 寄存器赋值，以确定定时器的工作模式。

(2) 置定时/计数器初值，直接将初值写入寄存器的 TH0，TL0 或 TH1，TL1。

(3) 根据需要，对寄存器 IE 置初值，开放定时器中断。

(4) 对 TCON 寄存器中的 TR0 或 TR1 置位，启动定时/计数器。置位以后，计数器即按规定的工作模式和初值进行计数或开始定时。在初始化过程中，要置入定时/计数器的初值，这时要作一些计算。由于计数器是加法计数，并在溢出时申请中断，因此不能直接输入所需的计数值，而是要从计数最大值倒退回去一个计数值才是应置入的初值。设计数器的最大值为 M（在不同的工作模式中，M 可以为 2^{13}，2^{16} 或 2^{8}），则置入的初值 X 可这样来计算：

计数方式时：X＝M－计数值

定时方式时：(M－X)・T＝定时值，所以定时方式下初值 X＝M－定时值/T。

其中 T 为计数周期，它是单片机的机器周期。当机器周期为 1μs 时，工作在模式 0 时，最大定时值为：

$$2^{13} \times 1\mu s = 8.192ms$$

若工作在模式 1，则最大定时值为：

$$2^{16} \times 1\mu s = 65.536ms$$

6.5　定时器/计数器的应用

定时器是单片机应用系统中的重要组成部件，其工作模式的灵活应用对提高编程技巧、减轻 CPU 负担和简化外围电路有很大益处。本节将通过应用实例，说明定时器的使用方法。

[例 6-5] 将［例 6-1］中的输出方波周期改为 1s。

解 用定时器来实现定时，主要考虑定时器的最大定时时间是否大于或等于要求的定时时间。如果不满足要求，就要另外设置一个软件计数器，对定时器基本定时的次数进行累加。

1）T0 工作方式的确定。周期为 1s 的方波要求 500ms 的定时时间。该定时时间较长，到底采用哪一种工作方式呢？

首先根据系统的振荡频率为 12MHz，所以定时器 0 在各种工作方式下的最大定时时间分别为：

方式 0（13 位）最长可定时 8.192ms；

方式 1（16 位）最长可定时 65.536ms；

方式 2（8 位）最长可定时 256μs。

可见三种工作方式下的最大定时时间都小于要求的定时时间（500ms），这种情况下，为了使定时更准确，常选用定时时间最长的一种工作方式，即工作方式 1。并采用定时器定时加软件计数的方法来实现延长定时。

选方式 1，定时 50ms，软件计数 10 次。

50ms×10＝500ms。

并确定定时器工作方式控制寄存器 TMOD＝01H。

2）计算计数初值。

因为：$(2^{16}-X)\times 12\times 10^{-6}\times 1/12=50\times 10^{-3}$

所以：X＝15536＝3CB0H

因此：TH0＝3CH，TL0＝B0H

3）10 次计数的实现。设计一个软件计数器，初始值设为 10。每隔 50ms 定时时间到，产生溢出标志 TF0，程序查询到 TF0＝1，则软件计数器减 1。这样减到 0 时就获得了 500ms 的定时。

4）程序设计（参考程序）。

```
MAIN：MOV   TMOD，#01H      ；设 T0 工作在方式 1
      MOV   TL0，#0B0H      ；给 T0 设初值
      MOV   TH0，#3CH
      MOVR7，#10            ；软件计数器初值
      SETB  TR0             ；启动 T0
LOOP：JBC   TF0，NEXT       ；查询定时时间到，转 NEXT，同时清 TF0
      SJMP  LOOP
NEXT：DJNZ  R7，EXIT        ；R7 不等于 0，则不对 P1.0 取反
      CPL P1.0
      MOV   R7，#10         ；重置软件计数器初值
EXIT：MOV   TL0，#0B0H      ；T0 中断子程序，重装初值
      MOV   TH0，#3CH
      SJMPLOOP
      END
```

[例 6-6] 有一包装流水线，产品每计数 24 瓶时发出一个包装控制信号，如图 6-7 所

示。试编写程序完成这一计数任务。用T0完成计数，用P1.0发出控制信号。

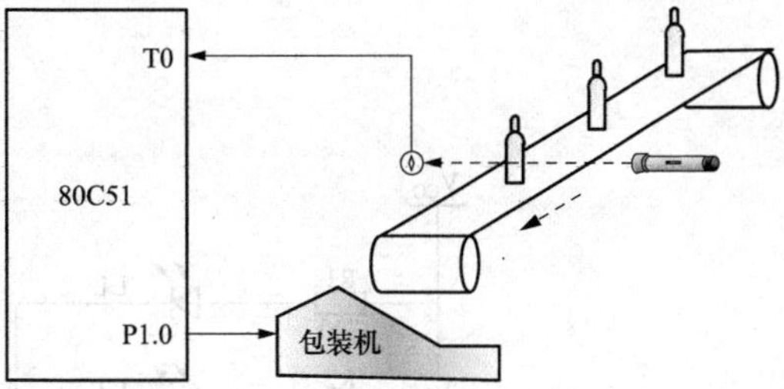

图6-7　包装生产线示意图

解　改程序需要用到定时器T0的计数功能。

1）确定T0的方式控制字：

T0在计数的方式2时：M1M0＝10，GATE＝0，C/T＝1；

故方式控制字TMOD为06H。

2）求计数初值X：

计数值为：$N=24$；

初始值为：$X=256-24=232=E8H$；

将E8H送入TH0和TL0中。

3）参考程序。

```
      ORG   0000H
      LJMP  MAIN
      ORG   000BH
      LJMP  DVT0
      ORG   0100H
MAIN：MOV TMOD，#06H           ；置T0计数方式2
      MOV   TH0，#0E8H         ；装入计数初值
      MOV   TL0，#0E8H
      SETB  ET0                ；T0开中断
      SETB  EA                 ；CPU开中断
      SETB  TR0                ；启动T0
      SJMP  $                  ；等待中断
DVT0：SETB  P1.0
      NOP
      NOP
      CLR   P1.0
      RETI
      END
```

［例6-7］　如图6-8所示的单片机硬件电路，图中用51单片机的定时/计数器T0产生2秒钟的定时，每当2s定时到来时，更换指示灯闪烁，每个指示闪烁的频率为0.2s，也就是说，开始L1指示灯以0.2s的速率闪烁，当2s定时到来之后，L2开始以0.2s的速率闪烁，如此循环下去。0.2s的闪烁速率也由定时/计数器T0来完成。

解　控制寄存器的设置和定时器初值的计算方法参考前面的例子，这里不再赘述。

1）定时2s，采用16位定时50ms，每50ms产生一中断，共定时40次才可达到2s，用变量TCOUNT2S（对应存储地址为30H）存储定时50ms的次数，当TCOUNT2S存储数据达到40的时候，表示经历了40个50ms，也就是定时2s的时间到了。定时的次数在中断服务程序中完成。同样0.2s的定时，需要4次才可达到0.2s，用变量TCNT02S（对应存储地址为31H）来存储中断次数。

2）由于每次2s定时到时，L1－L4要交替闪烁。采用ID来号来识别。当ID＝0时，

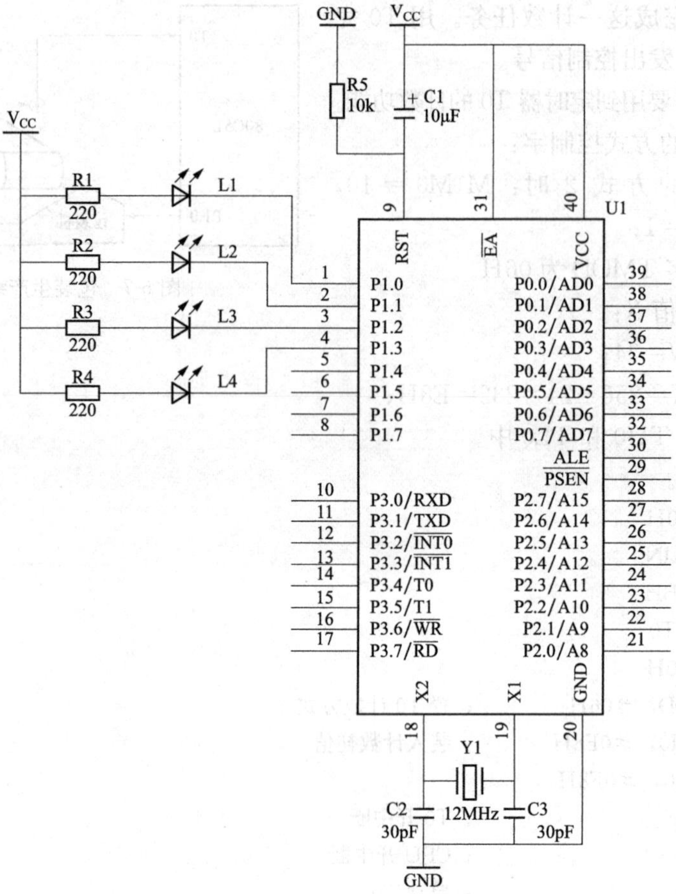

图 6-8 单片机控制 4 个发光二极管电路图

L1 在闪烁，当 ID=1 时，L2 在闪烁；当 ID=2 时，L3 在闪烁；当 ID=3 时，L4 在闪烁基于以上思路主程序程序的流程图如图 6-9 所示。

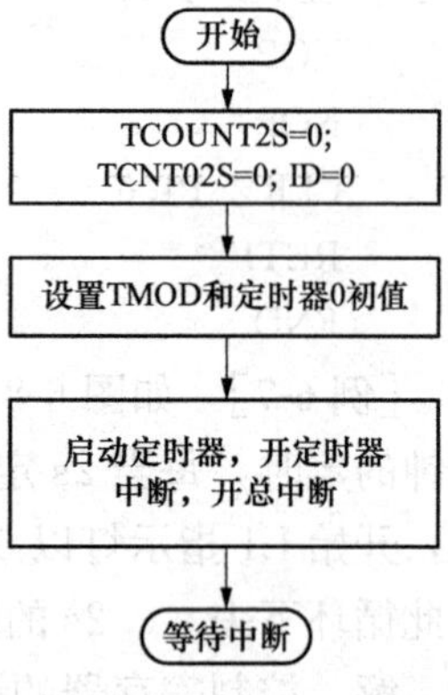

图 6-9 ［例 6-7］主程序流程图

中断服务程序的流程图如图 6-10 所示。

```
        TCOUNT2S EQU 30H
        TCNT02S EQU 31H
        ID EQU 32H
        ORG 00H
        LJMP START
        ORG 0BH
        LJMP INT _ T0
START：MOV TCOUNT2S，＃00H
        MOV TCNT02S，＃00H
        MOV ID，＃00H
        MOV TMOD，＃01H
        MOV TH0，＃（65536-50000）/256
        MOV TL0，＃（65536-50000）MOD 256
```

```
        SETB TR0
        SETB ET0
        SETB EA
        SJMP $
INT_T0: MOV TH0, #(65536-50000)/256
        MOV TL0, #(65536-50000) MOD 256
        INC TCOUNT2S
        MOV A, TCOUNT2S
        CJNE A, #40, NEXT
        MOV TCOUNT2S, #00H
        INC ID
        MOV A, ID
        CJNE A, #04H, NEXT
        MOV ID, #00H
NEXT:   INC TCNT02S
        MOV A, TCNT02S
        CJNE A, #4, DONE
        MOV TCNT02S, #00H
        MOV A, ID
        CJNE A, #00H, SID1
        CPL P1.0
        SJMP DONE
SID1:   CJNE A, #01H, SID2
        CPL P1.1
        SJMP DONE
SID2:   CJNE A, #02H, SID3
        CPL P1.2
        SJMP DONE
SID3:   CJNE A, #03H, SID4
        CPL P1.3
SID4:   SJMP DONE
DONE:   RETI
        END
```

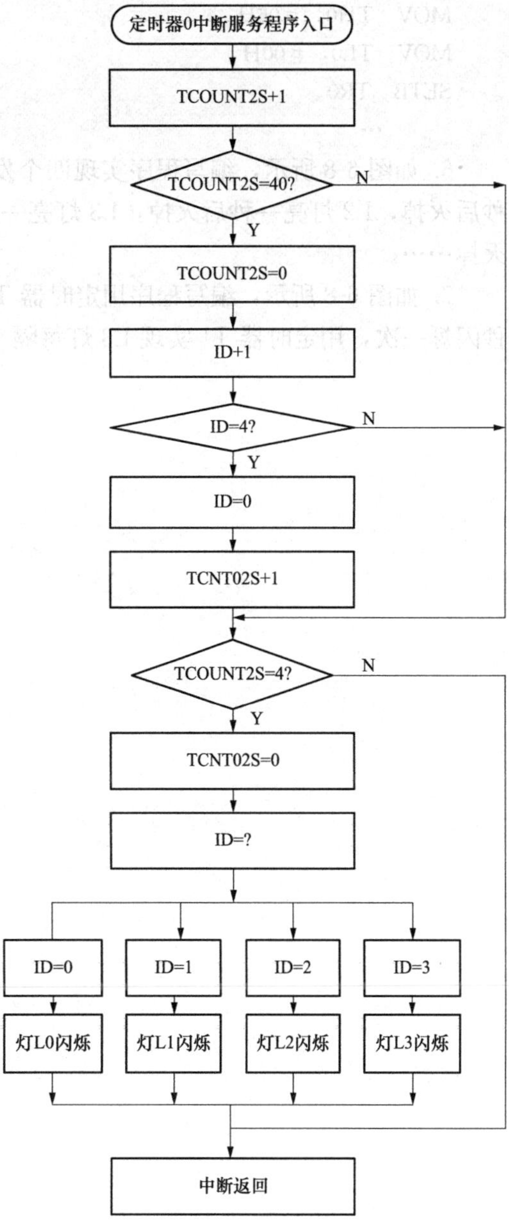

图 6-10　[例 6-7] 中断服务流程图

6.6 习　　题

1. MCS-51 系列单片机的内部设有几个定时/计数器？有哪几种工作方式？由哪个寄存器中的哪位来控制？这几种工作方式各有什么特点？

2. T0 和 T1 在模式 0 中，都使用了计数器的哪些位？

3. 51 系列单片机的 T0 和 T1 在模式 3 时有何不同？

4. 当（TMOD）＝27H 时，是怎样定义 T0 和 T1 的？

5. 系统复位后执行下述指令，试问 T0 的定时时间为多长？

```
MOV   TH0，#06H
MOV   TL0，#00H
SETB  TR0
      …
```

6. 如图 6-8 所示，编写程序实现四个发光二极管的流水显示（即流水灯），即 L1 亮一秒后灭掉，L2 灯亮一秒后灭掉，L3 灯亮一秒后灭掉，L4 灯亮一秒后灭掉，L1 灯亮一秒后灭掉……。

7. 如图 6-8 所示，编写程序用定时器 T0 实现 L1 灯每隔 0.5 秒闪烁一次。L2 灯每隔 1 秒闪烁一次，用定时器 T1 实现 L3 灯每隔 1.5 秒闪烁一次，L4 灯每隔 2 秒闪烁一次。

第 7 章 MCS-51 单片机系统扩展

单片机内部 ROM、RAM 的容量、定时器、I/O 接口等资源有限，在实际应用中常常不够用，因此需要对单片机的资源进行扩展。

单片机内部虽然有存储器，但也不能保证满足实际需要，因此需要从外部进行扩展。单片机存储器扩展内容包括程序存储器扩展和数据存储器扩展。其次需要扩展的是输入/输出接口，单片机的主要用途是对外部设备进行控制，需要与外部的输入输出设备连接，单片机内部虽然设置了 4 个并行 I/O 口，但外部设备较多时，I/O 口显然不够用，在大多数情况下，MCS-51 系列单片机都需要扩展输入输出接口。

本章主要讨论 MCS-51 系列单片机如何扩展程序存储器、数据存储器和输入/输出接口，并介绍一些常用的接口芯片及其与单片机的接口方法。

7.1 MCS-51 扩展系统概述

由于单片机就是在一块芯片上集成了计算机的基本组成部分，因此对于一些比较小的系统，直接使用单片机就可以了，这种不进行任何扩展的单片机系统就称为单片机的最小系统。但对于一些比较大的系统，单片机内部的资源就不再够用了，这时就需要对单片机系统进行资源性扩展，其中包括存储器扩展和 I/O 扩展，从而构成一个功能更强的单片机系统。

那么，单片机是如何扩展的？扩展功能是如何实现的？扩展部件是如何连接的？下面我们就讨论这些问题。

7.1.1 单片机的扩展结构

单片机扩展通常采用总线结构形式，如图 7-1 所示是典型的单片机扩展结构。

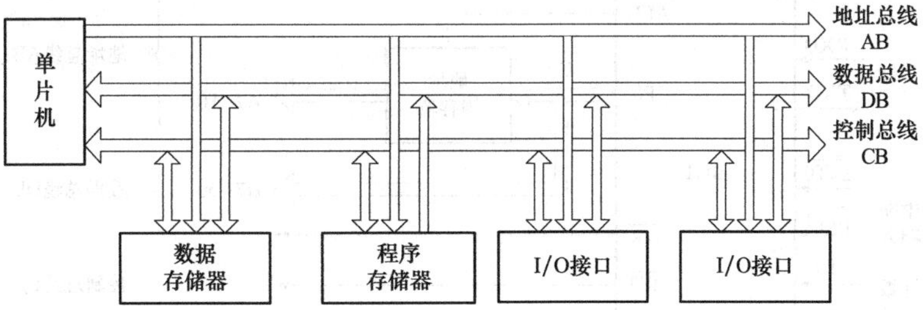

图 7-1　单片机扩展系统结构图

扩展系统是以单片机为核心进行的；扩展内容包括 ROM、RAM 和 I/O 接口电路等；扩展是通过系统总线进行的，通过总线把各扩展部件连接起来，并进行数据、地址和信号的传送，要实现扩展首先要构造系统总线。

所谓总线，就是连接计算机各部件的一组公共信号线。MCS-51 使用的是并行总线结构，按其功能通常把系统总线分为三组，即地址总线、数据总线和控制总线。

1. 地址总线（Address Bus，简写 AB）

在地址总线上传送的是地址信号，用于存储单元和 I/O 端口的选择。地址总线是单向的，地址信号只能由单片机向外送出。地址总线的数目决定着可直接访问的存储单元的数目。例如，n 位地址，可以产生 2^n 个连续地址编码，因此可访问 2^n 个存储单元，即通常所说的寻址范围为 2^n 地址单元。MCS-51 单片机存储器最多可扩展 64KB，即 2^{16} 地址单元，因此地址总线有 16 条地址线。

2. 数据总线（Data Bus，简写 DB）

数据总线用于在单片机与存储器之间或单片机与 I/O 端口之间传送数据。单片机系统数据总线的位数与单片机处理数据的字长一致，例如，MCS-51 单片机是 8 位字长，所以数据总线的位数也是 8 位。数据总线是双向的，可以进行两个方向的数据传送。

3. 控制总线（Control Bus，简写 CB）

控制总线实际上就是一组控制信号线，包括单片机发出的，以及从其他部件传送给单片机的。对于一条具体的控制信号线来说，其传送方向是单向的，但是由不同方向的控制信号线组合的控制总线则表示为双向。

由于采用总线结构形式，因此大大减少了单片机系统中传输线的数目，提高了系统的可靠性，增加了系统的灵活性。此外，总线结构也使扩展易于实现，各功能部件只要符合总线规范，就可以很方便地接入系统，实现单片机扩展。

7.1.2 MCS-51 单片机扩展的实现

既然单片机的扩展系统是总线结构，因此单片机扩展的首要问题就是构造系统总线，然后再往系统总线上"挂"存储芯片或 I/O 接口芯片。"挂"存储芯片就是存储器扩展，"挂"I/O 接口芯片就是 I/O 扩展。总之，"挂"什么芯片就是什么扩展。

为了减少芯片封装引脚，单片机芯片并没有提供专用的地址线和数据线，而是采用 I/O 口线的复用技术，把 I/O 口线改造为总线。MCS-51 单片机扩展总线构造图如图 7-2 所示。"构造"总线的具体方法如下：

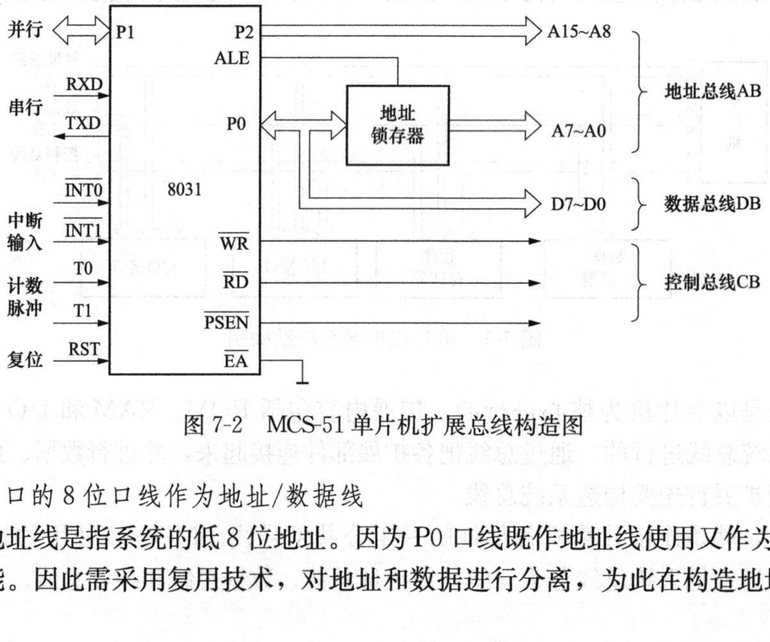

图 7-2 MCS-51 单片机扩展总线构造图

1. 以 P0 口的 8 位口线作为地址/数据线

这里的地址线是指系统的低 8 位地址。因为 P0 口线既作地址线使用又作为数据线使用，具有双重功能。因此需采用复用技术，对地址和数据进行分离，为此在构造地址总线时要增加一个 8 位地址锁存器。先把低 8 位地址送锁存器暂存，由地址锁存器给系统提供低 8 位地址，其后 P0 口线就作为数据线使用。

根据指令时序，P0 口输出有效的低 8 位地址时，ALE 信号正好处于正脉冲顶部到下降沿时刻。为此应选择高电平或下降沿选通的寄存器作为地址锁存器。通常使用 74LS273 或 74LS373。

实际上单片机 P0 口的电路逻辑已考虑了地址和数据复用的需要，口线电路中的多路转接电路 MUX 以及地址/数据控制即是为此目的而设计的。

2. 以 P2 口的口线作高位地址线

如果使用 P2 口的全部 8 位口线，再加上 P0 口提供的低 8 位地址，则形成了完整的 16 位地址总线，使单片机系统的扩展寻址范围达到 64KB 单元。

但实际应用系统中，高位地址线并不固定为 8 位，而是根据需要用几位就从 P2 口中引出几条口线。极端情况下，当扩展存储器容量小于 256 单元时，则根本就不需要高位地址。

3. 控制信号

除了地址线和数据线之外，在扩展系统中还需要单片机提供一些控制信号线，以构成扩展系统的控制总线。这些信号有的是单片机引脚的第一功能信号，有的则是第二功能信号，其中包括：

（1）使用 ALE 作地址锁存的选通信号，以实现低 8 位地址的锁存。

（2）以 $\overline{PSEN}$ 信号作扩展程序存储器的读选通信号。

（3）以 $\overline{EA}$ 信号作为内外程序存储器的选择信号。

（4）以 $\overline{RD}$ 和 $\overline{WR}$ 作为扩展数据存储器和 I/O 端口的读写选通信号。

以上这些信号在图 7-2 中均有表示。

可以看出，尽管 MCS-51 单片机号称有 4 个 I/O 口共 32 条口线，但是由于系统扩展的需用，真正能作为双向 I/O 使用的，只剩下 P1 口和 P3 口的部分口线了。

7.1.3　单片机的地址译码方法

扩展地址译码的方法通常有线选法和译码法 2 种方法。

1. 线选法

所谓线选法，就是直接以系统的地址位作为存储芯片的片选信号，为此只需把用到的地址线与存储芯片的片选端直接连接即可。线选法编址的特点是简单明了，且不需要另外增加电路。但系统中有多片存储器需要扩展时，地址会有不连续的情况，不能充分有效地利用存储空间，扩充存储容量受限，只适用于小规模单片机系统的存储器扩展。

2. 译码法

所谓译码法就是使用地址译码器对系统的片外地址进行译码，以其译码输出作为存储芯片的片选信号。这是一种最常用的存储器编址方法，能有效地利用存储空间，适用于大容量多芯片存储器扩展。译码法又分为完全译码和部分译码两种。

（1）完全译码。地址译码器使用了全部地址线，地址与存储单元一一对应，也就是 1 个存储单元只占用 1 个唯一的地址。

（2）部分译码。地址译码器仅使用了部分地址线，地址与存储单元不是一一对应，而是 1 个存储单元占用了几个地址。1 根地址线不接，一个单元占用 2 个地址；2 根地址线不接，一个单元占用 4 个地址；3 根地址线不接，则占用 8（2^3）个地址，依此类推。译码电路可

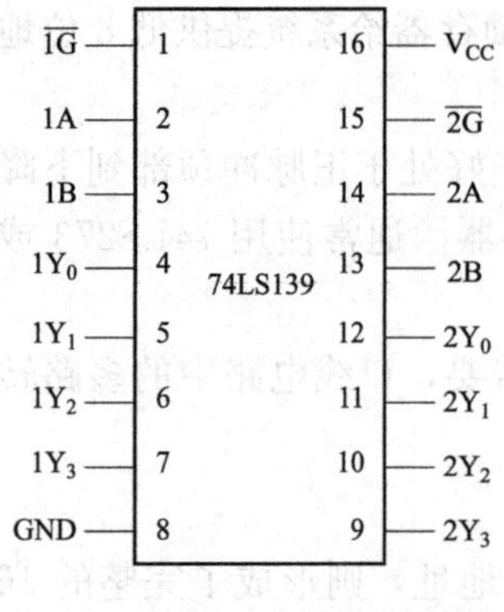

图 7-3　74LS139 译码器引脚图

以使用现有的译码器芯片。常用的译码芯片有：74LS139（双 2-4 译码器）和 74LS138（3-8 译码器）等，它们的 CMOS 型芯片分别为 74LS138 和 74LS139。

1）74LS139 译码器。74LS139 片中共有两个 2-4 译码器，其引脚排列如图 7-3 所示。

其中：$\bar{G}$ 为使能端，低电平有效。A、B 为选择端，即译码输入，控制译码输出的有效性。Y_0、Y_1、、Y_2、Y_3 为译码输出信号，低电平有效。

74LS139 对两个输入信号译码后得 4 个输出状态，其真值表见表 7-1。

2）74LS138 译码器。74LS138 是 3-8 译码器。针对 3 个输入信号进行译码，得到 8 个输出状态。74LS138 的引脚排列如图 7-4 所示。74LS138 的真值表见表 7-2。

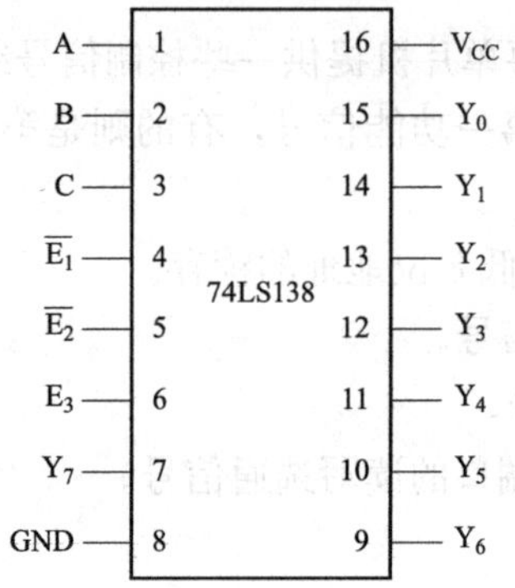

图 7-4　74LS138 译码器引脚图

表 7-1　　74LS139 真值表

输入端			输出端			
使能	选择		Y_0	Y_1	Y_2	Y_3
$\bar{G}$	B	A				
1	×	×	1	1	1	1
0	0	0	0	1	1	1
0	0	1	1	0	1	1
0	1	0	1	1	0	1
0	1	1	1	1	1	0

表 7-2　　74LSl38 真值表

输入端						输出端							
使　能			选　择			Y_0	Y_1	Y_2	Y_3	Y_4	Y_5	Y_6	Y_7
E_3	$\overline{E_2}$	$\overline{E_1}$	C	B	A								
1	0	0	0	0	0	0	1	1	1	1	1	1	1
1	0	0	0	0	1	1	0	1	1	1	1	1	1
1	0	0	0	1	0	1	1	0	1	1	1	1	1
1	0	0	0	1	1	1	1	1	0	1	1	1	1
1	0	0	1	0	0	1	1	1	1	0	1	1	1
1	0	0	1	0	1	1	1	1	1	1	0	1	1
1	0	0	1	1	0	1	1	1	1	1	1	0	1
1	0	0	1	1	1	1	1	1	1	1	1	1	0
0	×	×	×	×	1	1	1	1	1	1	1	1	1
×	1	×	×	×	1	1	1	1	1	1	1	1	1
×	×	1	×	×	1	1	1	1	1	1	1	1	1

其中：$\overline{E1}$、$\overline{E2}$、E3 为使能端，用于引入控制信号，$\overline{E1}$、$\overline{E2}$低电平有效，E3 高电平有效。A、B、C 为选择端，即译码信号输入。Y_7～Y_0 为译码输出信号，低电平有效。

7.1.4　单片机的串行扩展技术

随着单片机技术的发展，并行总线扩展（利用 3 组总线 AB、DB、CB 进行的系统扩展）已不再是单片机唯一的系统扩展结构了，随着集成电路芯片的集成度和结构的发展，近年来除并行总线扩展技术之外，又出现了串行总线扩展技术。

串行扩展技术具有显著的优点，一般来说，串行接口器件体积小，因而，所占用电路板的空间，仅为并行接口器件的 10%，明显地减少了电路板空间和成本。串行接口器件与单片机接口时需要的 I/O 口弦很少（仅需 3～4 根），极大地简化了器件之间的连接，进而提高了可靠性。

串行扩展是通过串行接口实现的，这样可以减少芯片的封装引脚，降低成本，简化了系统结构，增加了系统扩展的灵活性。为了实现串行扩展，一些公司（例如，PHILIPS 公司和 ATMEL 公司等）已经推出了非总线型单片机芯片，并且具有 SPI（Serial Periperal Interface）三线总线和 I^2C 共用双总线的两种串行总线形式。与此相配套，也推出了串行外围接口芯片。

但是，一般串行接口芯片速度较慢，在大多数应用的场合，还是并行扩展法占主导地位。在进行系统扩展时，应对单片机的系统扩展能力、扩展总线及扩展应用特点有所了解，这样才能顺利地完成系统扩展任务。本书仅介绍并行扩展法，有关串行扩展法，读者也要引起重视，并请读者查阅有关资料和参考文献。

7.2　程序存储器的扩展技术

半导体存储器通常按功能分为只读存储器 ROM（read only memory）和随机存取存储器 RAM（又称为读写存储器 read access memory），前者主要用于存放常数及固定程序，后者主要用于存放可随时修改的数据。

MCS-51 系统单片机可扩展 64KB 的外部程序存储器空间，其中 8051、8751 型单片机含有 4KB 的片内程序存储器，而 8031 型单片机则无片内程序存储器。

此外应当说明的是，由于半导体集成技术的不断发展，单片机芯片内部存储器容量也不断地增加，例如现在有的单片机芯片的片内程序存储器已达 32KB，还有的达 64KB。这样，存储器扩展问题就变得越来越不重要了，或根本没有发票，或者只需要扩展一两片就够了。因此请大家对本章所介绍的存储器扩展问题应有辨证认识。

7.2.1　程序存储器的分类

按照程序要求确定 ROM 存储阵列中各 MOS 管状态的过程叫做 ROM 编程。根据编程方式的不同，ROM 可分为以下 4 种：

1. 掩膜 ROM

掩膜 ROM 存储的信息是在掩膜工艺制造过程中固化进去的，信息一旦固化便不能再修改。因此，掩膜 ROM 适合于大批量的定型产品，它具有工作可靠和成本低等优点。

2. 可编程 ROM（PROM）

可编程只读存储器 PROM（Programmable ROM）的信息可由用户通过特殊手段写入，但它只能写入一次，并且写入的信息不能修改。PROM 芯片出厂时并没有任何程序信息，应用程序可由用户一次性编程写入，但只能编程一次。与掩膜 ROM 相比，有了一定的灵活性。

3. 可擦除 ROM（EPROM 或 E^2PROM）

可擦除 ROM 芯片的内容可以由用户编程写入，并允许反复擦除重新编程写入。通常其内容的擦除、写入都用专门的工具完成，操作比较简单。按照信息擦除方法的不同，EPROM 又可分为紫外线擦除的 UVEPROM 和电擦除的 E^2PROM（EEPROM）。E^2PROM 芯片每个字节可改写万次以上，信息的保存期大于 10 年。

4. Flash ROM

Flash ROM 又称快闪存储器，或称快可擦写 ROM。Flash ROM 是在 EPROM、E^2PROM的基础上发展起来的一种只读存储器，是一种非易失性、电可擦除型存储器。其特点是可快速在线修改存储单元中的数据，标准改写次数可达 1 万次，而成本却比普通 E^2PROM低得多，因而可替代 E^2PROM。与 UVEPROM 相比，E^2PROM 的写入速度较慢，而 Flash ROM 的读写速度都很快，存取时间可达 70ns。由于其性能比 E^2PROM 要好，所以目前大有取代 E^2PROM 的趋势。

目前，许多公司生产的以 MCS-51 为内核的单片机，在芯片内部集成了数量不等的 Flash ROM。例如，美国 ATMEL 公司生产的 89C51 片内有 4KB 的 Flash ROM；89C55 片内有 20KB 的 Flash ROM。这些类型的单片机与 8051 单片机完全兼容，目前已广泛地应用。

7.2.2 常见程序存储器芯片

目前，常用 ROM 芯片有以下几种：2764/27128/27256/27512。它们的引脚排列如图 7-5 所示。此处以 2764 为例说明。

Intel 2764 是一种+5V 的 8KB UVEPROM 存储器芯片，采用 HMOS 工艺制成，标准存取时间为 250ns，27 是系列号、64 和存储容量有关。这个系列的产品见表 7-3。

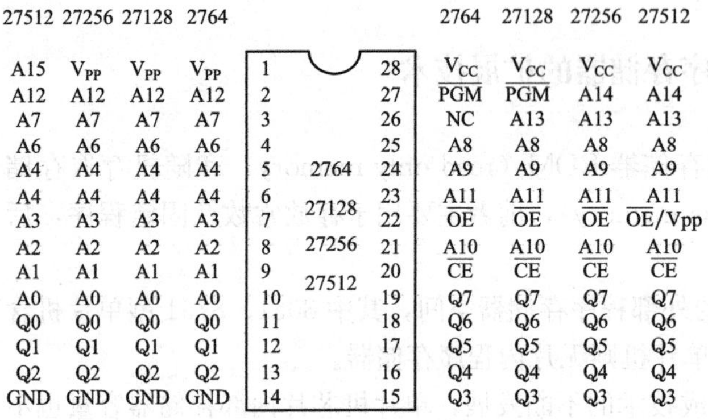

图 7-5 2764/27128/27256/27512 引脚图

表 7-3 27 系列常用 UVEPROM 存储器

芯片型号	2732	2764	27128	27256	27512
容量（KB）	4	8	16	32	64
引脚数	24	28	28	28	28
读出时间（mA）	100～300	100～200	100～300	100～300	100～300
最大工作电流（mA）	100	75	100	100	125
最大维持电流（mA）	35	35	40	40	40

1. 引脚功能

2764 和 27128 都是 28 引脚的 UVEPROM，27128 的存储容量为 16KB，正好是 2764 的两倍，故 27128 的地址线应比 2764 多一条，图 7-5 为它们的引脚分配图。图中，2764 的 26 引脚脚标为 NC，表示轮空不用；27128 的 26 引脚脚标为 A13，用于传送 27128 的最高位地址码。其他引脚功能分述如下：

（1）地址输入线 A12～A0。2764 的存储容量为 8KB，故按照地址线条数和存储容量的关系（2^{13}＝8192），共需 13 条地址线，编号为 A12～A0。2764 的地址线应和 MCS-51 单片机的 P2 和 P0 口相接，用于传送单片机送来的地址编码信号，其中 A12 为最高位。

（2）数据线 D7～D0。D7～D0 是双向数据总线，D7 为最高位。在正常工作时，D7～D0 用于传送从 2764 中读出的数据或程序代码；在编程方式时用于传送需要写入的编程代码（即程序的机器码）。

（3）控制线。片选输入线$\overline{CE}$：该输入线用于控制本芯片是否工作。若给$\overline{CE}$上加一个高电平，则本片不工作；若给$\overline{CE}$上加一个低电平，则选中本片工作。

编程输入线 PGM：该输入线用于控制 2764 处于正常工作状态还是编程/校验状态。若给它输入一个高电平，则 2764 处于正常工作状态；若给 PGM 输入一个 50ms 宽的负脉冲，则 2764 配合 V_{PP}引脚上的 21V 高压可以处于编程状态。

允许输出线$\overline{OE}$：$\overline{OE}$也是一条由用户控制的输入线，若给$\overline{OE}$线上输入一个 TTL 高电平，则数据线 D7～D0 处于高阻状态；若给$\overline{OE}$线上输入一个 TTL 低电平，则 D7～D0 处于读出状态。

（4）其他引脚线。V_{CC}为＋5V±10％电源输入线，GND 为直流地线。V_{PP}为编程电源输入线，当它接＋5V 时，2764 处于正常工作状态；当 V_{PP}接 21V 电压时，2764 处于编程/校验状态。NC 为 2764 的空线。

2. 工作方式

2764 的工作方式主要有 5 种：读出、维持、编程、编程校验和编程禁止。芯片究竟处于哪种工作方式由芯片的控制线和电源线上的信号决定。2764 工作方式选择见表 7-4。

表 7-4　2764 工作方式选择

工作方式	引　脚					
	$\overline{CE}$	$\overline{OE}$	$\overline{PGM}$	V_{PP}	V_{CC}	输出端 D7～D0
读　出	V_{IL}	V_{IL}	V_{IH}	V_{CC}	V_{CC}	输 出
维　持	V_{IH}	×	×	V_{CC}	V_{CC}	高 阻
编　程	V_{IL}	V_{IH}	V_{IL}	V_{PP}	V_{CC}	输 入
编程校验	V_{IL}	V_{IL}	V_{IH}	V_{PP}	V_{CC}	输 出
禁止编程	V_{IH}	×	×	V_{PP}	V_{CC}	高 阻

注　V_{CC}为＋5V，V_{PP}为＋21V/＋12.5V，V_{IH}为 TTL 高电平，×为任意，V_{IL}为 TTL 低电平。

1）读出方式。当$\overline{CE}$＝0，$\overline{OE}$＝0，$\overline{PGM}$＝1，V_{PP}接＋5V，则本芯片被选中工作，数据线 D7～D0 上便可读出 A12～A0 上地址码所决定存储单元中的程序代码。

2）维持方式。只要$\overline{CE}$＝1，V_{PP}接＋5V，不管其他控制信号状态如何，器件将进入低功耗状态，此时器件最大功耗电流由 100mA 降至 40mA。在此方式下，D7～D0 呈高阻态。

3）编程。当$\overline{OE}$＝1，V_{PP}管脚加上编程电压 21V（或 12.5V）；$\overline{CE}$＝0 时，在$\overline{PGM}$脚上加上 50ms 负脉冲，就可将一个字节写入。EPROM 没有编程加密位，可对 EPROM 进行编程校验，即读出片内程序存储器的内容进行比较，可以根据需要在编程时或在编程完毕后进行校验。

4）编程校验。它是指在$\overline{OE}$＝0，V_{PP}接额定电压 21V（或 12.5V），$\overline{CE}$＝0 的条件下，CPU 可以读取存储器的数据，从而检查编程的结果是否正确。

5）编程禁止。在编程过程中，只要使该芯片的$\overline{OE}$=1，编程就立即禁止。

7.2.3 程序存储器扩展举例

存储器扩展的核心问题是存储器的编址问题。所谓编址就是给存储单元分配地址。由于存储体通常由多片芯片组成，为此存储器的编址分为两个部分来考虑：即存储器芯片的选择和存储器芯片内部存储单元的选择。实际应用时往往需根据具体情况采用不同的扩展方法。下面就介绍一下 MCS-51 单片机应用系统中常用的 3 种扩展方法。

1. 不采用片外译码的单片程序存储器的扩展

由于 80C31 单片机无片内程序存储器，因此必须外接程序存储器以构成最小系统。如图 7-6 所示 80C31 单片机与 EPROM 2764 的连接图，图中片选信号线$\overline{CE}$直接接地，经 74LS373 输出的是 EPROM 2764 所需的低 8 位地址，EPROM 2764 的高 5 位地址由 80C31 的 P2.0～P2.4 实现。如果把没有用到的地址线假定为 0 状态，则所得地址范围为基本地址范围。本例 2764 的基本地址范围是 0000H～1FFFH。2764 基本地址范围确定见表 7-5。

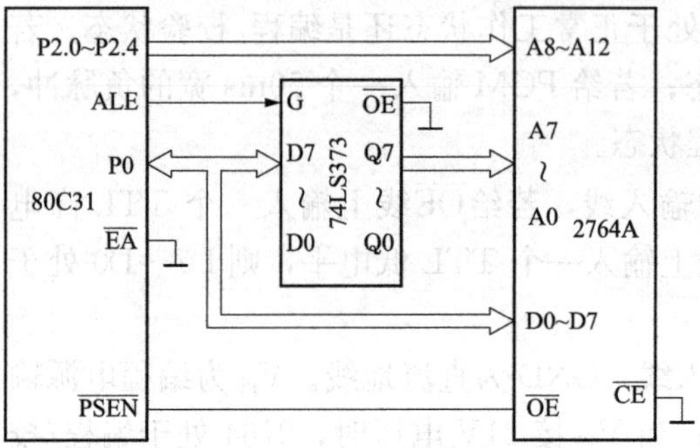

图 7-6 2764 与 80C31 单片机的连接

表 7-5 2764 基本地址范围的确定

P2.7 P2.6 P2.5	P2.4 P2.3 P2.2 P2.1 P2.0	P0.7 P0.6 P0.5 P0.4 P0.3 P0.2 P0.1 P0.0	基本地址范围
	A12 A11 A10 A9 A8	A7 A6 A5 A4 A3 A2 A1 A0	
0 0 0	0 0 0 0 0	0 0 0 0 0 0 0 0	0000H～1FFFH
	1 1 1 1 1	1 1 1 1 1 1 1 1	

2. 采用线选法的多片程序存储器的扩展

如图 7-7 所示为采用线选法存储器扩展电路。扩展电路使用 3 片 2764 扩展 24KB 的外部程序存储器。图中采用 P2.7（A15）、P2.6（A14）、P2.5（A13）三根地址线分别连接 3 号、2 号、1 号 2764 芯片的片选信号$\overline{CE}$端。采用线选法选中 3 个芯片。当 P2.7（A15）、P2.6（A14）、P2.5（A13）分别为低电平时，选中各自对应芯片。该扩展电路的各存储器地址分别为：

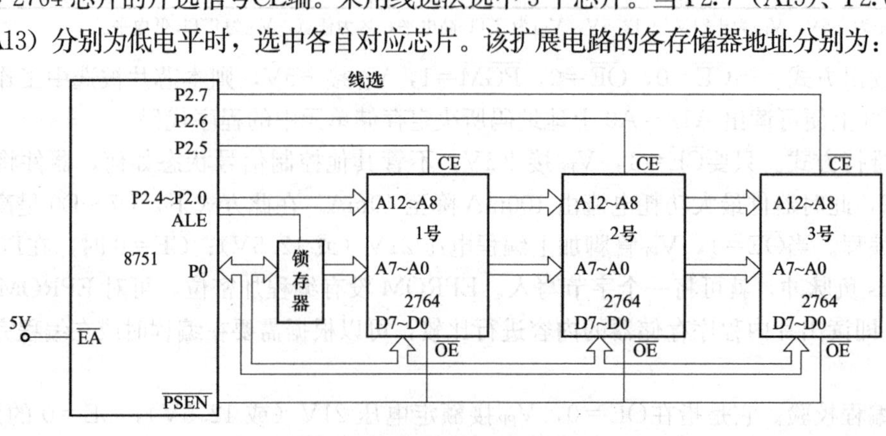

图 7-7 线选法存储器扩展

1）1 号：C000H～DFFFH。

2）2 号：A000H～BFFFH。

3）3 号：6000H～7FFFH。

这种方法常用于系统中有多片程序存储器的扩展，且要求译码电路简单或尽量不用地址译码器的情况。缺点是存储器的地址不连续。需在编程中用跳转指令实现跨区运行程序。

3. 采用地址译码器的多片程序存储器的扩展

如图 7-8 所示为译码法存储器扩展电路。扩展电路采用 74LS138 译码器实现地址译码。该程序存储器的地址为 16 位。P0 口确定低 8 位地址，P2 口确定高 8 位地址。根据 74L138 译码器的控制端可知地址线与各片 2764 芯片的对应关系见表 7-6。

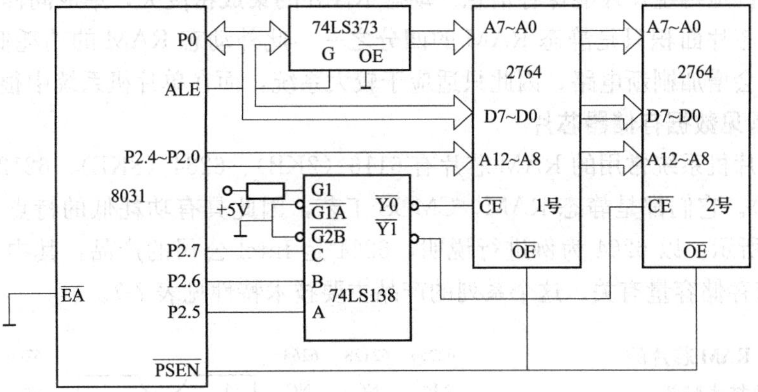

图 7-8　译码法存储器扩展

表 7-6　　地址线与各片 2764 芯片的对应关系

	P2.7 P2.6 P2.5	P2.4 P2.3 P2.2 P2.1 P2.0	P0.7 P0.6 P0.5 P0.4 P0.3 P0.2 P0.1 P0.0	基本地址范围
		A12 A11 A10 A9 A8	A7 A6 A5 A4 A3 A2 A1 A0	
1 号	0 0 0	0 0 0 0 0 1 1 1 1 1	0 0 0 0 0 0 0 0 1 1 1 1 1 1 1 1	0000H～1FFFH
2 号	0 0 1	0 0 0 0 0 1 1 1 1 1	0 0 0 0 0 0 0 0 1 1 1 1 1 1 1 1	2000H～3FFFH

由此可知，这个扩展电路的两片 2764 存储器的地址分别为：

（1）1 号芯片的地址译码的范围是 0000H～1FFFH。

（2）2 号芯片的地址译码的范围是 2000H～3FFFH。

这种方法的特点是存储器地址连续。在系统及成本允许的条件下，建议使用这种程序存储器扩展方式。

7.3　数据存储器的扩展技术

MCS-51 系列单片机的数据存储器与程序存储器的地址空间是互相独立的，其片外数据存储器的空间可达 64KB，而片内的数据存储器空间只有 128B。当片内的数据存储器不够用时，则需进行数据存储器的扩展。

7.3.1 数据存储器的分类

数据存储器就是随机存储器。随机存储器（random access memory，RAM）。在单片机系统中用于存放可随时修改的数据，因此在单片机领域中也称之为数据存储器。与 ROM 不同，对 RAM 可以进行读写两种操作。按半导体工艺，RAM 分为 MOS 型和双极型两种。MOS 型集成度高，功耗低，价格便宜，但速度较慢。而双板型的特点则正好相反。在单片机系统中使用的大多数是 MOS 型的随机存储器，它们的输入/输出信号能与 TTL 相兼容，所以在扩展中信号连接是很方便的。

按其工作方式，RAM 又分为静态（SRAM）和动态（DRAM）两种。静态 RAM，只要电源加上，所存信息就能可靠保存；而动态 RAM 使用的是动态存储单元，需要不断进行刷新以便周期性地再生，才能保存信息。动态 RAM 的集成密度大，集成同样的位容量，动态 RAM 所占芯片面积只是静态 RAM 的四分之一。此外动态 RAM 的功耗低，价格便宜。但动态存储器会增加刷新电路、因此只适应于较大系统，而在单片机系统中很少使用。

7.3.2 常见数据存储器芯片

目前，单片机系统常用的 RAM 芯片有 6116（2KB）、6264（8KB）、62128（16KB）和 62256（32KB）。它们都是静态 RAM，CMOS 工艺，因此具有功耗低的特点。它们的引脚排列如图 7-9 所示。以 6264 为例进行说明，6264 是 Intel 公司的产品，其中 62 是系列号，64 是序号，与存储容量有关。这个系列的产品主要技术特性见表 7-7。

表 7-7 常用 RAM 芯片的主要技术特性

芯片型号	6116	6264	62256
容量（KB）	2	8	32
引脚数	24	28	28
工作电压（V）	5	5	5
典型工作电流（mA）	35	40	8
典型维持电流（mA）	5	2	0.5
典型存取时间（ns）	200	200	200

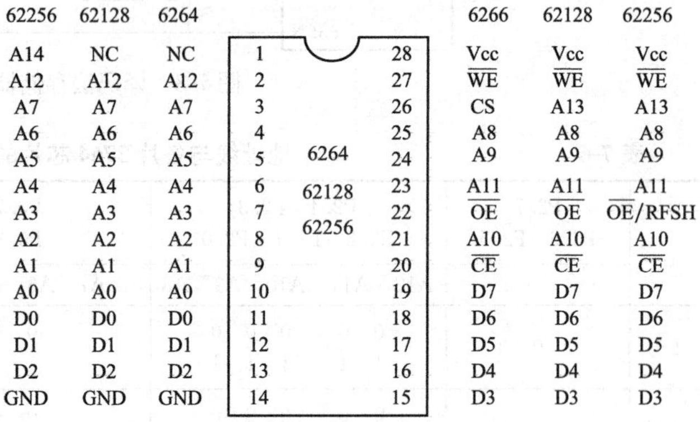

图 7-9 6264/62128/62256 引脚图

引脚功能（28 条）：

（1）地址线 A12～A0（13 条）。A12～A0 为输入地址线，用于传送 CPU 送来的地址编码信号，高电平表示“1”，低电平表示“0”。

（2）数据线 D7～D0（8 条）。D7～D0 为双向数据线，D7 为最高位，工作时，D7～D0 用来传送 6264 的读写数据。

（3）控制线（4 条）。

允许输出线$\overline{OE}$：该输入线用于控制从 6264 中读出的数据是否送到数据线 D7～D0 上。若$\overline{OE}$为低电平，则读出数据可以直接送到 D7～D0 数据总线；否则，读出数据只能到达 6264 的内部总线。

片选输入线$\overline{CE}$和 CE；若$\overline{CE}$=0 和 CS=1，则本芯片核选中工作；否则，本 6264 不被选中工作。

读写命令线$\overline{WE}$：若$\overline{WE}$为高电平，则 6264 建立读出工作状态；若$\overline{WE}$为低电平，则 6264 处于写入状态。

(4) 电源线（2 条）。Vcc 为+5V 电源线，允许在±10%范围内波动。GND 为接地线。

6264 的工作方式主要有 5 种，其中的读出和写入方式是有效方式。每种工作方式对有关引脚上电平的依赖关系见表 7-8。

表 7-8　　6264 工作方式选择表

工作方式	$\overline{CS1}$	CS1	$\overline{WE}$	$\overline{OE}$	功　能
禁 止	0	1	0	0	不允许$\overline{WE}$和$\overline{OE}$同时为低电平
读 出	0	1	1	0	从 6264 读出数据到 D7～D0
写 入	0	1	0	1	把 D7～D0 数据写入 6264
选 通	0	1	1	1	输出高阻
未选通	1	1	×	×	输出高阻

注　×表示任意电平

7.3.3　数据存储器扩展举例

数据存储器扩展与程序存储器扩展在数据线、地址线的连接上是完全相同的，所不同的只在于控制信号，程序存储器使用单片机的$\overline{PSEN}$为读选通信号，与其$\overline{OE}$相连，而数据存储器则使用$\overline{RD}$和$\overline{WR}$分别作为读、写选通信号，分别与其允许输出线$\overline{OE}$和读写命令线$\overline{WE}$相连。

用 6264 扩展 8KB 的 RAM 如图 7-10 所示，采用线选法，片选输入线$\overline{CE}$与 P2.7 相连接，当 P2.7 为低电平时，6264 被选中，片选线 CS 接高电平，保持有效状态，并可以进行断电保护，P2.5、P2.4 悬空未用，因此，片外 RAM 的基本地址范围为 0000H～1FFFH。其重叠地址范围为 0000H～7FFFH，具体分析见表 7-9。

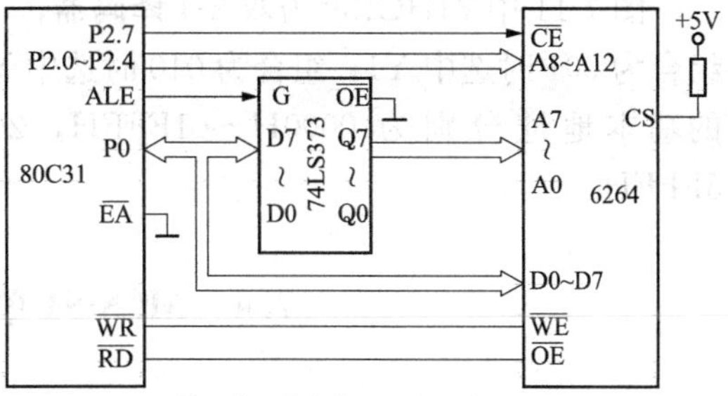

注：扩展的片外ROM未画出。

图 7-10　线选法扩展 6264

表 7-9　　6264 的重叠地址范围

P2.7	P2.6 P2.5	P2.4～P2.0	P0.7～P0.0	重叠地址范围
0	0　0	0000～11111	0000000～11111111	0000H～1FFFH
0	0　1	0000～11111	0000000～11111111	2000H～3FFFH
0	1　0	0000～11111	0000000～11111111	4000H～5FFFH
0	1　1	0000～11111	0000000～11111111	6000H～7FFFH

7.3.4　存储器的综合扩展

某些控制系统，由于实时控制的需要，系统既需要扩展程序存储器，又需要同时扩展数据存储器，此时，可采用线选法或译码法，将数据存储器与程序存储器等同看待，但注意 CPU 对数据存储器与程序存储器的控制信号不同，所以数据存储器与程序存储器地址可以重叠。

如图 7-11 所示为综合存储器扩展连接图，该系统既包含数据存储器 6264 的扩展，又包含程序存储器 2764 的扩展，两种芯片的控制信号不同：数据存储器 6264 可读可写，程序存储器 2764 只读不可写。RAM 6264 的数据总线控制信号线为$\overline{OE}$和$\overline{WE}$，分别与单片机$\overline{RD}$和$\overline{WR}$连接，RAM 2764 的数据总线控制信号线为$\overline{OE}$，与单片机$\overline{PSEN}$连接。此时，如果读取 RAM 2764 程序存储器中的内容，必须采用 MOVCA，@A＋PC 或 MOVC A，@A＋DPTR 指令读取。如果读取 6264 数据存储器中的内容，必须采用 MOVX A，@Ri 或 MOVX A，@A＋DPTR 指令读取数据。

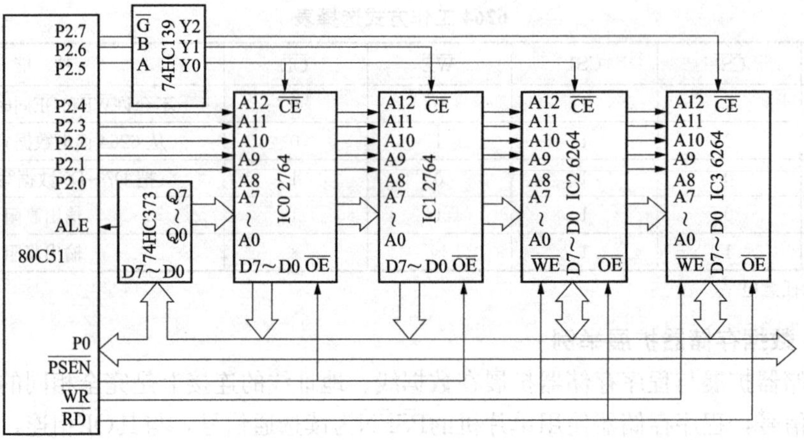

图 7-11　综合存储器扩展连接图

图 7-11 中 74HC139 为双 2-4 译码器，当 P2.7、P2.6、P2.5 的组合为 000 时选中 Y0；组合为 001 时选中 Y1；组合为 010 时选中 Y2。则图 7-11 中 4 个芯片 IC0～IC3（由左至右）的基本地址分别为 0000H～1FFFH，2000H～3FFFH，0000H～1FFFH，4000H～5FFFH。

7.4　MCS-51 单片机 I/O 扩展技术

输入/输出（I/O）接口是 CPU 和外设间信息交换的桥梁，是一个过渡的大规模集成电路，可以和 CPU 集成在同一块芯片上，也可以单独制成芯片出售。I/O 接口有并行接口和串行接口两种，在此介绍并行 I/O 接口。

并行 I/O 接口用于并行传送 I/O 数据的设备，例如，打印机、键盘、并行 A/D 和 D/A 芯片等都要通过并行 I/O 接口才能和 CPU 联机工作。并行 I/O 接口一方面以并行方式和 CPU 传送 I/O 数据，另一方面又以并行方式和外设交换数据。也就是说，并行 I/O 接口并不改变数据传送方式，只是实现 CPU 和外设间速度和电平的匹配以及起到 I/O 数据的缓冲作用。MCS-51 单片机内部有 4 个并行口和 1 个串行口，对于简单的 I/O 设备可以直接连接。当系统较为复杂时，往往要借助 I/O 接口电路（简称 I/O 接口）完成单片机与 I/O 设备的连接。现在，许多 I/O 接口已经系列化、标准化，并具有可编程功能。

7.4.1　端口的概念及操作

1. 端口概述

通常，主机每连接一个 I/O 设备就需要一个 I/O 接口电路（有时一个接口可连接几台同类型 I/O 设备）。在 I/O 接口电路中有一组 CPU 可寻址的寄存器，它们用来存放完成数据传送所必需的信息——数据、状态和控制信息，这些寄存器被称为端口。

对来自 CPU 或送往 CPU、内存的数据起缓冲作用的端口，称为数据端口；用来存放 I/O 设备或接口本身状态的端口，称为状态端口；用来存放由 CPU 发出的命令的端口，称为控制端口。当然，并不是说每个接口都必须具有上述三种端口，各接口电路根据需要设置相应端口。

2. 端口操作

对 CPU 来说，状态信息、控制信息也是一种数据信息，需要通过数据总线送往 CPU 或从 CPU 输出。CPU 对各种端口的操作稍有区别，对数据端口可进行读写操作，对控制端口通常只进行写操作，而对状态端口只进行读操作。

综上所述，主机与 I/O 设备之间的通信是通过 I/O 接口电路的端口进行的。通常，每一个端口都有一个地址码，CPU 可以通过不同的指令或访问不同的端口来区分它们。

7.4.2　I/O 编址技术

通常，主机每连接一个 I/O 设备就需要一个 I/O 接口电路（有时一个接口可连接几个同类型 I/O 设备）。在 I/O 接口电路中有一组 CPU 可寻址的寄存器，它们用来存放完成数据传送所必需的信息——数据、状态和控制信息，这些寄存器被称为端口。

在计算机中，凡需进行读写操作的设备都存在着编址的问题。具体来说，在单片机中有两种需要编址的部件，一种是存储器，另外一种就是接口电路。存储器是对存储单元进行编址，而接口电路则是对其中的端口进行编址。对端口编址是为 I/O 操作而进行的，因此也称为 I/O 编址。常用的 I/O 编址共有两种方式：独立编址方式和统一编址方式。

1. 独立编址方式

所谓独立编址，就是把 I/O 和存储器分开进行编址，亦即各编各的地址，这样在一个单片机系统中就形成了两个独立的地址空间：存储器地址空间和 I/O 地址空间。从而使存储器读写操作和 I/O 操作是针对两个不同存储空间的数据操作。在独立编址方式的计算机指令系统中，除存储器读写 I/O，还有专门的 I/O 指令以进行数据输入/输出操作。此外，在硬件方面还需要定义一些专用信号，以便对存储器访问和 I/O 操作进行硬件控制。例如，微型计算机 Z80 就是独立编址的，它除了具有专门的输入/输出指令（IN 指令和 OUT 指令）外，还定义了$\overline{MREQ}$（存储器请求）和$\overline{IORQ}$（I/O 请求）两个信号，从硬件方面对两个地址空间的读写操作区分。

独立编址方式的优点是 I/O 地址空间和存储器地址空间相互独立，界限分明。但为此却要在计算机中专门设置一套 I/O 指令和控制信号，从而增加了系统的硬件开销。

2. 统一编址方式

统一编址就是把系统中的 I/O 和存储器统一进行编址。在这种编址方式中，把 I/O 接口中的寄存器（端口）与存储器中的存储单元同等对待，统一进行编址。采用这种编址方式的计算机只有一个统一的地址空间，该地址空间既供存储器编址使用，也供 I/O 编址使用。

MCS-51 单片机使用统一编址方式，因此接口电路中的 I/O 地址与存储单元的地址长度相同，都采用 16 位地址或 8 位地址（P2 口不参与编址时）。

统一编址方式的优点是不需要专门的 I/O 指令，而直接使用存储器指令进行 I/O 操作，不但简单、方便、功能强，而且 I/O 地址范围大。但这种编址方式使存储器地址空间变小，16 位端口地址太长，会使地址译码变得复杂，此外，存储器指令比起专用的 I/O 指令来，指令长且执行速度慢。

7.4.3 I/O数据的传送方式

为了实现与不同外设的速度匹配，I/O接口必须根据不同外设选用恰当的I/O数据传送方式。I/O数据的传送方式共有四种：同步传送、异步传送、中断传送和直接存储器存取（DMA）传送。在单片机中主要使用前三种方式，以下分别介绍。

1. 同步传送方式

同步传送又称无条件传送，类似于CPU和存储器间的数据传送。同步传送常在以下两种情况中使用：

(1) 外设工作速度非常快。当外设工作速度能和CPU速度比拟时，常常采用同步传送方式。例如，CPU和并行D/A间传送数据时，CPU可在任何时候把处理后的信息送到D/A芯片，以控制被控对象工作。

(2) 外设工作速度非常慢。当外设工作速度非常慢以致人们任何时候都认为它已处于“准备好”状态时，也可以采用同步传送方式。例如，变压器油开关几天或几星期才改变一次，CPU采集它的状态是要了解电力线路上的负荷状况，因此，CPU随时都可以执行读油开关状态的指令。

2. 异步传送方式

异步传送方式又称为条件传送方式或查询传送方式，即数据的传送是有条件的。在I/O操作之前、要先检测设备的状态，以了解设备是否已为数据输入/输出做好了准备，只有在确认设备已“准备好”的情况下，单片机才能执行数据输入/输出操作。为了实现异步传送方式的数据输入/输出传送，需要由接口电路提供设备状态，并以软件法进行状态测试。

异步传送方式主要优点是通用性强，主机可与各种非高速的外设进行数据传送，而且硬件开销较省。其主要的缺点是主机需要等待，占用过多CPU工作时间，而真正用于数据传送的时间却很少，也就是说以降低CPU的利用率来换取通用性。为了提高CPU的利用率，可采用中断传送方式。

3. 中断传送方式

中断传送是利用CPU本身的中断功能和I/O接口的中断功能来实现对外设I/O数据的传送的。在这种传送方式下，每个外设都具有请求CPU服务的主动权，可以随机地向CPU提出中断申请，而CPU又能在每一条指令执行的结尾阶段检查外设是否有中断请求。因此，如果没有中断申请发生，CPU可以与外设同时工作，执行与外设无关的操作。

主机在启动外设后不再等待外设准备就绪（或空闲），而继续执行主程序，一旦外设准备就绪（或空闲），需要服务，就主动向CPU发出中断请求，CPU便可暂时中止当前执行的程序，而转去为外设服务，执行中断服务程序，进行一次数据传送；服务完以后，CPU返回断点继续执行原来的程序。这样，CPU不必浪费大量的时间去轮流查询各个外设的状态，从而可大大提高CPU的工作效率，同时也使系统具有很强的实时性能。

由此可见，在中断传送方式中，外设处于主动地位，主机处于被动地位，CPU的利用率大大提高。但当数据传送量大且传送速度要求很高时，采用中断传送方式也无法胜任，此时应采用直接存储器存取方式。

7.4.4 简单I/O口扩展

在MCS-51系列单片机扩展系统中，P0口用来作为外部ROM、RAM和扩展I/O接口的数据线及地址线的低 8 位，P2 口用来作为高位地址线，P2 口常使用第二功能，因此，只有 P1 口及 P3 口的某些位线可直接用作 I/O 线。单片机提供给用户的 I/O 接口线并不多，对于复杂一些的应用系统都需要进行 I/O 口的扩展。MCS-51 单片机扩展 I/O 接口时，将片外扩展的 I/O 接口和片外 RAM 统一编址，扩展的接口相当于扩展的片外 RAM 的单元，访问外部接口就像访问外部 RAM 一样，使用的都是 MOVX 指令，并产生读（$\overline{RD}$）或写（$\overline{WR}$）信号，用$\overline{RD}$和$\overline{WR}$作为输入/输出控制信号。

1. 简单输入口的扩展

简单输入口扩展功能单一，只用于解决数据输入的缓冲问题，实际就是一个三态缓冲器，以达到当输入设备被选通时，使数据源能与数据总线交接连通；而当输入设备处于非选通状态时，则把数据源与数据总线隔离，缓冲器输出至高阻抗状态。

单输入口扩展使用中小规模集成电路芯片即可完成，比较典型的芯片如三态缓冲器 74LS244 和三态锁存器 74LS373。如图 7-12 所示是用 74LS244 芯片通过 P0 口扩展的 8 位并行输入接口。

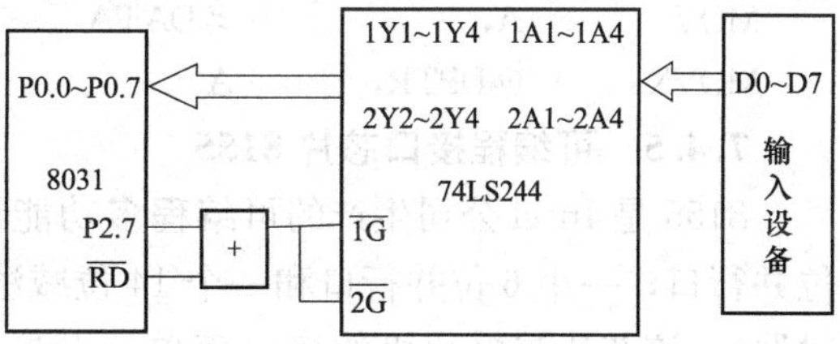

图 7-12　用 74LS244 扩展 8 位并行输入口

74LS244 是 8 位三态门缓冲器，当$\overline{1G}$和$\overline{2G}$端为低电平时输出与输入相同；当其为高电平时输出呈高阻态。由图可知，当 P2.7 和$\overline{RD}$同时为低电平时，74LS244 才将输入设备的数据送 8031 单片机的 P0 口。其中 P2.7 决定了 74LS244 的地址，它的地址＝0××××××××××××××××B，可取 7FFFH。该接口的输入操作程序如下：

```
MOV     DPTR，   ＃7FFFH     ；指向 74LS244 端口
MOVX    A，      @DPTR       ；输入数据
```

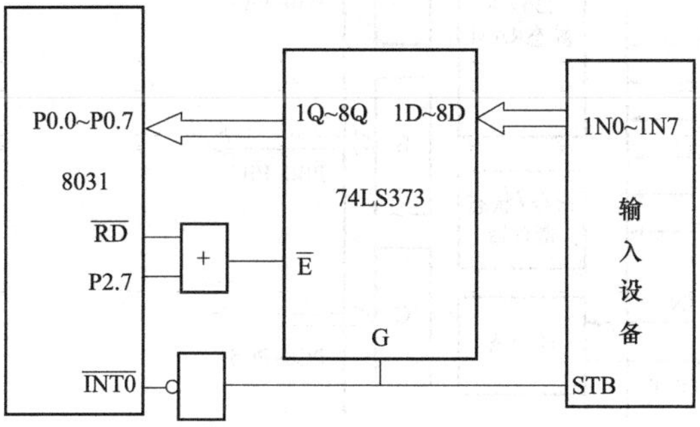

图 7-13　用 741S373 扩展 8 位并行输入口

当外设传送数据的保持时间较短时，不宜采用上述方法，而应先采用锁存器锁存外设传送数据，同时为保证数据总线不被始终占据，接口应同时具有缓冲功能。

图 7-13 是用带锁存和缓冲功能的 74LS373 芯片，通过 P0 口扩展的 8 位并行输入接口电路简图。图中，当输入设备在 IN0～IN7 上输出数据的同时还使 STB 端变为高电平，该高电平一方面使 74LS373 锁存 1D～8D上输入数据，另一方面向 8031 的$\overline{INT0}$上发出中断请求。8031 响应该中断请求后在中断服务程序中也可通过如下指令读取输入数据：

```
MOV     DPTR，   ＃7FFFH     ；指向 74LS373 端口
MOVX    A，      @DPTR       ；输入数据
```

2. 简单输出口的扩展

当通过 P0 口扩展输出口时，要求接口电路具有锁存功能。为增加抗干扰能力，可采用带使能控制端的 8D 锁存器。如图 7-14 所示是用 74LS377 通过 P0 口扩展的 8 位并行输出接口，该芯片的功能见表 7-10。

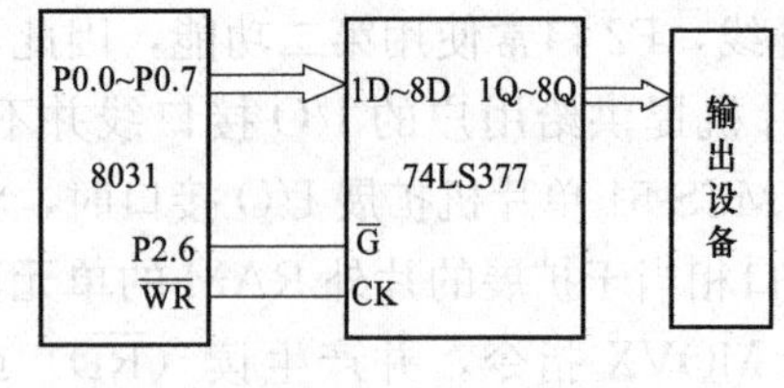

图 7-14 用 74LS377 扩展 8 位并行输出口

表 7-10 74LS377 功能表

输入			输出
$\overline{G}$	CK	D	Q
H	×	×	Q_0
L	↑	H	H
L	↑	L	L
×	L	×	Q_0

注 Q_0 为建立稳态输入条件前 Q 的电平。

由于 74LS377 的 $\overline{G}$ 端与 P2.6 相连，P2.6＝0 故其地址可定为 0BFFFH。用 8031 单片机的写脉冲信号作为该芯片的时钟，其输出操作程序如下：

```
MOV     DPTR,     #0BFFFH     ；DPTR 指向 74LS377
MOV     A,        #DATA       ；输出数据送 A
MOVX    @DPTR,    A           ；由 P0 口经 74LS377 输出数据
```

7.4.5 可编程接口芯片 8155

8155 是 Intel 公司生产的可编程多功能接口芯片，其内部包含 256B 的 SRAM，两个 8 位并行口，一个 6 位并行口和一个 14 位减法计数器（当输入脉冲频率固定时，可以作为定时器)。该芯片与单片机的接口简单，也是一种应用十分广泛的并行 I/O 接口芯片。它与 MCS-51 系列单片机的接口非常简单。

1. 8155 的引脚及结构

8155 芯片采用 40 线双列直插式封装，其引脚和内部结构如图 7-15 所示。

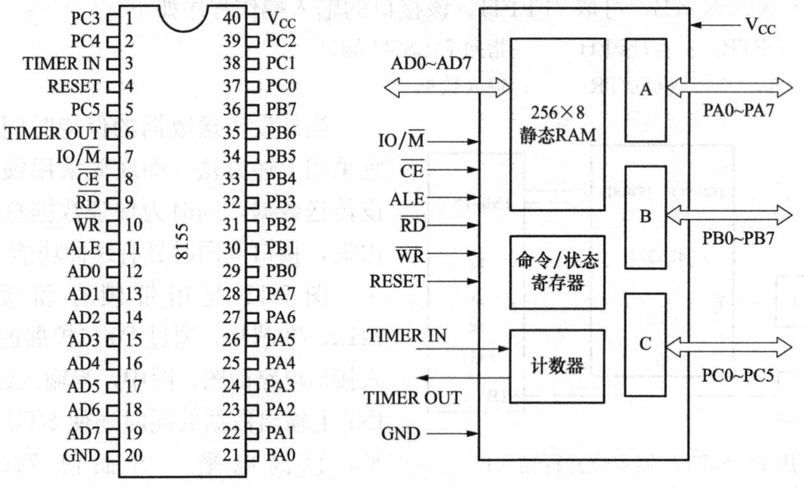

(a) (b)

图 7-15 8155 引脚图和内部结构图

(a) 引脚图；(b) 内部结构图

如图 7-15（b）所示，8155 的内部包含：

SRAM：容量为 256B；

并行口：可编程的 8 位口 A、B 和 6 位口 C；

计数器：一个 14 位的二进制减法计数器；

只允许写入的 8 位命令寄存器/只允许读出的 8 位状态寄存器。

各引脚功能如下：

(1) AD7～AD0：三态地址/数据总线。可以直接与 MCS-51 系列单片机的 P0 口连接。

(2) ALE：地址锁存允许信号输入端。其信号的下降沿将 AD7～AD0 线上的 8 位地址锁存在内部地址寄存器中。该地址可以作为 256B 存储器的地址，也可以是 8155 内部各端口地址，这将由输入的 IO/M 信号的状态决定。在 AD7～AD0 引脚上出现的数据是写入还是读出 8155，由系统控制信号 $\overline{WR}$ 和 $\overline{RD}$ 决定。

(3) RESET：8155 的复位信号输入端。该信号的脉冲宽度一般为 600ns，复位后三个 I/O 口总是被置成输入工作方式。

(4) $\overline{CE}$：片选信号，低电平有效。

(5) IO/$\overline{M}$：内部端口和 SRAM 选择信号。当 IO/$\overline{M}$＝1 时，选择内部端口；当 IO/$\overline{M}$＝0时，选择 SRAM。

(6) $\overline{WR}$：写选通信号。低电平有效时，将 AD7～AD0 上的数据写入 SRAM 的某一单元（IO/$\overline{M}$＝0 时），或写入某一端口（IO/$\overline{M}$＝1 时）。

(7) $\overline{RD}$：读选通信号。低电平有效时，将 8155 SRAM 某单元的内容读至数据总线（IO/M＝0 时），或将内部端口的内容读至数据总线（IO/M＝1 时）。

(8) PA7～PA0：A 口的 8 根通用 I/O 线。数据的输入或输出的方向由可编程的命令寄存器内容决定。

(9) PB7～PB0：B 口的 8 根通用 I/O 线。数据的输入或输出的方向由可编程的命令寄存器内容决定。

(10) PC5～PC0：C 口的 6 根数据/控制线。通用 I/O 式时传送 I/O 数据，A 或 B 口选通 I/O 方式时传送控制和状态信息。控制功能的实现由可编程命令寄存器内容决定。

(11) TIMER IN：计数器时钟输入端。

(12) TIMER OUT：计数器时钟输出端。其输出信号还是连续信号，由计数器的工作方式决定。

2. 8155 芯片的端口及其地址

8155 芯片除了端口 A 口、B 口、C 口之外，还有命令/状态寄存器、定时器低 8 位和定时器高 8 位等 3 个端口，因此共有 6 个端口。这些端口需用 3 位地址加以区分。6 个端口的地址码见表 7-11。

3. 8155 命令字及状态字

表 7-11　8155 芯片的端口地址分配

A2	A1	A0	I/O 端口
0	0	0	命令/状态寄存器
0	0	1	端口 A
0	1	0	端口 B
0	1	1	端口 C
1	0	0	定时器低 8 位
1	0	1	定时器高 8 位

8155 内部的命令寄存器和状态寄存器使用同一个端口地址（见表 7-11）。命令寄存器只能写入不能读出，状态寄存器只能读出不能写入。8155I/O 口的工作方式是由 CPU 写入命令寄存器的控制命令字确定的。8155 命令字的格式如图 7-16 所示。8 位命令寄存器的低 4 位定义 A 口、B 口和 C 口的操作方式，D4、D5 位确定 A 口、B 口以选通输入输出方式工作时是否允许申请中断，D6、D7 位为定时器计数器运行控制位。

8155 有一个状态寄存器，锁存 8155I/O 口和定时器/计数器的当前状态，供 CPU 查询。状态寄存器只能读出，不能写入，而且和命令寄存器共用一个口地址。CPU 对该地址进行

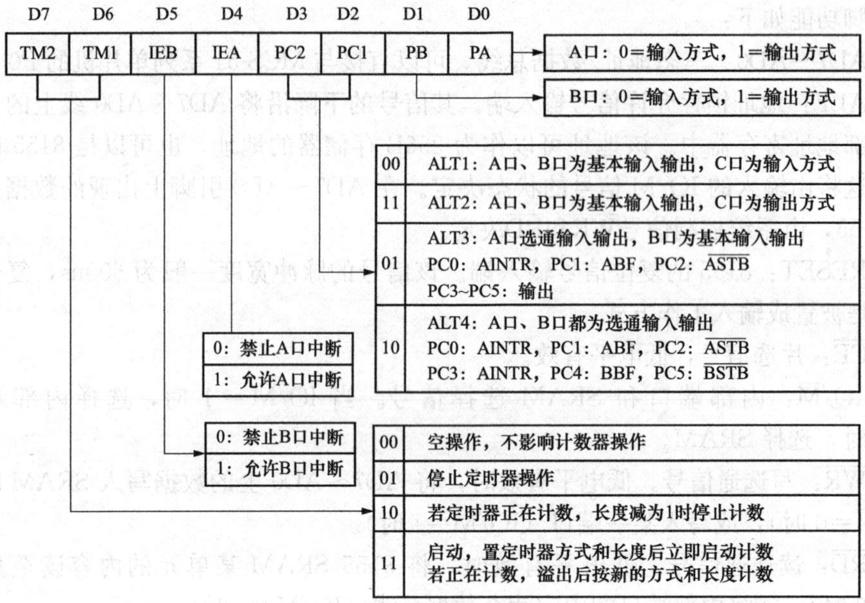

图 7-16　8155 命令字格式

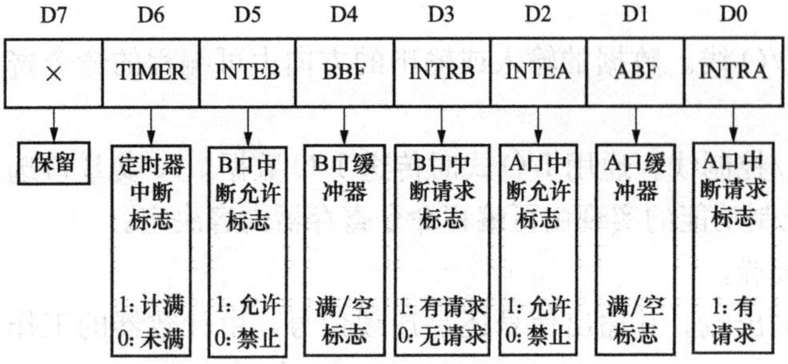

图 7-17　8155 状态字格式

写操作时是对命令寄存器操作的，写入的是命令字；对该地址进行读操作时是对状态寄存器操作的，读出的是 8155 的状态。8155 状态字格式如图 7-17 所示。

定时器中断请求标志位 TIMER：当正在计数或在开始计数前，该位为 0；当定时器计数满时，该位为 1。当读出状态或硬件复位时，它变为 0。

缓冲器满/空（I/O）标志位 ABF、BBF：当输入操作时，若缓冲器满，则该位为 1，否则为 0。当输出操作时，若缓冲器空，则该位为 1，否则为 0。

4. 8155 的工作方式

8155 的 3 个 I/O 口（PA、PB 和 PC），其中 PA 和 PB 都是 8 位通用输入/输出口，主要用于数据的 I/O 传送，它们都是数据口，因此只有输入/输出两种工作方式。而 PC 口则为 6 位住口，它既可以作为数据口用于数据的 I/O 传送，也可以作为控制口，用于传送控制信号和状态信号，对 PA 和 PB 的 I/O 操作进行控制。因此 PC 口共具有 4 种工作方式，即：输入方式（ALT1），输出方式（ALT2），PA 口控制端口方式（ALT3）以及 PA 和 PB 口控制端口方式（ALT4）。

当以无条件方式进行数据输入/输出传送时，由于不需要任何联络信号，因此，这时 PA、PB 及 PC 都可以进行数据的输入/输出操作。

当 PA 或 PB 以中断方式进行数据传送时，所需的联络信号由 PC 提供，其中 PC2～PC0 是为 PA 提供，PC3～PC5 是为 PB 提供，各联络信号的定义如图 7-18 所示。

联络信号共有 3 个，其中：

INTR 为中断请求输出线，作为 CPU 的中断源，高电平有效。当 8155 的 PA 口（或 PB 口）缓冲器接收到设备输入的数据或设备从缓冲器中取走数据时，中断请求线 INTR 升高（仅当命令寄存器中相应中断允许位为 1），向 CPU 申请中断，CPU 对 8155 的相应的 I/O 口进行一次读/写操作，INTR 变为低电平。

BF 为 I/O 口缓冲器空标志输出线。缓冲器存有数据时，BF 为高电平，否则为低电平。

$\overline{STB}$为设备选通信号输入线，低电平有效。

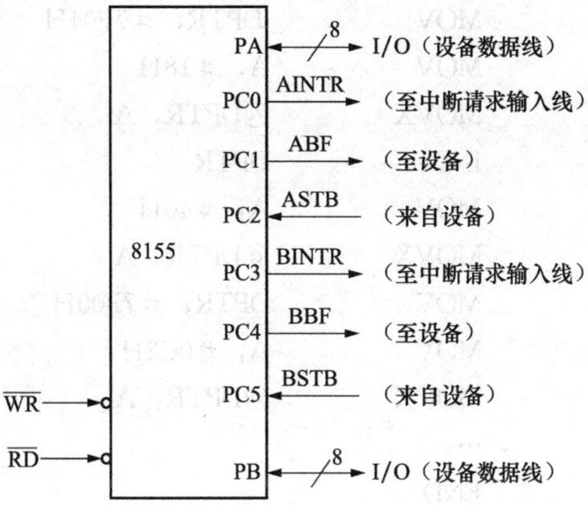

图 7-18　8155 选通输入输出逻辑框图

5. 8155 的定时器计数器使用

8155 的定时器为 14 位的减法计数器，对输入脉冲进行减法计数，定时器由两个字节组成，其格式如图 7-19 所示。

定时器有四种输出方式，由 M2、M1 两位定义，每一种方式的输出波形如图 7-20 所示。

D7	D6	D5	D4	D3	D2	D1	D0
T7	T6	T5	T4	T3	T2	T1	T0

计数长度低8位

D7	D6	D5	D4	D3	D2	D1	D0
M2	M1	T13	T12	T11	T10	T9	T8

计数长度高8位

图 7-19　8155 定时器格式

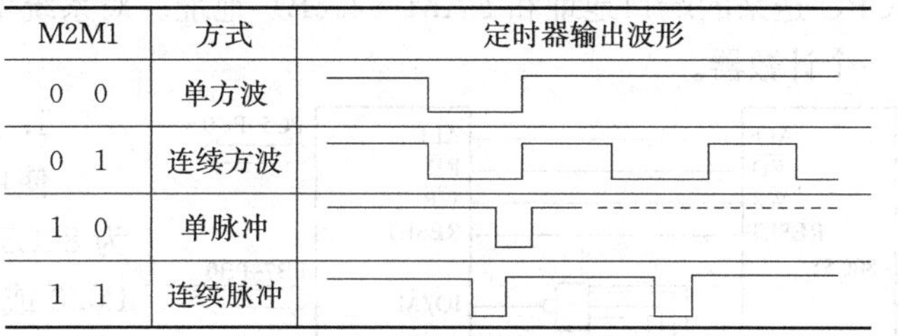

M2M1
方式
定时器输出波形
0 0
单方波
0 1
连续方波
1 0
单脉冲
1 1
连续脉冲

图 7-20　8155 定时器方式

对定时器编程时，首先把计数长度和定时器方式装入定时器的两个相应单元。命令寄存器的最高两位（D6，D7）控制计数器的启动和停止计数：

TM2	TM1	
0	0	空操作，不影响计数器操作。
0	1	停止计数器计数，当定时器无启动时则无操作。
1	0	若计数器正在计数，计数长度减为 1 时停止计数。
1	1	当计数器不在计数状态时，装入计数长度和方式后立即开始计数。当计数器正在计数时，待计数器溢出后以新装入的计数长度和方式计数。

[例 7-1]　请编出把 8155 定时器作 24 分频器的初始化程序。设 A 口定义为基本输入方式，B 口定义为基本输出方式，定时器作为方波发生器。

解　设 8155 有关寄存器端口地址为：

7F00H　　命令字寄存器

7F04H　　定时器低字节

7F05H　　定时器高字节

相应的初始化程序为：

```
ORG        0A00H
```

```
MOV     DPTR，#7F04H     ；指向计数寄存器低8位
MOV     A，#18H          ；设计数器初值#18H（24D）
MOVX    @DPTR，A         ；计数器寄存器低8位赋值
INC     DPTR             ；指向计数器寄存器高6位
MOV     A，#40H          ；计数器为连续方波方式
MOVX    @DPTR，A         ；计数寄存器高6位赋值
MOV     DPTR，#7F00H     ；指向命令寄存器
MOV     A，#0C2H         ；设命令字
MOVX    @DPTR，A         ；送命令字
…
END
```

任何时候都可以置定时器的长度和工作方式，但是必须将启动命令写入命令寄存器。如果定时器正在计数，那么，只有在写入启动命令之后，定时器才接收新的计数长度并按新的工作方式计数。

7.4.6 采用8155扩展I/O端口

MCS-51和8155接口极为简单，因8155内部含有一个8位地址锁存器，故可以锁存CPU送来的端口地址和RAM（256B）地址。对系统增加256个字节的RAM，22位线以及一个计数器。

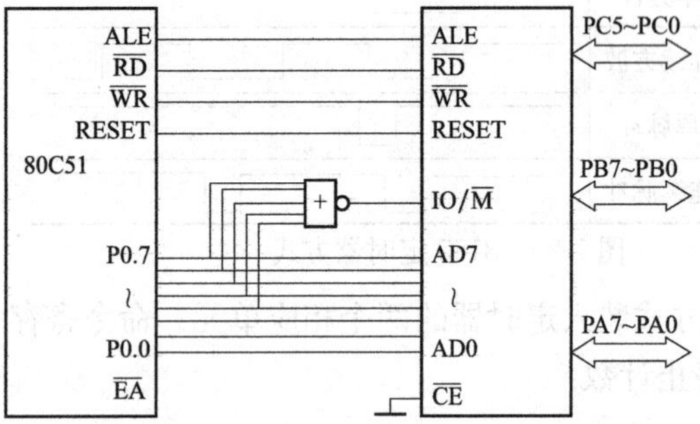

图7-21 用或非门产生IO/$\overline{M}$信号

1. 用或非门产生IO/$\overline{M}$信号

使用这种方法的8155与MCS-51（图中为80C51）的连接如图7-21所示。把P0.7～P0.0或非后作为IO/$\overline{M}$信号。当P0.7～P0.3＝00000B时，或非门输出高电平（IO/$\overline{M}$＝1），对应8155的6个可编址端口，其地址范围是00H～07H。按前述端口顺序，地址依次为00H～05H。当P0.7～P0.3≠00000B时，或非门都输出低电平（IO/$\overline{M}$＝0），对应着8155的内部RAM，地址范围为08H～FFH。其结果是损失了8个RAM单元。此时，CPU把8155内部40H单元中的X送到A口的输出程序如下：

```
ORG     0500H
MOV     R0，#00H     ；命令/状态口地址送R0
MOV     A，#01H      ；命令字送A（A口为输出）
MOVX    @R0，A       ；装入8155
MOV     R1，#40H
MOV     A，@R1       ；X送A
INC     R0           ；R0指向A口
MOVX    @R0，A       ；X送A口输出
…
END
```

这种IO/$\overline{M}$信号产生方法，地址紧凑，几乎没有浪费地址单元。但这种方法由于使用MCS-51的低8位地址来对8155进行编址，因此只能适用于系统中仅有单片8155的情况，

为此在连接图中 8155 的片选信号$\overline{\text{CE}}$接地，因为不存在芯片的选择问题。

2. 以高位地址直接作为 IO/$\overline{\text{M}}$ 信号

这种方法实际上就是编址技术中的线选方法。例如，以 P2.0 接 IO/$\overline{\text{M}}$，则 8155 与 80C51 的连接如图 7-22 所示。在这种 IO/$\overline{\text{M}}$ 信号产生方法中，对 8155 需使用 16 位地址进行编址。这种方法适用于有多片 I/O 扩展及存储器扩展的较大单片机系统中，因此要使用片选信号，例如，图中使用 P2.7 作片选信号与$\overline{\text{CE}}$直接相连。

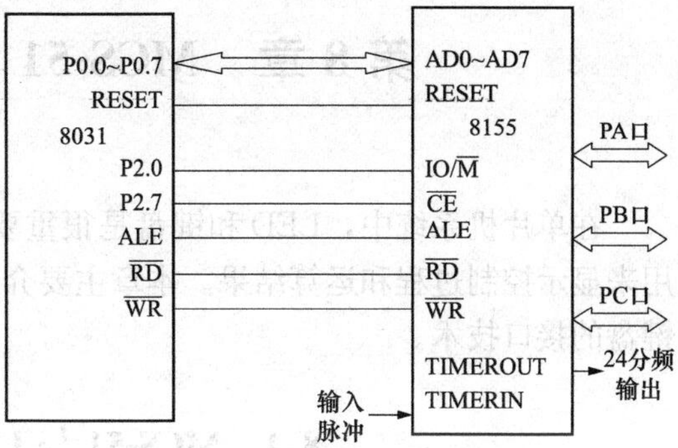

图 7-22　高位地址作 IO/$\overline{\text{M}}$ 信号

假定把没用到的地址位以“0”表示。则 IO/$\overline{\text{M}}$=0 时。8155 内部 RAM 地址范围是 0000H～00FFH，IO/$\overline{\text{M}}$=1 时，端口地址范围是 0100H～0105H。显然，上述把 8155 内部 40H 单元 X 传送到 A 口输出的程序变为：

```
ORG     0500H
MOV     R0，#00H       ；命令/状态口地址送 R0
MOV     R1，#40H       ；R1 指向 X 单元
SETB    P2.0
MOV     A，  #01H      ；命令字送 A（A 口为输出）
MOVX    @R0，  A       ；装入 8155
CLR     P2.0           ；令 IO/M̄=0；
MOVX    A，@R1         ；X 送 A
SETB    P2.0           ；令 IO/M̄=0；
INC     R0             ；R0 指向 A 口；
MOVX    @R0，  A       ；X 从 A 口输出
…
END
```

7.5　习　　题

1. 若用 6264 组成 64KB 存储空间，需要用多少块芯片？

2. 试述单片机扩展外部存储器的三总线连接方法。

3. 试画出 8031 和 2716 的连线图，要求采用 3-8 译码器，8031 的 P2.5、P2.4 和 P2.3 参加译码，基本地址范围为 3000H～3FFFH。

4. 以两片 Intel2716 给 80C51 单片机扩展一个 4KB 的外部程序存储器，要求地址空间与 8051 的内部 ROM 相衔接，请画出逻辑连接图。

5. 决定 8155 选口地址的引脚有哪些？IO/$\overline{\text{M}}$ 的作用是什么？T/IN 和$\overline{\text{T/OUT}}$作用是什么？

6. 请编出把 8155 定时器作 200 分频器的初始化程序。

第 8 章 MCS-51 的显示键盘接口技术

在单片机系统中，LED 和键盘是很重要外设。键盘用于输入数据、代码和命令；LED 用来显示控制过程和运算结果。本章主要介绍 MCS-51 系列单片机如何扩展 LED 显示器和键盘的接口技术。

8.1 MCS-51 与 LED 显示器的接口技术

8.1.1 LED 显示器的结构与原理

1. LED 数码显示器的结构

LED 数码显示器是一种由 LED 发光二极管组合显示字符的显示器件。它使用了 8 个 LED 发光二极管，故称八段 LED 显示器。LED 显示器通常构成字 7 笔字形的“8”和一个小数点。相应字段的 LED 点亮显示所需的字符。各段 LED 显示器需要由驱动电路驱动。在八段 LED 显示器中，通常将各段发光二极管的阴极或阳极连在一起作为公共端，这样可以使驱动电路简单。将各段发光二极管阳极连在一起的叫共阳极显示器，用低电平驱动；将阴极连在一起的叫共阴极显示器，用高电平驱动。其内部结构如图 8-1 所示。

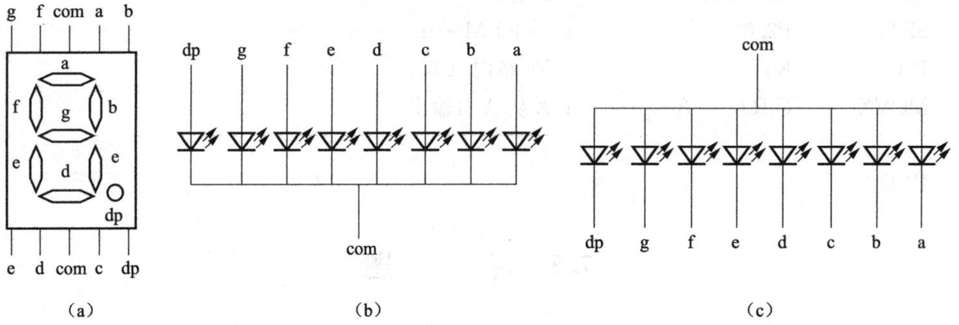

图 8-1 LED 数码显示器的结构

（a）管脚配置；（b）共阴极；（c）共阳极

2. LED 数码显示器的显示原理

八段 LED 数码显示管原理很简单，是通过同名管脚上所加电平高低来控制发光二极管是否点亮而显示不同字形的。例如，若在共阴 LED 管的 SP、g、f、e、d、c、b、a 管脚上分别加上 7FH 控制电平（即：SP 上为 0V，不亮；其余为 TTL 高电平，全亮），则 LED 显示管显示字形“8”。7FH 是按表 8-1 段码位的对应关系顺序排列后的十六进制编码（0 为 TTL 低电平，1 为 TTL 高电平），常称为字形码。8 位并行输出口输出不同的字节数据可显示不同的数字或字符，见表 8-2。由于“B”和“8”、“D”和“0”字形相同，故“B”和“D”均以小写字母“b”和“d”显示。

表 8-1　段码位的对应关系

段码位	D7	D6	D5	D4	D3	D2	D1	D0
位码位	dp	g	f	e	d	c	b	a

表 8-2　八段 LED 显示段码表

地址偏移量	共阴字型码	共阳字型码	所显字符	地址偏移量	共阴字型码	共阳字型码	所显字符
SGTB+0H	3FH	C0H	0	SGTB+BH	7CH	83H	b
+1H	06H	F9H	1	+CH	39H	C6H	C
+2H	5BH	A4H	2	+DH	5EH	A1H	d
+3H	4FH	B0H	3	+EH	79H	86H	E
+4H	66H	99H	4	+FH	71H	8EH	F
+5H	6DH	929H	5	+10H	00H	FFH	空格
+6H	7DH	82H	6	+11H	F3H	0CH	P
+7H	07H	F8H	7	+12H	76H	89H	H
+8H	7FH	80H	8	+13H	80H	7FH	•
+9H	6FH	90H	9	+14H	40H	8FH	—
+AH	77H	88H	A				

图 8-1（b）为共阴八段 LED 数码显示管的原理图。图中，所有发光二极管阴极共连后接到 G 脚，G 脚为控制端，用于控制 LED 是否点亮。若 G 脚接地，则 LED 被点亮；若 G 脚接 TTL 高电平，则它被熄灭。

图 8-1（c）为共阳八段 LED 数码显示管的原理图。图中，所有发光二极管阳极共连后接到 G 脚。正常显示时 G 脚接+5V，各发光二极管是否点亮取决于 a～SP 各引脚上是否是低电平 0V。共阴和共阳所需字形码互为补数，这两种数码管显示器的段码表见表 8-2。

8.1.2　MCS-51 对 LED 的显示

MCS-51 对 LED 管的显示可以分为静态和动态两种。静态显示的特点是各 LED 管能稳定连续地同时显示各自字形；动态显示是指各 LED 轮流一遍一遍地断续显示各自字符，人们因视觉惰性而看到的是各 LED 似乎在同时显示不同字形。

1. 静态显示

LED 显示器工作在静态显示方式时，每位的位选线（公共端）接地（共阴极）或+5V（共阳极）；每位的段选线（a～dp）与一个 8 位并行口相连。当某位的位选信号有效时，只要在该位的段选线上保持段选码电平，该位就显示相应的字符，一直到下次刷新显示段码时为止。这种显示占用 CPU 的时间少，但使用元件多，线路复杂，硬件成本较高。

在单片机应用系统中，静态显示方式通常采用 BCD—七段十六进制锁存、译码驱动芯片作为每位 LED 显示器的接口。常用的芯片有 MC14495、CD4511 等，下面以 MC14495 为例来分析 LED 静态显示的接口设计。

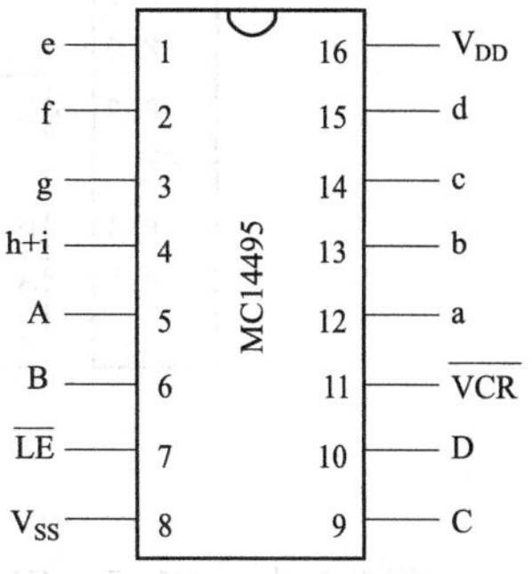

图 8-2　MC14495 引脚图

MC14495 芯片的引脚如图 8-2 所示，其真值表见表 8-3。A、B、C、D 为二进制码（BCD 码）输入端；a～g 为七段代码输出；$\overline{LE}$为锁存控制端，它为低电平时可以输入数据，反之锁存；h+i 为输入数据大于或等于 10 指示位，若输入数据大于或等于 10，则 h+i 输出高电平，反之输出低电平；$\overline{VCR}$为输入等于 15 指示位，若输入数据等于 15，则$\overline{VCR}$输出高电平，否则为高阻状态。

表 8-3 MC14495 真值表

输入				输出								显示
D	C	B	A	a	b	c	d	e	f	g	h+i	
0	0	0	0	1	1	1	1	1	1	1	0	0
0	0	0	1	0	1	1	0	0	0	0	0	1
0	0	1	0	1	1	0	1	1	0	1	0	2
0	0	1	1	1	1	1	1	0	0	1	0	3
0	1	0	0	0	1	1	0	0	1	1	0	4
0	1	0	1	1	0	1	1	0	1	1	0	5
0	1	1	0	1	0	1	1	1	1	1	0	6
0	1	1	1	1	1	1	0	0	0	0	0	7
1	0	0	0	1	1	1	1	1	1	1	0	8
1	0	0	1	1	1	1	1	0	1	1	0	9
1	0	1	0	1	1	1	0	1	1	1	0	A
1	0	1	1	0	0	1	1	1	1	1	1	b
1	1	0	0	1	0	0	1	1	1	0	1	C
1	1	0	1	0	1	1	1	1	0	1	1	d
1	1	1	0	1	0	0	1	1	1	1	1	E
1	1	1	1	1	0	0	0	1	1	1	1	F

采用 MC14495 芯片的四位静态 LED 显示接口电路如图 8-3 所示。因为 MC14495 有输出限流电阻，所以 LED 不需外加限流电阻；又因 MC14495 不提供 dp（小数点）信号，如系统要求显示带小数点的数字，则应在八段 LED 显示器的 dp 端另加驱动控制。

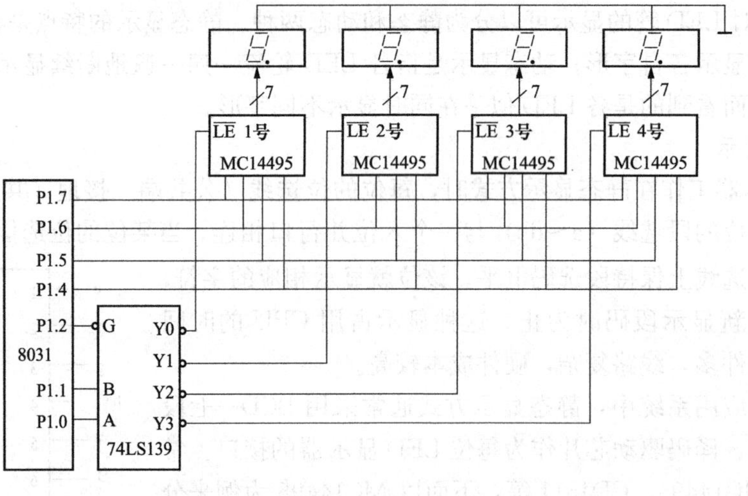

图 8-3 四位静态 LED 显示接口电路

图 8-3 中，P1.7～P1.4 用于输出 BCD 码；P1.2 控制 2-4 译码器的使能端，低电平有

效；P1.1 和 P1.2 为位选译码输出。在工作时，单片机通过 P1 口送出代码，使每一位 LED 显示系统要求的数据，因此在同一时间里每一位显示的字符可以各不相同。

［**例 8-1**］ 设 8031 单片机内部 RAM 的 20H 和 21H 单元中有四位十六进制数（20H 中为高两位），请编出能在图 8-3 电路中自左到右显示出来的程序。

解　相应程序如下：

```
         ORG    1000H
DISPLAY: MOV    A，20H       ；20H 中数送 A
         ANL    A，#0F0H     ；截取高 4 位
         MOV    P1，A        ；送 1 号 MC14495
         MOV    A，20H       ；20H 中数送 A
         SWAP   A            ；低 4 位送高 4 位
         ANL    A，#0F0H     ；去掉低 4 位
         INC    A，          ；指向 2 号 MC14495
         MOV    Pl，A        ；送 2 号 MC14495
         MOV    A，21H       ；21H 中数送 A
         ANL    A，#0F0H     ；截取高 4 位
         ADD    A，#02H      ；指向 3 号 MC14495
         MOV    P1，A        ；送 3 号 MC14495
         MOV    A，21H       ；21H 中数送 A
         SWAP   A            ；低 4 位送高 4 位
         ANL    A，#0F0H     ；去掉低 4 位
         ADD    A，#03       ；指向 4 号 MC14495
         MOV    P1，A        ；送 4 号 MC14495
         RET
         END
```

在本例中，被显字符是由硬件 MC14495 转换成字形码的，但也可采用软件法转换成字形码。采用软件法转换时，图 8-3 中 MC14495 应由 8 位锁存器替代。

对于静态显示方式，如果要求 N 位显示就需要有 N×8 根 I/O 口线，占用 I/O 资源较多。所以在位数较多时往往采用动态显示方式。

2. 动态显示

为了减少硬件开锁，提高系统可靠性和降低成本，单片机控制系统通常采用动态扫描显示。其原理是：将所有位的段选线并联在一起，由一个或几个 I/O 口控制，而共阴极点或共阳极点分别由相应的其他 I/O 口线控制，由 CPU 定时对显示器一位一位地扫描，使各位 LED 轮流点亮。它是利用视觉暂留原理（每秒扫描 20 次左右），造成所有显示器都在显示的效果。

在动态显示方式中，每一瞬间只可能有一位 LED 显示相应字符。在此瞬间，控制段选的 I/O 口输出相应字符的段选码，控制位选的 I/O 口向该显示位送入选通电平（共阴极送低电平、共阳极送高电平）以保证该位显示相应字符。各位如此轮流，并保持一定的延时，即可实现全部显示位的显示。一般，只要将各位的段选码和位选码按照 1～5ms 的时间间隔不断循环送出，就可以获得稳定的视觉效果。

如图 8-4 所示给出了 8031 通过 8155 对六只共阳 LED 的接口电路。图中，PB 口和所有

LED 的 a、b、c、d、e、f、g、SP 引线相连，各 LED 控制端 G 和 8155C 口相连，故 PB 口为字形口和 PC 口为字位口。因为 CPU 可以通过 PC 口控制各 LED 是否点亮，动态显示采用软件法将十六进制数或 BCD 码转换为相应字形码，故它通常需要在 RAM 区建立一个显示缓冲区。显示缓冲区内包含的存储单元个数常和系统中 LED 显示器个数相等。显示缓冲区的起始地址很重要，它决定了显示缓冲区在 RAM 中的位置。

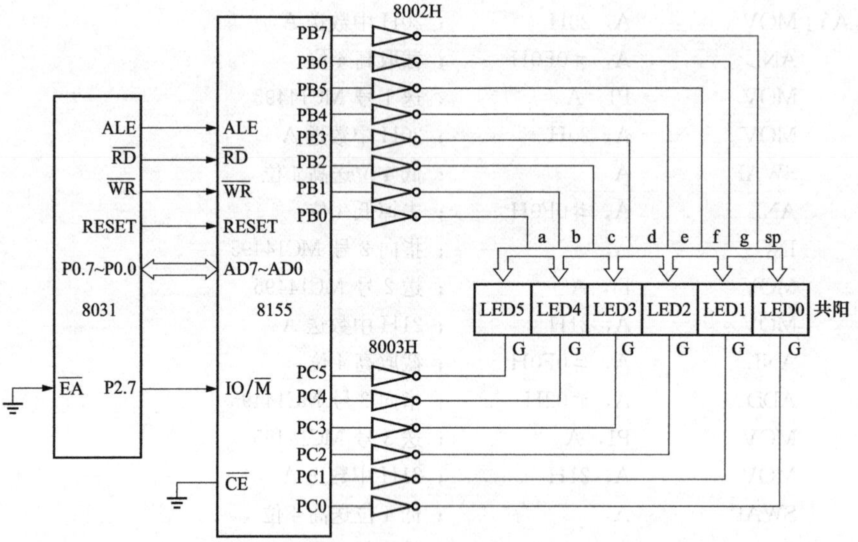

图 8-4 8031 通过 8155 对 LED 的接口

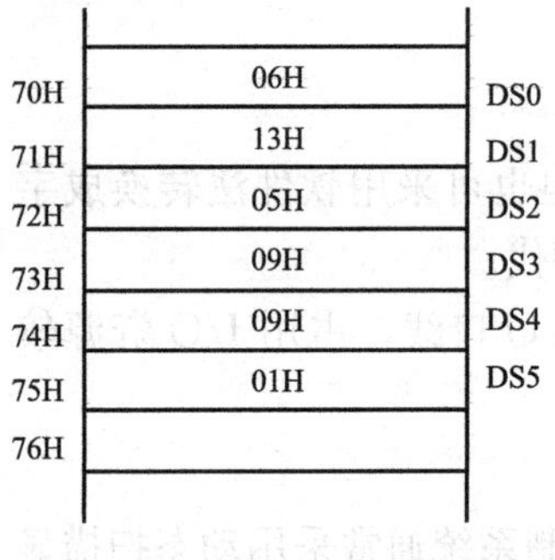

图 8-5 ［例 8-2］的显示缓冲区

显示缓冲区中每个存储单元用于存放相应 LED 显示管欲显示字符的字形码地址偏移量，故 CPU 可以根据这个地址偏移量通过查字形码表来找出所需显示字符的字形码，以便送到字形口显示。

［例 8-2］ 请根据图 8-4 接线图编出能在 LED5～LED0 上显示 1995.6 的动态显示子程序。

解 设显示缓冲区放在 CPU 内部 RAM 中，始址为 50H，显示缓冲区中被显示字符的字形码表的地址偏移量应预先放入，如图 8-5 所示。软件流程如图 8-6 所示。相应程序为：

```
          ORG     0600H
DISPLY：  MOV     A，#06H          ；方式控制字 06H 送 A
          MOV     DPTR，#8000H
          MOVX    @DPTR，A         ；方式控制字送 8155 命令口
DISPLY1： MOV     R0，#50H         ；显示缓冲区始址送 R0
          MOV     R3，#0FEH        ；字位码始值送 R3
          MOV     A，R3
LD0：     MOV     DPTR，#8003H     ；PC 口地址送 DPTR
          MOVX    @DPTR，A         ；字位码送 PC 口
          MOV     DPTR，#8002H     ；PB 口地址送 DPTR
```

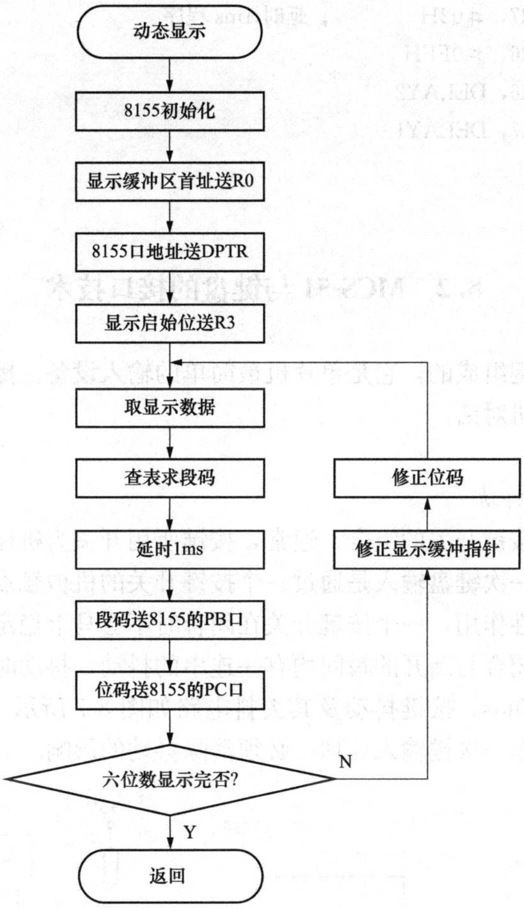

图 8-6　动态显示子程序流程图

```
        MOV     A，@R0          ；待显字符地址偏移量送 A
        ADD     A，#13          ；对 A 进行地址修正
        MOVC    A，@A+PC        ；查字形码表
        MOVX    @DPTR，A        ；字形码送 PB 口
        ACALL   DELAY           ；延时 1ms
        INC     R0              ；修正显示缓冲区指针
        MOV     A，R0           ；字位码送 A
        JNB     ACC.5，LDl      ；若显示完一遍，则 LDl
        RLA                     ；字位码左移一位
        MOV     R3，A           ；送回 R3
        AJMP    LD0             ；显示下一个数码
LDl：   RET
DTAB：  DB  0C0H，0F9H，0A4H，0B0H，99H
        DB  92H，82H，0F8H，80H，90H
        DB  88H，83H，0C6H，0A1H，86H
        DB  8EH，0FFH，0CH，89H，7FH
        DB  0BFH
```

```
DELAY：  MOV   R7，#02H        ；延时1ms程序
DELAY1： MOV   R6，#0FFH
DELAY2： DJNZ  R6，DELAY2
         DJNZ  R7，DELAY1
         RET
         END
```

8.2　MCS-51与键盘的接口技术

键盘是由若干个按键组成的，它是单片机最简单的输入设备。操作员通过键盘输入数据或命令，实现简单的人机对话。

8.2.1　键盘概述

1. 键盘的特点及去抖动

键盘实际上是一组按键开关的组合。通常，按键所用开关为机械弹性开关，均利用了机械触点的合、断作用。一次键盘输入是通过一个按键开关的机械触点的闭合、断开过程完成的。由于机械开关的弹性作用，一个按键开关在闭合时不会马上稳定地接通，在断开时也不会一下子断开。因而在闭合与断开的瞬间均有一连串的抖动，抖动时间的长短由按键的机械特性决定，一般为5～10ms，按键抖动及其去抖电路如图8-7所示。因此，为保证CPU对键的一次闭合与断开仅作一次键输入处理，必须消除抖动的影响。

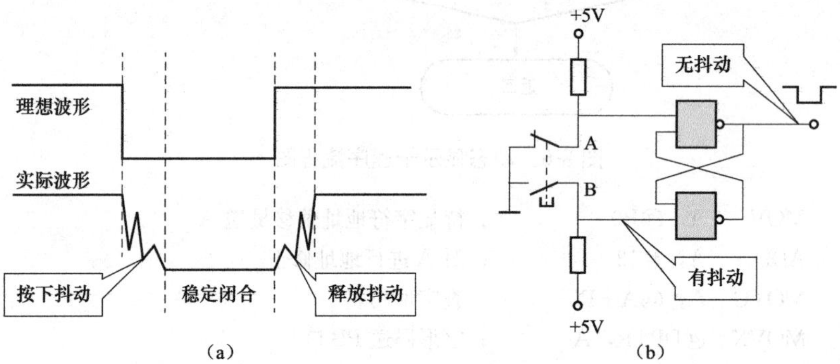

图8-7　按键抖动及其去抖电路
(a) 抖动现象；(b) 去抖电路

通常，去抖动的措施有硬件、软件两种。在按键较少时，常采用图8-7（b）所示的去抖电路。当按键未按下时，输出为“1”；当按键按下时，输出为“0”，即使在B位置时因抖动瞬时断开，只要按键不回A位置，输出就会仍保持为“0”状态。当按键较多时，常采用软件延时的办法。当单片机检测到有键按下时，先延时10ms，然后再检测按键的状态，若仍是闭合状态，则认为真正有键按下。当检测到按键释放时，亦需要做同样的处理。这种方式由于不需要追加硬件投入，而被广泛使用，具体程序见本节设计举例。但此种方法需要占用CPU的时间。

2. 窜键及处理技术

用户在操作时常常因不小心同时按下了一个以上的按键，即发生了窜键。CPU处理窜键

的原则是把最后放开的按键认作真正被按的按键。CPU 在处理发生在两个不同行上的窜键时，可以预先设定一个窜键标志寄存器。窜键标志寄存器在行扫描前清零，在行扫描期间用于记录被按按键个数，故发生窜键时窜键标志必大于 01H。因此，CPU 在行扫描时必须不以发现第一个被按按键为满足，而是应继续完成对所有行的一遍扫描，并在该行扫描结束后根据窜键标志来判断是否发生窜键。如果未发现窜键，则本遍扫描的行值和列值就是被按按键的行值和列值；如果发现了窜键，则 CPU 再进行一遍行扫描就可获取最后放开键的行值和列值了。

3. 键盘的工作方式

在单片机系统中，CPU 要承担系统的全部工作，键盘扫描只是 CPU 各项工作的一个内容。所以响应键的操作不能过多的占用 CPU 的时间，这就要求设计者应根据应用系统的要求，选择适当的键盘工作方式。键盘的工作方式有查询扫描方式、定时扫描方式和中断扫描方式三种。

(1) 查询扫描方式。查询扫描方式是利用 CPU 在完成其他工作的空余，调用键盘扫描子程序，对已按下的键进行查询和相应的处理。在执行键功能程序时，CPU 不再响应其他键的输入请求。因此，在应用系统软件方案设计时，要考虑对这种键盘扫描子程序的调用应能满足键盘的响应要求。

(2) 定时扫描方式。定时扫描方式是利用单片机内部定时器产生定时中断，CPU 响应中断后对键盘进行扫描，并在有键按下时转入键功能处理程序。当把一次按键处理完毕后，CPU 返回到中断点处，并再次启动定时。

(3) 中断扫描方式。在系统工作时，并不经常需要按键操作，因此，无论是查询扫描方式还是定时扫描方式，CPU 往往会处于空扫描状态。为了进一步提高 CPU 效率，可以采用中断扫描方式，即只有当有键按下时，才向 CPU 发出中断申请，并在 CPU 开放该中断的前提下，响应中断请求，进入中断服务程序，完成对键盘的扫描和按下键的相关处理工作。

8.2.2 键盘的接口电路

键盘就其结构形式来分，有编码键盘和非编码键盘两种。通过硬件识别的键盘称为编码键盘；通过软件识别的键盘称为非编码键盘。非编码键盘有独立式和矩阵式两种接口方式。

1. 独立式键盘及其接口

在单片机系统中，若所需按键数量少，可采用独立式键盘。每只按键接单片机的一条 I/O 线，通过对输入线的查询，即可识别出各按键的状态。如图 8-8 (a) 所示为芯片内部有上拉电阻的接口。如图 8-8 (b) 所示为芯片内部无上拉电阻的接口，这时就应在芯片外设置上拉电阻。独立式键盘配置灵活，软件结构简单，但每个按键必须占用一根口线，在按键数量多时，口线占用多。所以，独立式按键常用于按键数量不多的场合。独立式键盘的软件可以采用查询扫描，也可以采用定时扫描，还可以采用中断扫描。对图 8-8 (a) 所示的接口电路，查询扫描程序如下：

```
SMKEY: ORL     P1, #0FFH        ; 置 P1 口为输入方式
       MOV     A, P1            ; 读 P1 口信息
       JNB     ACC.0, P0F       ; 0 号键按下，转 0 号键处理
       JNB     ACC.1, P1F       ; 1 号键按下，转 1 号键处理
       …
       JNB     ACC.7, P7F       ; 7 号键按下，转 7 号键处理
```

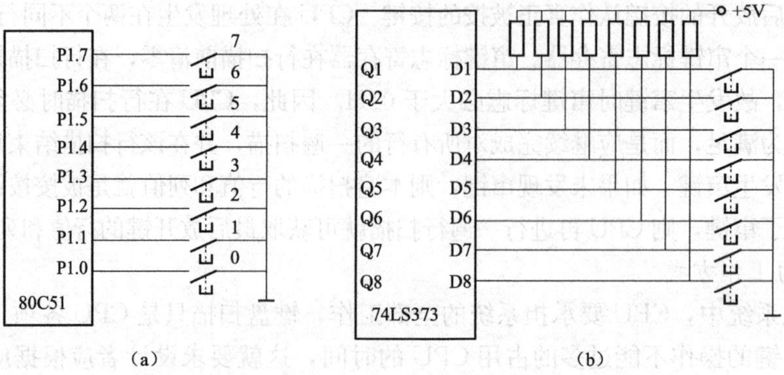

图 8-8 独立式键盘电路

(a) 芯片内部有上拉电阻；(b) 芯片内部无上拉电阻

```
        LJMP        SMKEY
P0F：   LJMP        PROG0
P1F：   LJMP        PROG1
        …
P7F：   LJMP        PROG7
PROG0： …
        LJMP        SMKEY
PROG1： …
        …
        LJMP        SMKEY
        …
PROG7： …
        …
        LJMP SMKEY
```

2. 矩阵式键盘及其接口

矩阵式键盘采用行列式结构，按键设置在行列的交点上。当口线数量为 8 时，可以将 4 根口线定义为行线，另 4 根口线定义为列线，形成 4×4 键盘，可以配置 16 个按键，如图 8-9（a）所示。如图 8-9（b）所示为 4×8 键盘。

矩阵式键盘的行线通过电阻接＋5V（芯片内部有上拉电阻时，就不用外接了），当键盘上没有键闭合时，所有的行线与列线是断开的，行线均呈高电平。

当键盘上某一键闭合时，该键所对应的行线与列线短接。此时该行线的电平将由被短接的列线电平所决定。因此，可以采用以下方法完成是否有键按下及按下的是哪一键的判断：

（1）判有无按键按下。将行线接至单片机的输入口，列线接至单片机的输出口。首先使所有列线为低电平，然后读行线状态，若行线均为高电平，则没有键按下；若读出的行线状态不全为高电平，则可以断定有键按下。

（2）判断按下的是哪一个键。先让 Y0 列为低电平，其他列线为高电平，读行线状态，如行线状态不全为“1”，则说明所按键在该列，否则不在该列。然后让 Y1 列为低电平，其他列线为高电平，判断 Y1 列有无按键按下。其余列依次类推，这样就可以找到所按键的行列位置。对于图 8-9（a）所示的接口电路，示例程序如下：

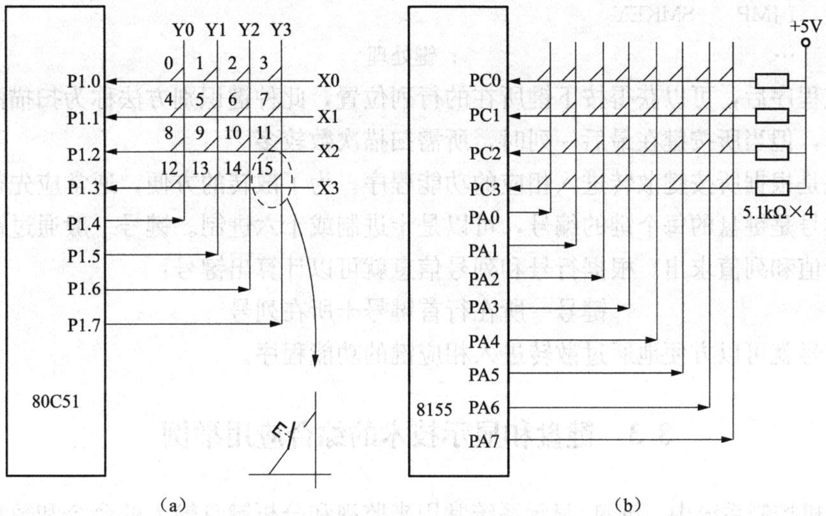

图 8-9　矩阵式键盘电路原理图

(a) 芯片内部有上拉电阻；(b) 芯片内部无上拉电阻

```
SMKEY： MOV    P1，#0FH          ；置 P1 口高 4 位为“0”、低 4 位为输入状态
        MOV    A，P1             ；读 P1 口
        ANL    A，#0FH           ；屏蔽高 4 位
        CJNE   A，#0FH，HKEY     ；有键按下，转 HKEY
        SJMP   SMKEY             ；无键按下转回
HKEY：  LCALL  DELAY10           ；延时 10ms，去抖
        MOV    A，P1
        ANL    A，#0FH
        CJNE   A，#0FH，WKEY     ；确认有键按下，转判哪一键按下
        JMP    SMKEY             ；是抖动转回
WKEY：  MOV    P1，#1110 1111B   ；置扫描码，检测 P1.4 列
        MOV    A，P1
        ANL    A，#0FH
        CJNE   A，#0FH，PKEY     ；P1.4 列（Y0）有键按下，转键处理
        MOV    P1，#1101 1111B   ；置扫描码，检测 P1.5 列
        MOV    A，P1
        ANL    A，#0FH
        CJNE   A，#0FH，PKEY     ；P1.5 列（Y1）有键按下，转键处理
        MOV    P1，#1011 1111B   ；置扫描码，检测 P1.6 列
        MOV    A，P1
        ANL    A，#0FH
        CJNE   A，#0FH，PKEY     ；P1.6 列（Y2）有键按下，转键处理
        MOV    P1，#0111 1111B   ；置扫描码，检测 P1.7 列
        MOV    A，P1
        ANL    A，#0FH；
        CJNE   A，#0FH，PKEY     ；P1.7 列（Y3）有键按下，转键处理
```

```
        LJMP    SMKEY
PKEY：  …                          ；键处理
```

执行该程序后，可以获得按下键所在的行列位置，此种键识别方法称为扫描法。从原理上易于理解，但当所按键在最后一列时，所需扫描次数较多。

键处理是根据所按键散转进入相应的功能程序。为了散转的方便，通常应先得到按下键的键号。键号是键盘的每个键的编号，可以是十进制或十六进制。键号一般通过键盘扫描程序取得的行值和列值求出。根据行号和列号信息就可以计算出键号：

键号＝所在行首键号＋所在列号

根据键号就可以方便地通过散转进入相应键的功能程序。

8.3 键盘和显示技术的综合应用举例

在单片机控制系统中，键盘/显示系统常用来监视和分析键盘输入的命令和数据以及显示被控系统的工作状态。键盘/显示系统是单片机不可缺少的部件，它常由硬件电路和软件程序两部分组成。下面介绍利用8155构成的键盘及显示接口电路。由于8155接口芯片含有单片机应用系统扩展常用的资源，所以可以方便地利用8155构成键盘和显示接口电路，如图8-10所示。

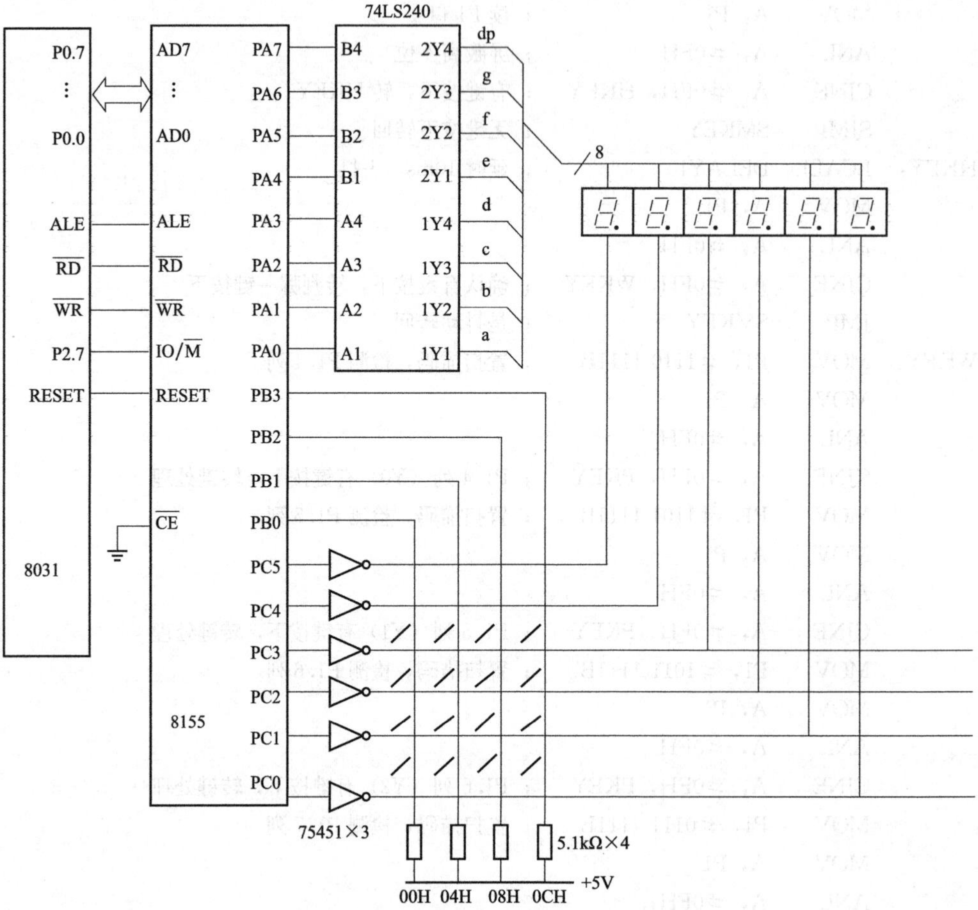

图8-10 8155并行扩展键盘/显示接口电路

图 8-11 中 6 个显示器采用共阳极的 LED，段码值由 8155 的 PA 口提供，位选信号由 PC 口提供，74LS240 为段选码驱动器，75451 为位选码的反向驱动器，需要 3 片。键盘接口由 8155 的 PC 口输出行扫描信号，PB 口读入列值信号。因此，PA、PC 口为输出口，PB 口为输入口。8155 命令寄存器的命令字为 0DH。

实现程序如下：

```
KD1：   MOV    A，#00001101B     ；8155 初始化:PA、PC 为基本输出，PB 为输入
        MOV    DPTR，#8000H      ；指向命令寄存器
        MOVX   @DPTR，A          ；写入命令字
KEY1：  ACALL  KS1               ；查有无键按下
        JNZ    LK1               ；有，转键扫描
        ACALL  DIS               ；调显示子程序
        AJMP   KEY1
LK1：   ACALL  DIS               ；键扫描
        ACALL  DIS               ；两次调显示子程序，延时 12ms
        ACALL  KS1               ；查有无键按下
        JNZ    LK2               ；有，转键扫描
        ACALL  DIS               ；调显示子程序
        AJMP   KEY1
LK2：   MOV    R2，  #01H        ；从首行开始
        MOV    R4，#00H          ；首行号送 R4
LK4：   MOV    DPTR，#8003H      ；指向 C 口
        MOV    A，R2
        MOVX   A，@DPTR          ；C 口输出行扫描值
        MOV    DPTR，#8002H      ；指向 B 口
        MOVX   A，@DPTR          ；读 B 口值
        JB     ACC.0，LONE       ；第 0 列无键按下，转查第 1 列
        MOV    A，#00H           ；第 0 列有键按下，该列首键号送 A
        AJMP   LKP               ；转求键号
LONE：  JB     ACC.1，LTWO       ；第 1 列无键按下，转查第 2 列
        MOV    A，#04H           ；第 1 列有键按下，该列首键号送 A
        AJMP   LKP               ；转求键号
LTWO：  JB     ACC.2，LTHR       ；第 2 列无键按下，转查下一列
        MOV    A，#08H           ；第 2 列有键按下，该列首键号送 A
        AJMP   LKP               ；转求键号
LTHR：  JB     ACC.3，NEXT       ；第 3 列无键按下，转查下一行
        MOV    A，#0CH           ；第 3 列有键按下，该列首键号送 A
        AJMP   LKP               ；转求键号
LKP：   ADD    A，R4             ；求键号。键号=列首键号+行号
        PUSH   ACC               ；保护键号
LK3：   ACALL  DIS               ；等待键释放
        ACALL  KS1
        JNZ    LK3
```

```
        POP    ACC
        RET                        ；键扫描结束。此时 A 的内容为按下键的键号
NEXT：  INC    R4                  ；指向下一行
        MOV    A，R2；
        JB     ACC.3，KND          ；判 4 行扫描完没有
        RL     A                   ；未完，扫描字对应下一行
        MOV    R2，A
        AJMP   LK4                 ；转下一行扫描
KND：   AJMP   KEY1                ；扫完，转入新一轮扫描
KS1：   MOV    DPTR，＃8003H       ；查有无键按下子程序。先指向 C 口
        MOV    A，＃0FH
        MOVX   @DPTR，A            ；送扫描字“0FH”
        MOV    DPTR，＃8002H       ；指向 B 口
        MOVX   A，@DPTR            ；读 B 口值
        CPL    A                   ；变正逻辑
        ANL    A，＃0FH            ；屏蔽高位
        RET                        ；子程序出口，A 的内容非 0 则有键按下
```

8.4 习　　题

1. 八段 LED 显示器有动态和静态两种显示方式，这两种显示方式要求 MCS-51 系列单片机如何安排接口电路？

2. 根据图 8-4 所示接线图，试编写八段 LED 显示器的测试程序（即用软件测试每一个八段 LED 的好坏，该亮段应亮，该暗的段应暗）。

3. 要求利用 8155 扩展 6 位显示，进行 8 字闪烁显示。即 6 个显示器同时显示“8”1s，暗 1s，不重复。试编写相应的程序。

4. 某 8031 应用系统需 16 个按键，其中 10 个数字按键、6 个功能键；6 位数码管显示器。设计出该系统的键盘、显示电路并写出有关显示、按键程序段。

第 9 章 MCS-51 对 A/D 和 D/A 的接口

在自动控制领域中，常用单片机进行实时控制和数据处理，而被测、被控的参数通常是一些连续变化的物理量，即模拟量，例如，温度、速度、电压、电流、压力等。但是单片机只能加工和处理数字量，因此在单片机应用中凡遇到有模拟量的地方，就要进行模拟量向数字量或数字量向模拟量的转换，也就出现了单片机的数/模(D/A)和模/数(A/D)转换的接口问题。

现在这些数/模和模/数转换器都已集成化，并具有体积小、功能强、可靠性高、误差小、功耗低等特点，可以很方便地与单片机进行接口。

由图 9-1 可见，被控实体的过程信号可以是电量（例如，电流、电压、功率和开关量等），也可以是非电量（例如，温度、压力、流速和密度等），其数值是随时间连续变化的。过程信号是由变送器和各类传感器变换成相应模拟电量，然后经图中的多路开关汇集给 A/D 转换器，再由 A/D 转换器转换成相应的数字量送给单片机。单片机对过程信息进行运算和处理，并把过程信息进行当地显示和打印，以输出被控实体的工作状况或发生故障的时间、地点和性质。另一方面，单片机还把处理后的数字量送给 D/A 变换器，变换成相应模拟量对被控系统实施控制和调整，使之始终处于最佳状态下工作。

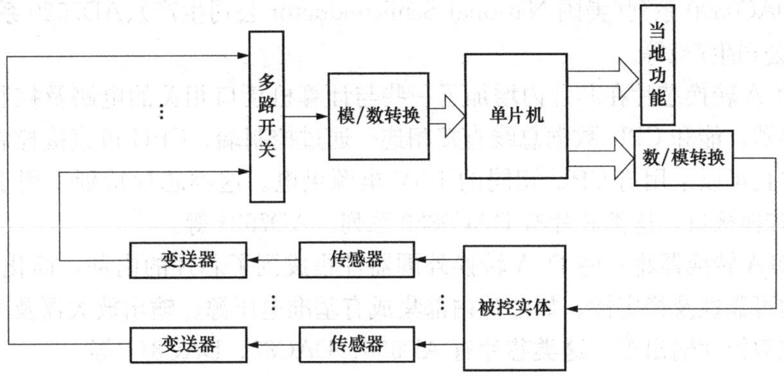

图 9-1 单片机的数据采集和控制过程

上述分析表明：A/D 转换器在单片机控制系统中主要用于数据采集，提供被控对象的各种实时参数，以便单片机对被控对象进行监视；D/A 转换器用于模拟控制，通过机械或电气手段来对被控对象进行调整和控制。因此，A/D 和 D/A 转换器是架设在单片机和被控实体之间的桥梁，在单片机控制系统中占有极为重要的地位。本章着重讨论 A/D 和 D/A 芯片的工作原理及其对 MCS-51 的接口。

9.1 后向通道中的 D/A 转换接口技术

9.1.1 D/A 转换器

1. 概述

DAC(digital-analog converter)是 D/A 转换器的简称。D/A 转换器在单片机控制系统的

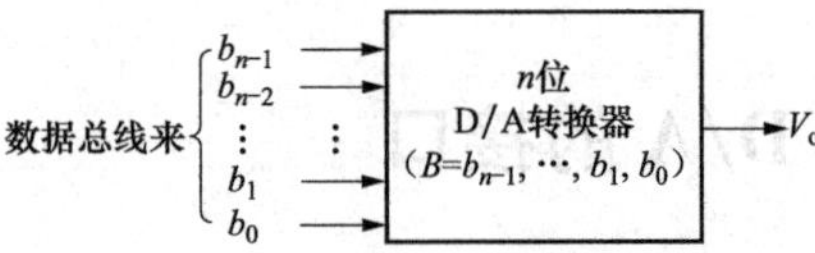

图 9-2 最简单 D/A 转换器框图

后向通道中使用。通常，D/A 转换器可以直接从 MCS-51 输入数字量，并转换成模拟量而推动执行机构动作，以控制被控实体的工作过程。这无疑需要 D/A 转换器的输出模拟量能随输入数字量正比例变化，以便使输出模拟量 V_{out} 能直接反映数字量 B 的大小，如图 9-2 所示即有如下关系式：

$$V_{out} = B \times V_R$$

式中：V_R 为常量，由参考电压 V_{REF} 决定；B 为数字量，常为一个二进制数。

数字量 B 的位数通常为 8 位和 12 位等，由 D/A 转换器芯片型号决定。B 为 n 位时的通式为：

$$B = b_{n-1}b_{n-2}\cdots b_1 b_0 = b_{n-1} \times 2^{n-1} + b_{n-2} \times 2^{n-2} + \cdots + b_1 \times 2^1 + b_0 \times 2^0$$

式中：b_{n-1} 为 B 的最高位；b_0 为它的最低位。

D/A 转换器的种类很多。依数字量的位数分，有 8 位、10 位、12 位、16 位 D/A 转换器；依数字量的数码形式分，有二进制码和 BCD 码 D/A 转换器；依数字量的传送方式分，有并行和串行 D/A 转换器；依 D/A 转换器输出方式分，有电流输出型和电压输出型 D/A 转换器。

早期的 D/A 转换芯片只具有电流输出型的，且不具有输入寄存器。所以在单片机应用系统中使用这种芯片必须外加数字输入锁存器、基准电压源以及输出电压转换电路。这一类芯片主要有 DAC0800 系列(美国 National Semiconductor 公司生产)、AD7520 系列(美国 Analog Devices 公司生产)等。

中期的 D/A 转换芯片在芯片内增加了一些与计算机接口相关的电路及控制引脚，具有数字输入寄存器，能和 CPU 数据总线直接相连。通过控制端，CPU 可直接控制数字量的输入和转换，并且可以采用与 CPU 相同的＋5V 电源供电。这类芯片特别适用于单片机应用系统的 D/A 转换接口。这类芯片有 DAC0830 系列、AD7524 等。

近期的 D/A 转换器将一些 D/A 转换外围器件集成到了芯片的内部，简化了接口逻辑，提高了芯片的可靠性及稳定性。如芯片内部集成有基准电压源、输出放大器及可实现模拟电压的单极性或双极性输出等。这类芯片有 AD558、DAC82、DAC811 等。

2. D/A 转换器的原理

D/A 转换器的原理很简单，可以总结为“按权展开，然后相加”几个字。换句话说，D/A 转换器要能把输入数字量中每位都按其权值分别转换成模拟量，并通过运算放大器求和相加。因此，D/A 转换器内部必须要有一个解码网络，以实现按权值分别进行 D/A 转换。

解码网络通常有二进制加权电阻网络和 T 型电阻网络两种。在二进制加权电阻网络中，每位二进制位的 D/A 转换是通过相应位加权电阻实现的，这必然造成加权电阻阻值差别极大，尤其在 D/A 转换器位数较大时更不能容忍。例如，若某 D/A 转换器有 12 位，则最高位加权电阻为 10kΩ 时的最低位加权电阻应当是 $10\text{k}\Omega \times 2^{11} = 20\text{M}\Omega$。这么大的电阻值在 VISI 技术中是很难制造出来的，即便制造出来，其精度也很难符合要求。因此，现代 D/A 转换器几乎毫无例外地采用 T 型电阻网络进行解码活动。

为了说明 T 型电阻网络原理，现以四位 D/A 转换器为例加以讨论。T 型电阻网络型

D/A转换器原理图如图 9-3 所示。图中，虚框内为 T 型电阻网络（桥上电阻均为 R，桥臂电阻为 2R）；OA 为运算放大器，也可以外接，A 点为虚拟地，接近 0V；V_{REF} 为参考电压，由稳压电源提供；$S_3 \sim S_0$ 为电子开关，受四位 DAC 寄存器中 b_3 b_2 b_1 b_0 控制。为了分析问题，设 b_3 b_2 b_1 b_0 全为“1”，故 S_3 S_2 S_1 S_0 全部和“1”端相连。根据克希荷夫定律，如下关系成立：

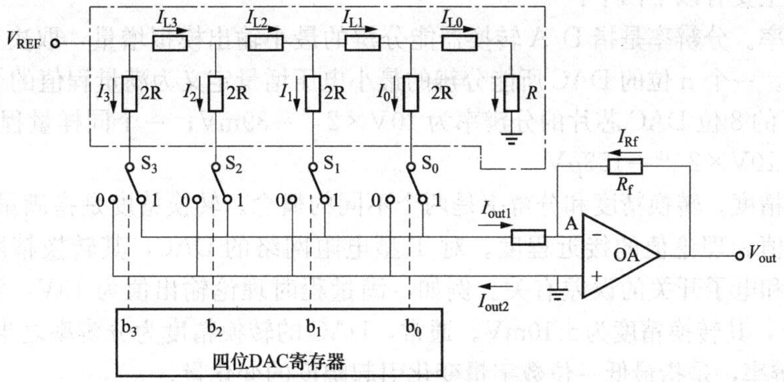

图 9-3　T 型电阻网络型 D/A 转换器原理图

$$I_3 = \frac{V_{REF}}{2R} = 2^3 \times \frac{V_{REF}}{2^4 \times R}$$

$$I_2 = \frac{I_3}{2} = 2^2 \times \frac{V_{REF}}{2^4 \times R}$$

$$I_1 = \frac{I_2}{2} = 2^1 \times \frac{V_{REF}}{2^4 \times R}$$

$$I_0 = \frac{I_1}{2} = 2^0 \times \frac{V_{REF}}{2^4 \times R}$$

事实上，$S_3 \sim S_0$ 的状态是受 b_3 b_2 b_1 b_0 控制的，并不一定是全“1”。若它们中有些位为“0”，$S_3 \sim S_0$ 中相应开关会因和“0”端相接而无电流流过。为此，可以得到通式：

$$I_{out1} = b_3 \times I_3 + b_2 \times I_2 + b_1 \times I_1 + b_0 \times I_0$$
$$= (b_3 \times 2^3 + b_2 \times 2^2 + b_1 \times 2^1 + b_0 \times 2^0) \times \frac{V_{REF}}{2^4 \times R}$$

选取 $R_f = R$，并考虑 A 点为虚拟地，故

$$I_{Rf} = -I_{out1}$$

因此，可以得到

$$V_{out} = I_{Rf} \times R_f = -(b_3 \times 2^3 + b_2 \times 2^2 + b_1 \times 2^1 + b_0 \times 2^0) \times \frac{V_{REF}}{2^4 \times R} \times R_f$$
$$= -B \times \frac{V_{REF}}{16}$$

对于 n 位 T 型电阻网络，上式可变为

$$V_{out} = -(b_{n-1} \times 2^{n-1} + b_{n-2} \times 2^{n-2} + \cdots + b_1 \times 2^1 + b_0 \times 2^0) \times \frac{V_{REF}}{2^n \times R} \times R_f$$
$$= -B \times \frac{V_{REF}}{2^n} \qquad (9\text{-}1)$$

上述讨论表明：D/A 转换过程主要是由解码网络实现的，而且是并行工作的。换句话说，D/A 转换器是并行输入数字量的，每位代码也是同时被转换成模拟量的。这种转换方式的速度快，一般为微秒级，有的可达几十毫微秒。

3. D/A 转换器的性能指标

DAC 性能指标是选用 DAC 芯片型号的依据，也是衡量芯片质量的重要参数。DAC 性能指标颇多，主要有以下四个：

(1) 分辨率。分辨率是指 D/A 转换器能分辨的最小输出模拟增量，取决于输入数字量的二进制位数。一个 n 位的 DAC 所能分辨的最小电压增量定义为满量程值的 2^{-n}倍。例如，满量程为 10V 的 8 位 DAC 芯片的分辨率为 $10V\times2^{-8}=39mV$；一个同样量程的 16 位 DAC 的分辨率高达 $10V\times2^{-16}=153\mu V$。

(2) 转换精度。转换精度和分辨率是两个不同的概念。转换精度是指满量程时 DAC 的实际模拟输出值和理论值的接近程度。对 T 型电阻网络的 DAC，其转换精度和参考电压 V_{REF}、电阻值和电子开关的误差有关。例如，满量程时理论输出值为 10V，实际输出值为 9.99～10.01V，其转换精度为±10mV。通常，DAC 的转换精度为分辨率之半，即为 LSB/2。LSB 是分辨率，是指最低一位数字量变化引起幅度的变化量。

(3) 偏移量误差。偏移量误差是指输入数字量为零时，输出模拟量对零的偏移值。这种误差通常可以通过 DAC 的外接 V_{REF}和电位计加以调整。

(4) 线性度。线性度是指 DAC 的实际转换特性曲线和理想直线之间的最大偏差。通常，线性度不应超出$\pm\frac{1}{2}$LSB。

(5) 建立时间。建立时间是指输入的数字量发生满刻度变化时，输出模拟信号达到满刻度值的±1/2LSB 所需的时间。建立时间是描述 D/A 转换速率的一个动态指标。电流输出型 DAC 的建立时间短。电压输出型 DAC 的建立时间主要决定于运算放大器的响应时间。根据建立时间的长短，可以将 DAC 分成超高速(<1μs)、高速(10～1μs)、中速(100～10μs)、低速(≥100μs)几挡。

9.1.2 DAC0832

DAC0832 是使用非常普遍的 8 位 D/A 转换器，由于其片内有输入数据寄存器，故可以直接与单片机连接。DAC0832 以电流形式输出，当需要转换为电压输出时，可外接运算放大器。属于该系列的芯片还有 DAC0830、DAC0831，它们可以相互代换。

DAC0832 主要特性：分辨率 8 位；电流建立时间 1μs；数据输入可采用双缓冲、单缓冲或直通方式；输出电流线性度可在满量程下调节；逻辑电平输入与 TTL 电平兼容；单一电源供电（+5～+15V）；低功耗，20mW。

1. DAC0832 内部结构

DAC0832 内部有三部分电路组成，如图 9-4 所示。“8 位输入寄存器”用于存放 CPU 送来的数字量，使输入数字量得到缓冲和锁存，由$\overline{LE}_1$ 加以控制。“8 位 DAC 寄存器”用于存放待转换数字量，由$\overline{LE}_2$ 控制。“8 位 D/A 转换电路”由 8 位 T 型电阻网络和电子开关组成，电子开关受“8 位 DAC 寄存器”输出控制，T 型电阻网络能输出和数字量成正比的模拟电流。因此，DAC0832 通常需要外接运算放大器才能得到模拟输出电压。

2. 引脚功能

DAC0832 共有 20 条引脚，双列直插式封装。引脚连接和命名如图 9-4 所示。

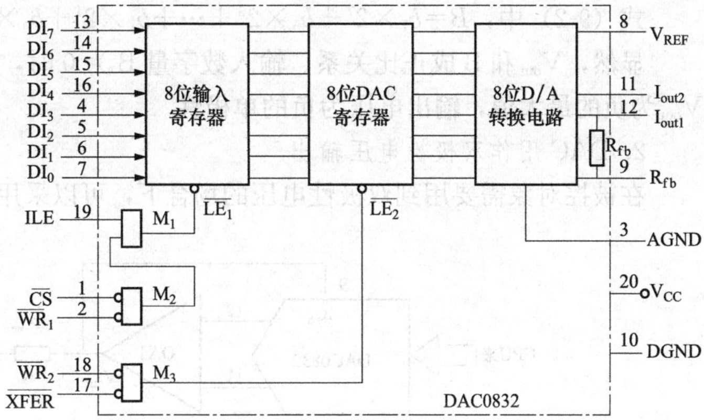

图 9-4 DAC0832 原理框图

（1）数字量输入线 DI_7～DI_0（8 条）。DI_7～DI_0 常和数据总线相连，用于输入数据总线送来的待转换数字量，DI_7 为最高位。

（2）控制线（5 条）。$\overline{CS}$为片选线，当$\overline{CS}$为低电平时，本片被选中工作；当$\overline{CS}$为高电平时，本片不被选中工作。ILE 为允许数字量输入线。当 ILE 为高电平时，“8 位输入寄存器”允许数字量输入。$\overline{XFER}$为传送控制输入线，低电平有效。$\overline{WR_1}$ 和$\overline{WR_2}$ 为两条写命令输入线。$\overline{WR_1}$ 可用于控制数字量输入到输入寄存器：若 ILE 为“1”、$\overline{CS}$为“0”和$\overline{WR_1}$ 为“0”同时满足，则与门 M_1 输出高电平，“8 位输入寄存器”接收信号；若上述条件中有一个不满足，则 M_1 输出由高变低，“8 位输入寄存器”锁存数据。$\overline{WR_2}$ 用于控制 D/A 转换的时间：若$\overline{XFER}$和$\overline{WR_2}$ 同时为低电平，则 M_3 输出高电平，“8 位 DAC 寄存器”输出跟随输入，否则，M_3 输出由高电平变为低电平时“8 位 DAC 寄存器”锁存数据。$\overline{WR_1}$ 和$\overline{WR_2}$ 的脉冲宽度要求不小于 500ns，即便 V_{CC}提高到 15V，其脉宽也不应小于 100ns。

（3）输出线（3 条）。R_{fb}为运算放大器反馈线，常常接到运算放大器输出端。I_{out1} 和 I_{out2} 为两条模拟电流输出线。$I_{out1}+I_{out2}$ 为一常数：若输入数字量为全“1”，则 I_{out1} 为最大，I_{out2} 为最小；若输入数字量为全“0”，则 I_{out1} 最小，I_{out2} 最大。为了保证额定负载下输出电流的线性度，I_{out1} 和 I_{out2} 引脚线上电位必须尽量接近地电平。为 I_{out1} 和 I_{out2} 通常接运算放大器输入端。

（4）电源线（4 条）。V_{CC} 为电源输入线，可在＋5～＋15V 范围内；V_{REF} 为参考电压，一般在－10～＋10V 范围内，由稳压电源提供；DGND 为数字量地线；AGND 为模拟量地线。通常，两条地线接在一起。

9.2 MCS-51 和 D/A 的接口

如前所述，按照输入数字量位数，DAC 常可分为 8 位、10 位和 12 位等。本节着重讲授 MCS-51 对 8 位 DAC 的接口。但 MCS-51 对它的接口常和 DAC 的应用有关，因此我们先讨论 DAC 的应用问题，然后分析它对 MCS-51 的接口。

9.2.1 DAC 的应用

DAC 用途很广，但为使问题简化。现以 DAC0832 为例介绍它在如下三方面的应用。

1. DAC 用作单极性电压输出

在需要单极性模拟电压环境下，我们可以采用如图 9-5 所示接线。由于 DAC0832 是 8 位的 D/A 转换器，故由式（9-1）可得输出电压 V_{out}对输入数字量的关系为：

$$V=-B\frac{V_{REF}}{256} \qquad (9-2)$$

式（9-2）中，$B=b_7\times2^7+b_6\times2^6+\cdots+b_1\times2^1+b_0\times2^0$；$V_{REF}/256$ 为一常数。

显然，V_{out}和 B 成正比关系。输入数字量 B 为 0 时，V_{out}也为 0，输入数字量为 255 时，V_{out}为负的最大值，输出电压为负的单极性。

2. DAC 用作双极性电压输出

在被控对象需要用到双极性电压的场合下，可以采用如图 9-5 所示接线。

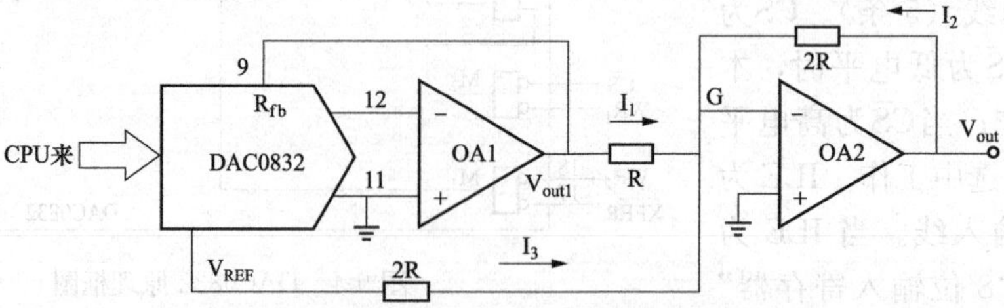

图 9-5　双极性 DAC 的接法

图中，DAC0832 的数字量由 CPU 送来，OA1 和 OA2 均为运算放大器，V_{out}通过 2R 电阻反馈到运算放大器 OA2 输入端，其他如图所示。G 点为虚拟地，故由克希荷夫定律得到：

$$\begin{cases} I_1+I_2+I_3=0 \\ I_1=\dfrac{V_{out1}}{R},I_2=\dfrac{V_{out}}{2R},I_3=\dfrac{V_{REF}}{2R} \\ V_{out1}=-B\dfrac{V_{REF}}{256} \end{cases}$$

解上述方程组得到：

$$V_{out}=(B-128)\frac{V_{REF}}{128} \tag{9-3}$$

由式（9-3）可列出双极性输出电压对输入数字量的关系见表 9-1。表中，输入数字量最高位 b_7 为符号位，其余为数值位，参考电压 V_{REF}，可正可负。在选用$+V_{REF}$，时，若输入数字量最高位 b_7为“1”，则输出模拟电压 V_{out}为正；若输入数字量最高位为“0”，则输出模拟电压 V_{out}为负。选用$-V_{REF}$时 V_{out}的取值正好和选用$+V_{REF}$时相反。其中，LSB 表示输入数字量 b_0 由“0”变“1”时 V_{out}的增量，即 LSB＝$V_{REF}/128$。

表 9-1　　双极性输出电压对输入数字量的关系

输入数字量 B								V_{out}（理想值）	
b_7	b_6	b_5	b_4	b_3	b_2	b_1	b_0	$+V_{REP}$时	$-V_{REP}$时
1	1	1	1	1	1	1	1	$\|V_{REF}\|-LSB$	$-\|V_{REF}\|+LSB$
			⋮					⋮	⋮
1	1	0	0	0	0	0	0	$\|V_{REF}\|/2$	$-\|V_{REF}\|/2$
			⋮					⋮	⋮
1	0	0	0	0	0	0	0	0	0
			⋮					⋮	⋮
0	1	1	1	1	1	1	1	$-LSB$	LSB
			⋮					⋮	⋮
0	0	1	1	1	1	1	1	$-\|V_{REF}\|/2-LSB$	$\|V_{REF}\|/2+LSB$
			⋮					⋮	⋮
0	0	0	0	0	0	0	0	$-\|V_{REF}\|$	$\|V_{REF}\|$

双极性电压输出时，DAC0832 的另一种接线如图 9-6 所示。

3. DAC用作控制放大器

DAC还可以用作控制放大器，其电压放大倍数可由CPU通过程序设定。如图9-7所示为用作电压放大器的DAC接线。由图可见，需要放大的电压V_{in}和反馈输入端R_{fb}相接，运算放大器输出V_{out}，还作为DAC的基准电压V_{REF}，数字量由CPU送来，其余如图所示。根据前面所学知识，DAC0832内部I_{out1}一边和T型电阻网络相连，另一边又通过反馈电阻R_{fb}和V_{in}相通，故可得到下列方程组：

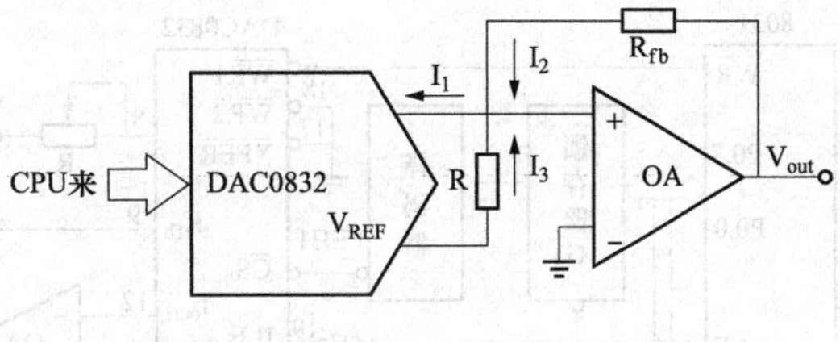

图9-6　双极性DAC的另一种接法

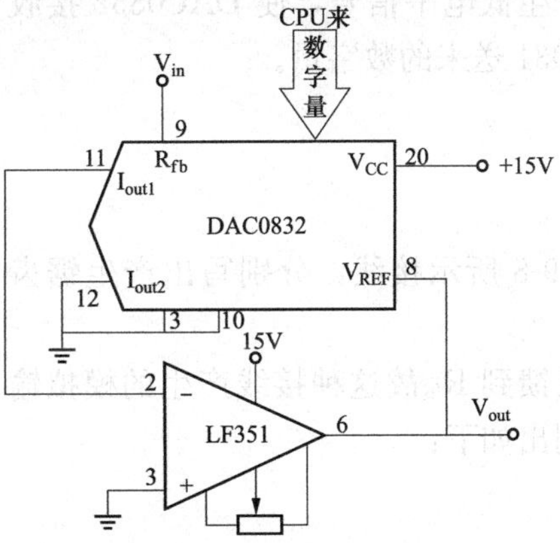

图9-7　控制放大器用DAC0832

$$\begin{cases} I_{out1}=B\times\dfrac{V_{REF}}{256\times R}=B\times\dfrac{V_{out}}{256\times R} \\ I_{Rfv}=\dfrac{V_{in}}{R_{fb}} \\ I_{Rfb}+I_{out1}=0 \end{cases}$$

方程组得到：

$$V_{out}=-\frac{V_{in}}{B}\times\frac{R}{R_{fb}}\times 256$$

选$R=R_{fb}$，则上式变为

$$V_{out}=-\frac{256}{B}\times V_{in} \tag{9-4}$$

式（9-4）中，256/B可看作放大倍数。但数字量B不得为“0”，否则放大倍数为无限大，放大器因此而处于饱和状态。

9.2.2　MCS-51对DAC0832的接口

MCS-51和DAC0832接口时，可以有三种连接方式：直通方式、单缓冲方式和双缓冲方式。

1. 直通方式

DAC0832内部有两个起数据缓冲器作用的寄存器，分别受$\overline{LE_1}$和$\overline{LE_2}$控制。如果使$\overline{LE_1}$和$\overline{LE_2}$皆为高电平，那么DI_7～DI_0上信号便可直通地到达“8位DAC寄存器”，进行D/A转换。因此，ILE接+5V以及使$\overline{CS}$、$\overline{XFER}$、$\overline{WR_1}$和$\overline{WR_2}$接地，DAC0832就可在直通方式下工作。直通方式下工作的DAC0832常用于不带微机的控制系统。

2. 单缓冲方式

单缓冲方式就是使DAC0832的两个输入寄存器中有一个（多为DAC寄存器）处于直通方式，而另一个处于受控的锁存方式。在实际应用中，如果只有一路模拟量输出，或虽是多路模拟量输出但并不要求输出同步的情况下，就可采用单缓冲方式。

为使DAC寄存器处于直通方式，应使$\overline{WR_2}=0$和$\overline{XFER}=0$。为此可把这两个信号固定接地。为使输入寄存器处于受控锁存方式，应把$\overline{WR_1}$接单片机的$\overline{WR}$，ILE接高电平。此外还应把$\overline{CS}$接高位地址线或地址译码输出，以便对输入寄存器进行选择。

单缓冲方式是指DAC0832内部的两个数据缓冲器有一个处于直通方式，另一个受MCS-51的控制。

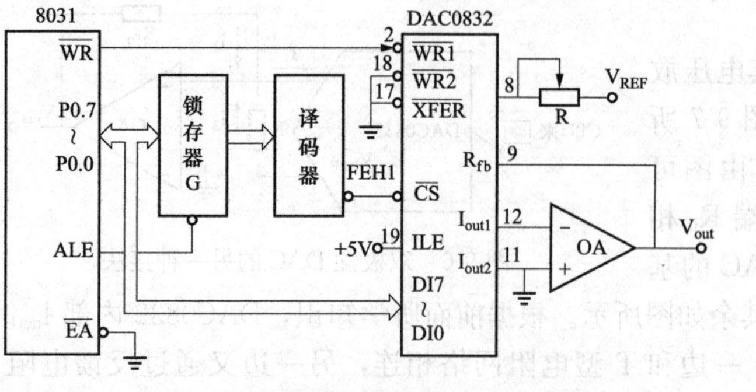

图 9-8　单缓冲方式下的DAC0832

单缓冲方式连接如图 9-8 所示，图中可见，$\overline{WR2}$和$\overline{XFER}$接地，故 DAC0832 的“8 位 DAC 寄存器”工作于直通方式。8 位输入寄存器受$\overline{CS}$和$\overline{WR1}$端信号控制，而且$\overline{CS}$由译码器输出端 FEH 送来。因此，8031 执行如下两条指令就可在$\overline{WR1}$和$\overline{CS}$上产生低电平信号，使 DAC0832 接收 8031 送来的数字量。

```
MOV     R0 ，#0FEH
MOVX    @R0，A
```

现举例说明单缓冲方式下 DAC0832 的应用。

［**例 9-1**］　DAC0832 用作波形发生器。试根据如图 9-8 所示接线，分别写出产生锯齿波、三角波和方波的程序。

解　在图 9-8 中，运算放大器 OA 输出端 V_{out} 直接反馈到 R_{fb} 故这种接线产生的模拟输出电压是单极性的。现把产生上述三种波形的参考程序列出如下：

（1）锯齿波程序。锯齿波程序为：

```
        ORG     1000H
        CLR     A
START：  MOV     R0，        #0FEH
        MOVX    @R0，       A
        INC     A
        NOP
        NOP
        NOP
        SJMP    START
        END
```

上述程序产生的锯齿波如图 9-9（a）所示。对锯齿波的产生作如下几点说明。

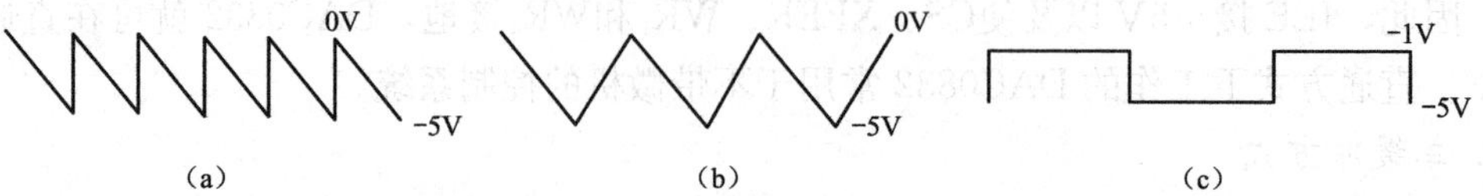

图 9-9　例 1 所产生的波形

（a）锯齿波；（b）三角波；（c）方波

由于运算放大器的反相作用，图中锯齿波是负向的。程序每循环一次，A 加 1，因此实际上锯齿波的下降边是由 256 个小阶梯构成的。但由于阶梯很小，所以宏观上看就如图中所画的线性锯齿波。

可通过循环程序段的机器周期数，计算出锯齿波的周期。开可根据需要，通过延时的办法来改变波形周期。对此，当延迟时间较短时，可用 NOP 指令来实现（本程序就是如此）；

当需要延迟时间较长时，可以使用一个延时子程序。延迟时间不同，波形周期不同，锯齿波的斜率就不同。

程序中 A 的变化范围是从 0 到 255，因此得到的锯齿波是满幅度的。如果要求得到非满幅锯齿波，可通过计算求得数字量的初值和终值，然后在程序中通过置初值判终值的办法即可实现。

(2) 三角波程序。三角波由线性下降段和线性上升段组成，相应程序为：

```
        ORG    1080H
START： CLR    A
        MOV    R0，     ＃0FEH
DOWN：  MOVX   @R0，    A            ；线性下降段
        INC    A
        JNZ    DOWN                  ；若未完，则 DOWN
        MOV    A，＃0FEH
UP：    MOVX   @R0，A                ；线性上升段
        DEC    A
        JNZ    UP                    ；若未完，则 UP
        SJMP   DOWN                  ；若已完，则循环
        END
```

执行上述程序产生的三角波如图 9-9（b）所示。三角波频率同样可以通过插入 NOP 指令或延时程序改变。

(3) 方波程序。方波程序为：

```
        ORG    1100H
START： MOV    R0，＃0FEH
LOOP：  MOV    A，＃33H
        MOVX   @R0，A                ；置上限电平
        ACALL  DELAY                 ；形成方波顶宽
        MOV    A，＃0FEH
        MOVX   @R0，A                ；置下限电平
        ACALL  DELAY                 ；形成方波底宽
        SJMP   LOOP                  ；循环
DELAY：
        …
        END
```

程序执行后产生如图 9-9（c）所示方波，方波频率也可以用同样方法改变。

3. 双缓冲方式

所谓双缓冲方式，就是把 DAC0832 的输入寄存器和 DAC 寄存器都接成受控锁存方式。双缓冲方式 DAC0832 的连接如图 9-10 所示。

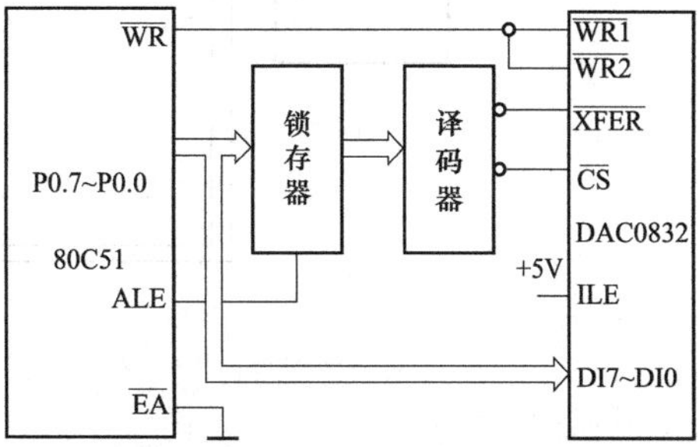

图 9-10 DAC0832 的双缓冲方式连接

为了实现寄存器的可控，应当给两个寄存器各分配一个地址，以便能单独进行操作。图中是

使用地址译码输出分别接$\overline{CS}$和$\overline{XFER}$实现的。由 80C51 的$\overline{WR}$为$\overline{WR1}$和$\overline{WR2}$提供写选通信号。这样就完成了两个寄存器都可控的双缓冲接口方式。

由于两个寄存器各占据一个地址，因此在程序中需要使用两条传送指令，才能完成一个数字量的模拟转换。假定输入寄存器地址为 0EH，DAC 寄存器地址为 0FH，则完成一次数/模转换的程序段如下：

```
MOV   R0，#0EH    ；装入输入寄存器地址
MOVX  @R0，A      ；转换数据送输入寄存器
INC   R0          ；产生 DAC 寄存器地址
MOVX  @R0，A      ；数据通过 DAC 寄存器
```

最后一条指令，表面上看来是把 A 中数据送 DAC 寄存器，实际上这种数据传送并不真正进行，该指令只是起到打开 DAC 寄存器使输入寄存器中数据通过的作用，数据通过后就去进行 D/A 转换。

双缓冲方式用于多路数/模转换系统，以实现多路模拟信号同步输出的目的。

[例 9-2] 单片机控制 X-Y 绘图仪。X-Y 绘图仪由 X、Y 两个方向的步进电动机驱动，其中一个电动机控制绘图笔沿 X 方向运动，另一个电动机控制绘图笔沿 Y 方向运动，从而绘出图形。

解 对 X-Y 绘图仪的控制有两点基本要求：一是需要两路数/模转换器分别给 X 通道和 Y 通道提供模拟信号，二是两路模拟量要同步输出。因此需要双缓冲方式连接，如图 9-11 所示。由图可见，1 号 DAC0832 因$\overline{CS}$和译码器 FDH 相连而占有 FDH 和 FFH 两个 I/O 端口，而 2 号 DAC0832 的两个端口地址为 FEH 和 FFH。其中，FDH 和 FEH 分别为 1 号和 2 号 DAC0832 的数字量端口，而 FFH 为启动 D/A 转换的端口。参考程序如下：

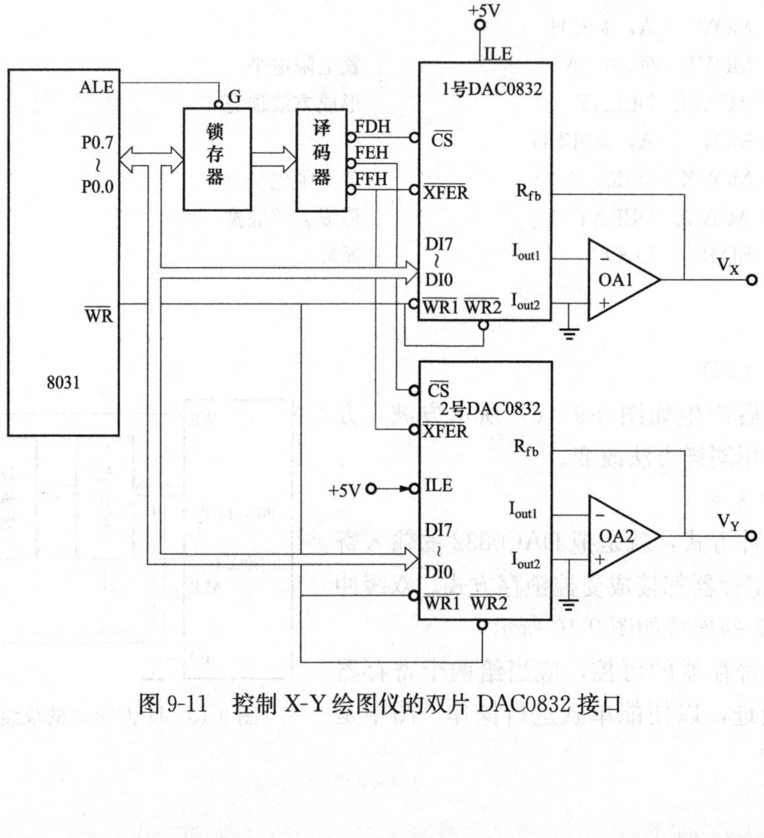

图 9-11 控制 X-Y 绘图仪的双片 DAC0832 接口

运行程序为：

```
ORG  2000H
MOV R0，#0FDH
MOV  A，#xdata
MOVX  @R0，A        ；xdata 写入 1 号 0832 输入寄存器
MOV  R0，#0FEH
MOV  A，#ydata
MOVX  @R0，A        ；ydata 写入 2 号 0832 输入寄存器
MOV  R0，#0FFH
MOVX  @DPTR，A      ；启动 1 号和 2 号 DAC0832 工作
```

9.3 前向通道中的 A/D 转换接口技术

9.3.1 A/D 转换器

A/D 转换器在单片机控制系统的前向通道中使用。A/D 转换器是一种能把输入模拟电压或电流变成与它成正比的数字量，即能把被控对象的各种模拟信息变成计算机可以识别的数字信息。A/D 转换器种类很多，但从原理上通常可分为以下四种：计数器式 A/D 转换器、双积分式 A/D 转换器、逐次逼近式 A/D 转换器、并行 A/D 转换器。

计数器式 A/D 转换器结构很简单，但转换速度也很慢，所以很少采用。双积分式 A/D 转换器抗干扰能力强，转换精度也很高，但速度不够理想，常用于数字式测量仪表中。计算机中广泛采用逐次逼近式 A/D 转换器作为接口电路，它的结构不太复杂，转换速度也高。并行 A/D 转换器的转换速度最快，但因结构复杂而造价较高，故只用于那些转换速度极高的场合。本书仅对逐次逼近式和并行 A/D 式转换器作介绍。

1. 逐次逼近式 A/D 转换原理

逐次逼近式 A/D 转换器也称为连续比较式 A/D 转换器。这是一种采用对分搜索原理来实现 A/D 转换的方法，逻辑框图如图 9-12 所示。图中，V_X 为 A/D 转换器被转换的模拟输入电压。V_S 是“N 位 A/D 转换网络”的输出电压，其值由“N 位寄存器”中内容决定，受控制电路控制。比较器对 V_X 和 V_S 电压进行比较，并把比较结果送给“控制电路”。整个 A/D 转换是在逐次比较过程中形成，形成的数字量存放在 N 位寄存器中，先形成最高位，然后是次高位，一位位地最后形成最低位。现对它的工作过程分析如下：

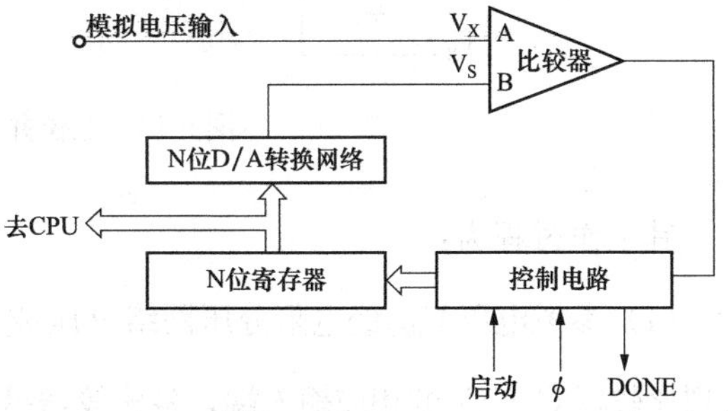

图 9-12　逐次逼近式 A/D 转换器示意框图

“控制电路”从“启动”输入端收到 CPU 送来的“启动”脉冲而开始工作。“控制电路”工作后便使“N 位寄存器”中最高位置“1”和其余位清零，“N 位 D/A 转换网络”根据“N 位寄存器”中内容产生 V_S 电压，其值为满量程 V_X 的一半，并送入比较器进行比较。若 $V_X \geqslant V_S$，则比较器输出逻辑“1”，通过“控制电路”使“N 位寄存器”中最高位的“1”

保留，表示输入模拟电压 Vx 比满量程一半还大；若 Vx＜V_S，则比较器通过控制电路使 N 位寄存器的最高位复位，表示 Vx 比满量程一半还小。这样，A/D 转换的最高位数字量就形成了。因此，控制电路依次对 $N-1$，$N-2$，…，$N-(N-1)$ 位重复上述过程，就可使“N 位寄存器”中得到和模拟电压 Vx 相对应的数字量。“控制电路”在 A/D 转换完成后还自动使 DONE 变为高电平。CPU 查询 DONE 引脚上状态（或作为中断请求）就可从 A/D 转换器提取 A/D 转换后的数字量。

2. 并行 A/D 转换原理

上述 N 位逐次逼近式 A/D 转换器需要进行 N 次比较，才能完成输入模拟电压的一次 A/D 转换。为了进一步提高 A/D 转换速度，可采用并行 A/D 转换器。如图 9-13 所示为三位二进制并行 A/D 转换电路。

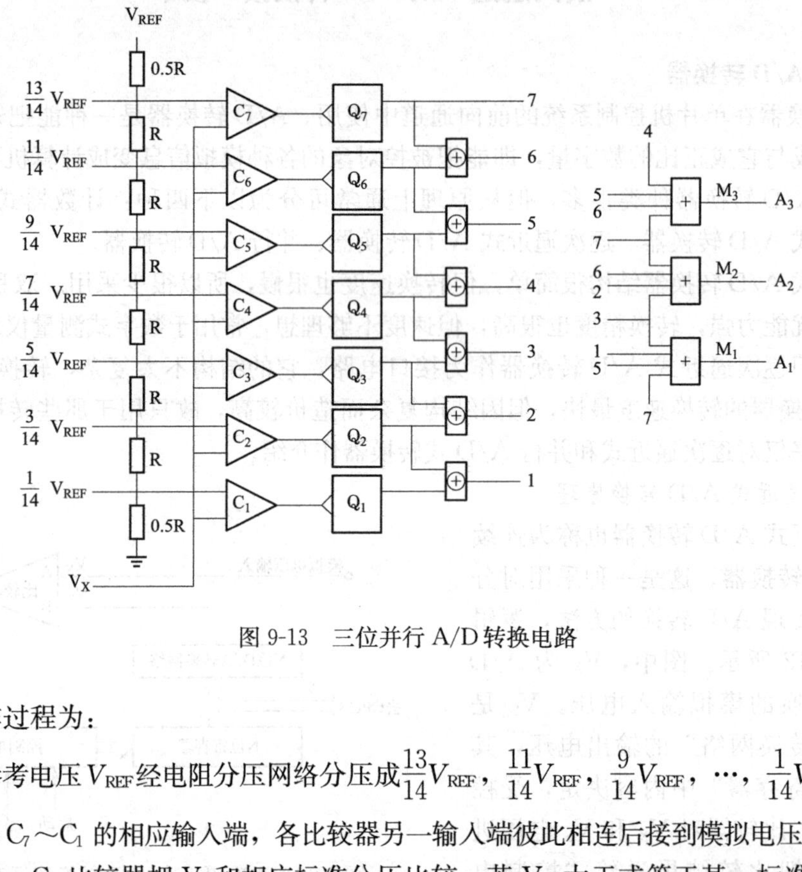

图 9-13 三位并行 A/D 转换电路

其工作过程为：

（1）参考电压 V_{REF} 经电阻分压网络分压成 $\frac{13}{14}V_{REF}$，$\frac{11}{14}V_{REF}$，$\frac{9}{14}V_{REF}$，…，$\frac{1}{14}V_{REF}$，分别输入到比较器 C_7～C_1 的相应输入端，各比较器另一输入端彼此相连后接到模拟电压输入端 V_X。

（2）C_7～C_1 比较器把 V_X 和相应标准分压比较。若 V_X 大于或等于某一标准分压，则比较器使 Q_7～Q_1 中相应触发器置“1”；若 V_X 小于某一标准分压，则 Q_7～Q_1 中相应位复位成“0”。因此，任一输入模拟电压 V_X 都会在 Q_7～Q_1 中产生状态信息。

（3）Q_7～Q_1 中状态信息经异或门控制编码电路，编码电路由 M_3、M_2 和 M_1 组成，数字量从 A_3、A_2、A_1 端输出。例如：当 V_X 恰好为 $\frac{13}{14}V_{REF}$ 时，Q_7～Q_1 为全“1”而使得 $A_3A_2A_1$ 输出数字量 111B。若 V_X 恰好为 $\frac{11}{14}V_{REF}$ 时，Q_1 为 1 和 Q_7～Q_2 为全 0 而使得

$A_3A_2A_1$ 输出数字量 001B。

对于 N 位并行 A/D 转换器，其电阻分压网络需要分压成 m（$m=2^N-1$）个标准电压。N 越大，电阻网络越复杂，制造时越困难，成本也越高。但转换电路中各比较器、触发器和其他电路几乎是同时工作的，故在需要极高转换速度的场合下采用并行 A/D 转换器还是十分需要的。

3. A/D 转换器的性能指标

ADC（analog-digital converter）是 A/D 转换器的简称。ADC 的性能指标是正确选用 ADC 芯片的基本依据，也是衡量 ADC 质量的关键问题。

（1）分辨率。ADC 的分辨率是指使输出数字量变化一个相邻数码所需输入模拟电压的变化量。常用二进制的位数表示。例如，12 位 ADC 的分辨率就是 12 位，或者说分辨率为满刻度 FS 的 $1/2^{12}$。一个 10V 满刻度的 12 位 ADC 能分辨输入电压变化最小值是 $10V\times1/2^{12}=2.4mV$。

（2）量化误差。ADC 把模拟量变为数字量，用数字量近似表示模拟量，这个过程称为量化。量化误差是 ADC 的有限位数对模拟量进行量化而引起的误差。实际上，要准确表示模拟量，ADC 的位数需很大甚至无穷大。一个分辨率有限的 ADC 的阶梯状转换特性曲线与具有无限分辨率的 ADC 转换特性曲线（直线）之间的最大偏差即是量化误差。

量化误差和分辨率有相应的关系，分辨率高的 A/D 转换器具有较小的量化误差。

（3）偏移误差。偏移误差是指输入信号为零时，输出信号不为零的值，所以有时又称为零值误差。假定 ADC 没有非线性误差，则其转换特性曲线各阶梯中点的连线必定是直线，这条直线与横轴相交点所对应的输入电压值就是偏移误差。

（4）满刻度误差。满刻度误差又称为增益误差。ADC 的满刻度误差是指满刻度输出数码所对应的实际输入电压与理想输入电压之差。

（5）线性度。线性度有时又称为非线性度，它是指转换器实际的转换特性与理想直线的最大偏差。

（6）绝对精度。在一个转换器中，任何数码所对应的实际模拟量输入与理论模拟输入之差的最大值，称为绝对精度。对于 ADC 而言，可以在每一个阶梯的水平中点进行测量，它包括了所有的误差。

（7）转换速率。ADC 的转换速率是能够重复进行数据转换的速度，即每秒转换的次数。而完成一次 A/D 转换所需的时间（包括稳定时间），则是转换速率的倒数。

9.3.2 ADC0809

ADC 也有两大类：一类在电子线路中使用，不带使能控制端；另一类带有使能控制端，可和微机直接接口。ADC0809 是一种 8 位逐次逼近式 A/D 转换器，可以和微机直接接口。ADC0809 的姐妹芯片是 ADC0808，可以相互代换。

1. 内部结构

ADC0809 由八路模拟开关、地址锁存与译码器、比较器、256 电阻阶梯、树状开关、逐次逼近式寄存器 SAR、控制电路和三态输出锁存器等组成，如图 9-14 所示。

（1）八路模拟开关及地址锁存与译码器。八路模拟开关用于输入 $IN_0\sim IN_7$ 上八路模拟电压。地址锁存和译码器在 ALE 信号控制下可以锁存 ADDA、ADDB 和 ADDC 上地址信息，经译码后控制 IN0～IN7 上哪一路模拟电压送入比较器。例如，当 ADDA、ADDB 和

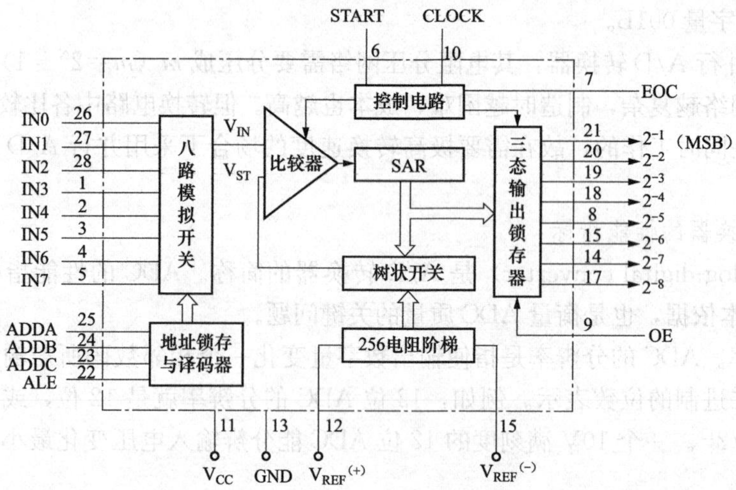

图 9-14 ADC0809 逻辑框图

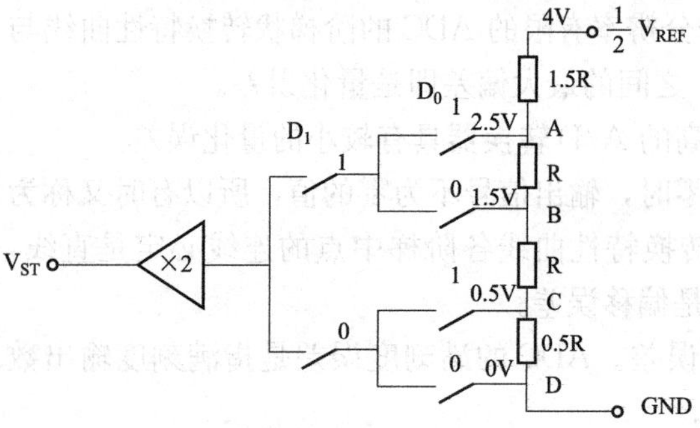

图 9-15 二位电阻阶梯和树状开关

ADDC 上均为低电平。以及 ALE 为高电平时，地址锁存和译码器输出使 IN_0 上模拟电压送到比较器输入端 V_{IN}。

(2) 256 电阻阶梯和树状开关。为了简化问题起见，现以二位电阻阶梯和树状开关（如图 9-15 所示）为例加以说明。图中，四个分压电阻使 A、B、C 和 D 四点分压成 2.5V、1.5V、0.5V 和 0V。SAR 中高位 D_1 左边两只树状电子开关，低位 D_0 控制右边四只树状开关。各开关旁的 0 和 1 表示树状开关闭合条件，由 D_1D_0 状态决定。例如，当 $D_1=1$ 时，则上面开关闭合而下面开关断开，$D_1=0$ 时的情况正好与此相反。树状开关输出电压 V_{ST} 和 D_1D_0 关系见表 9-2。

表 9-2 V_{ST} 和 D_1D_0 的关系表

D_1 D_0	V_{ST}（V）
0 0	0
0 1	0.5
1 0	1.5
1 1	2.5

对于 8 位 A/D 转换器，SAR 为八位，电阻阶梯、树状开关和上述情况类似。只是要有 $2^8=256$ 个分压电阻，形成 256 个标准电压供给树状开关使用。V_{ST} 送给比较器输入端。

(3) 逐次逼近寄存器和比较器。SAR 在 A/D 转换过程中存放暂态数字量，在 A/D 转换完成后存放数字量，并可送到“三态输出锁存器”。

A/D 转移前，SAR 为全 0。A/D 转换开始时，控制电路使 SAR 最高位为 1，并控制树状开关的闭合和断开，由此产生 V_{ST} 送给比较器。比较器对输入模拟电压 V_{IN} 和 V_{ST} 进行比较。若 $V_{IN}<V_{ST}$，则比较器输出逻辑 0 而使 SAR 最高位由 1 变为 0；若 $V_{IN}\geqslant V_{ST}$，则比较器输出使 SAR 最高位保留 1。此后，控制电路在保持最高位不变情况下，依次对次高位、次次高位、…、重复上述过程，就可在 SAR 中得到 A/D 转换完成后的数字量。

(4) 三态输出锁存器和控制电路。三态输出锁存器用于锁存 A/D 转换完成后的数字量。CPU 使 OE 引脚变为高电平就可以从“三态输出锁存器”取走 A/D 转换后的数字量。

2. 引脚功能

ADC0809 采用双列直插式封装，共有 28 条引脚，如图 9-15 所示，现分四组简述如下：

（1）IN0～IN7（8 条）。IN0～IN7 为八路模拟电压输入线，用于输入被转换的模拟电压。

（2）地址输入和控制（4 条）。ALE 为地址锁存允许输入线，高电平有效。当 ALE 线为高电平时，ADDA、ADDB 和 ADDC 三条地址线上地址信号得以锁存，经译码后控制八路模拟开关工作。ADDA、ADDB 和 ADDC 为地址输入线，用于选择 IN0～IN7，上那一路模拟电压送给比较器进行 A/D 转换。ADDA、ADDB 和 ADDC 对 IN0～IN7 的选择见表 9-3。

表 9-3　被选模拟量路数和地址的关系

被选模拟电压路数	ADDC	ADDB	ADDA
IN_0	0	0	0
IN_1	0	0	1
IN_2	0	1	0
IN_3	0	1	1
IN_4	1	0	0
IN_5	1	0	1
IN_6	1	1	0
IN_7	1	1	1

（3）数字量输出及控制线（11 条）。START 为“启动脉冲”输入线，该线上正脉冲由 CPU 送来，宽度应大于 100ns，上升沿清零 SAR，下降沿启动 ADC 工作。EOC 为转换结束输出线，该线上高电平表示 A/D 转换已结束，数字量已锁入“三态输出锁存器”。2^{-1}～2^{-8}为数字量输出线，2^{-1}为最高位。OE 为“输出允许”线，高电平时能使 2^{-1}～2^{-8}引脚上输出转换后的数字量。

（4）电源线及其他（5 条）。CLOCK 为时钟输入线，用于为 ADC0809 提供逐次比较所需 640kHz 时钟脉冲序列。V_{CC}为＋5V 电源输入线，GND 为地线。V_{REF}（＋）和 V_{REF}（－）为参考电压输入线，用于给电阻阶梯网络供给标准电压。V_{REF}（＋）常和 V_{CC}相连，V_{REF}（－）常接地。

9.3.3　MCS-51 和 ADC0809 的接口

MCS-51 和 ADC 接口必须弄清和处理好三个问题：①要给 START 线送一个 100ns 宽的起动正脉冲；②获取 EOC 线上的状态信息，因为它是 A/D 转换的结束标志；③要给“三态输出锁存器”分配一个端口地址，也就是给 OE 线上送一个地址译码器输出信号。

MCS-51 和 ADC 接口通常可以采用查询和中断两种方式。采用查询法传送数据时 MCS-51 应对 EOC 线查询它的状态：若它为低电平，表示 A/D 转换正在进行，则 MCS-51 应当继续查询；若查询到 EOC 变为高电平，则就给 OE 线送一个高电平，以便从 2^{-1}～2^{-8}线上提取 A/D 转换后的数字量。采用中断方式传送数据时，EOC 线作为 CPU 的中断请求输入线。CPU 响应中断后，应在中断服务程序中使 OE 线变为高电平，以提取 A/D 转换后的数字量。

如前所述，ADC0809 内部有一个 8 位“三态输出锁存器”可以锁存 A/D 转换后的数字量，故它本身既可看做一种输入设备，也可认为是并行 I/O 接口芯片。因此，ADC0809 可以直接和 MCS-51 接口，当然也可通过像 8155 这样的其他接口芯片连接。但在大多数情况下，8031 是和 ADC0809 直接相连的，如图 9-16 所示。由图可见，START 和 ALE 互连可使 ADC0809 在接收模拟量路数地址时启动工作。START 启动信号由 8031WR 和译码器输出端 F0 经或门 M_2 产生。平时，START 因译码器输出端 F0 上高电平而封锁。

当 8031 执行如下程序段后，

```
MOV    R0，＃0F0H
MOV    A，＃07H              ；选择 IN，模拟电压地址送 A
```

```
MOVX    @R0，A                ；START上产生正脉冲
```

START上正脉冲启动ADC0809工作，ALE上正脉冲使ADDA、ADDB和ADDC上地址得到锁存，以选中IN7路模拟电压送入比较器。显然，8031此时是把ADDA、ADDB和ADDC上地址作为数据来处理的，但如果ADDA、ADDB和ADDC分别和P0.0、P0.1和P0.2相连，情况就会发生变化。8031只有执行如下指令才会给ADC0809送去模拟量路数地址：

```
MOV     DPTR，#07F0H
MOVX    @DPTR，A
```

显然，8031是把ADDA、ADDB和ADDC作为地址线处理的。

［**例9-3**］ 在图9-17中，请编程对IN0～IN7上模拟电压采集一遍数字量，并送入内部RAM以30H为始址的输入缓冲区。

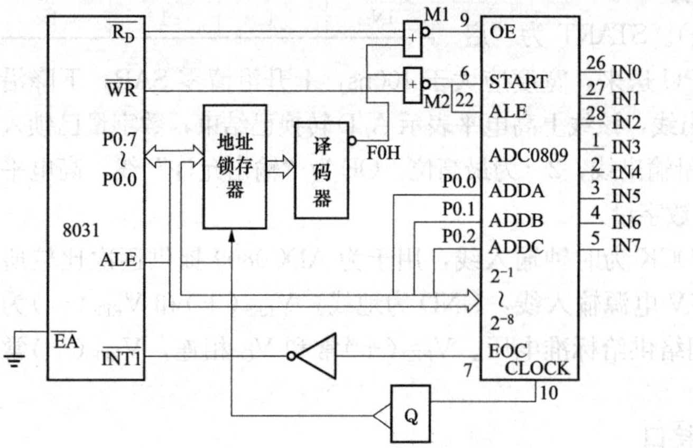

图9-16 8031和ADC0809的接口

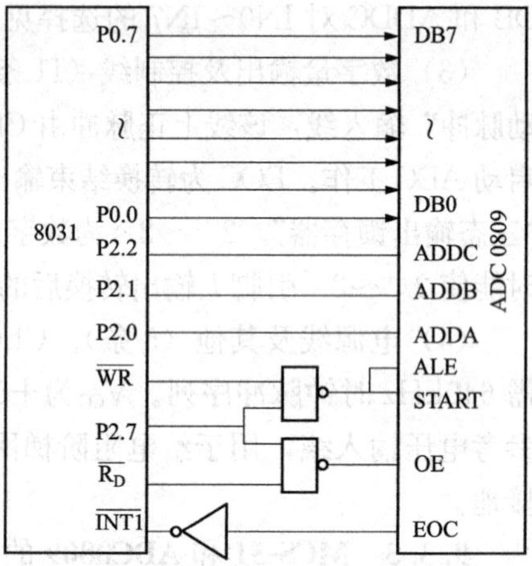

图9-17 习题5、6附图

解 本程序分主程序和中断服务程序两部分。主程序用来对中断初始化，给ADC0809发启动脉冲和送模拟量路数地址等。中断服务程序用来从ADC接收A/D转换后的数字量和判断一遍采集完否。参考程序如下：

① 主程序

```
        ORG     0A00H
        MOV     R0，#30H        ；输入数据区始址送R
        MOV     R4，#8          ；模拟量总路数送R4
        MOV     R2，#00H        ；IN0地址送R2
        SETB    EA              ；开CPU中断
        SETB    EX1             ；允许INT1中断
        SETB    ITl             ；即INT1为边沿触发
        MOV     R0，#0F0H       ；送端口地址F0H到R0
        MOV     A，R2           ；IN0地址送A
        MOVX    @R0，A          ；送IN0地址并启A/D
        SJMP    $               ；等待中断或其他
```

② 中断服务程序

```
        ORG     0013H
        AJMP    CINT1           ；转中断服务程序
```

```
        0RG     0100H
CINT1:  MOV     R0, #0F0H       ; 端口地址送 R0
        MOVX    A, @R0          ; 输入数字量送 A
        MOV     @R1, A          ; 存入输入数据区
        INC     R1              ; 输入数据区指针加 1
        INC     R2              ; 修改模拟量路数地址
        MOV     A, R0           ; 下个模拟量路数地址送 A
        MOVX    @R0, A          ; 送下路模拟量路数地址，并启 A/D
        DJNZ    R4, LOOP        ; 若未采集完 8 路，则 LOOP
        CLR     EX1             ; 若已采集完 8 路，则关闭中断
LOOP:   RETI                    ; 中断返回
        END
```

ADC0809 所需时钟信号可以由 8031 的 ALE 信号提供。8031 的 ALE 信号通常是每个机器周期出现两次，故它的频率是单片机时钟频率的 1/6。若 8031 主频是 6MHz，ALE 信号频率为 1MHz，若使 ALE 上信号经触发器二分频接到 ADC0809 的 CLOCK 输入端，就可获得 500kHz 的 A/D 转换脉冲。当然，ALE 上脉冲会在 MOVX 指令的每个机器周期内少出现一次，但通常情况下影响不大。

9.4　习　　题

1. D/A 转换器作用是什么？A/D 转换器作用是什么？各在什么场合下使用？

2. D/A 转换器的主要性能指标有哪些？设某 DAC 有二进制 14 位，满量程模拟输出电压 10V，试问它的分辨率和转换精度各为多少？

3. DAC0832 和 MCS-51 接口时有哪三种工作方式？各有什么特点？适合在什么场合下使用？

4. 决定 ADC0809 模拟电压输入路数的引脚有哪几条？

5. 如图 9-17 所示给出了 8031 和 ADC0809 的接口。设在内部 RAM 始址为 20H 处有一数据区，请写出对 8 路模拟电压连续采集并存入（或更新）这个数据区的程序。

6. 利用图 9-17 编出每分钟采集一遍IN0～IN7上模拟电压，并把采集的数字量存入（或更新）内部 RAM20H 开始的数据区（利用内部定时器）的程序。

第 10 章 串行接口技术

单片机与外部设备的信息交换称为通信。单片机通信方式有并行通信和串行通信两种。

并行通信的特点是：各数据位同时传送，传送速度快、效率高。但并行数据传送有多少数据位就需多少根数据线，因此传送成本高。并行数据传送的距离通常小于 30m，在计算机内部的数据传送都是并行的。

串行通信的特点是：数据传送按位顺序进行，通信速度慢。传输线少。长距离传送时成本低，且可以利用电话网等现成的设备，数据的传送控制比并行通信复杂。单片机与外部设备的通信大多数是串行的。

本章主要介绍串行通信的基础知识以及 MCS-51 单片机的串行通信。

10.1 串行通信基础知识

10.1.1 串行通信的分类

按照串行数据的同步方式，串行通信可以分为同步通信和异步通信两类。同步通信是按照软件识别同步字符来实现数据的发送和接收的，异步通信是一种利用字符的再同步技术的通信方式。

1. 异步通信（asynchronous communication）

在异步通信中，数据通常是以字符（或字节）为单位组成字符帧传送。字符帧由发送端到接收端一帧一帧地发送和接收，这两个时钟彼此独立，互不同步。

那么，发送端和接收端依靠什么来管辖数据的发送和接收呢？也就是说：接收端怎么会知道发送端何时开始发送和何时结束发送呢？原来，这是由字符帧格式规定的。平时，发送线为高电平（逻辑“1”），每当接收端检测到传输线上发送过来的低电平逻辑“0”（字符帧中起始位）时就知道发送端已开始发送，每当接收端接收到字符帧中停止位时就知道一帧字符信息已发送完毕。

在异步通信中，字符帧格式和波特率是两个重要指标，由用户根据实际情况选定。

（1）字符帧（character frame）。字符帧也叫数据帧，由起始位、数据位、奇偶校验位和停止位等四部分组成。如图 10-1 所示。现对各部分结构和功能分述如下：

1）起始位。位于字符帧开头，只占一位，始终为逻辑 0 低电平，用来向接收设备表示发送端开始发送一帧信息。

2）数据位。紧跟起始位之后，用户根据情况可取 5 位、6 位、7 位或 8 位，低位在前，高位在后。若所传数据为 ASCII 字符，则常取 7 位。

3）奇偶校验位。位于数据位后，仅占一位，用于表征串行通信中采用奇校验还是偶校验，由用户根据需要决定。

4）停止位。位于字符帧末尾，为逻辑“1”高电平，通常可取 1 位、1.5 位或 2 位，用于向接收端表示一帧字符信息已发送完毕，也为发送下一帧字符作准备。

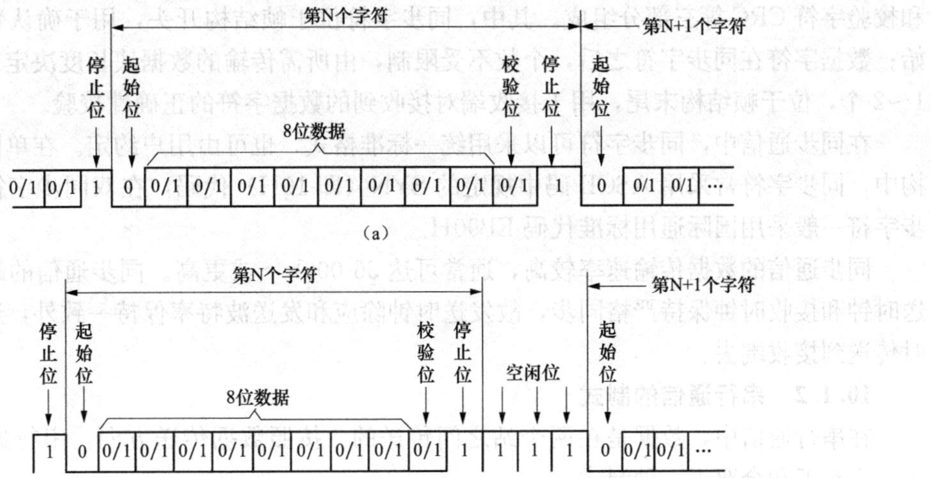

图 10-1 异步通信的字符帧格式

(a) 无空闲位字符帧；(b) 有 3 位空闲位字符帧

在串行通信中，发送端一帧一帧发送信息，接收端一帧一帧接收信息。两相邻字符帧之间可以无空闲位，也可以有若干空闲位，这由用户根据需要决定。当两相邻字符帧之间有空闲位时，空闲位必须是 1。

(2) 波特率 (baud rate)。波特率的定义为每秒钟传送二进制数码的位数（亦称比特数），单位是 b/s，即位/秒。波特率是串行通信的重要指标，用于表征数据传输的速度。波特率越高，数据传输速度越快，但和字符帧格式有关。例如，波特率为 2400b/s 的通信系统，若采用 10-1 (a) 的字符帧，则字符的实际传输速率为 2400/11；218.2 帧/秒；若改用图 10-1 (b) 字符帧，则字符的实际传输速率为 2400/14＝171.4 帧/秒。

每位的传输时间定义为波特率的倒数。例如，波特率为 2400b/s 的通信系统，其每位的传输时间应为：

$$T_{\mathrm{d}} = 1/2400 = 0.417\mathrm{ms}$$

波特率还和信道的频带有关。波特率越高，信道的频带越宽。因此，波特率也是衡量通道频宽的重要指标。通常，异步通信的波特率在 50～9600b/s 之间。波特率不同于发送时钟和接收时钟，常是时钟频率的 1/16 或者 1/64。

异步通信的优点是不需要传送同步脉冲，字符帧长度也不受限制，故所需设备简单。缺点是字符中因包含有起始位和停止位而降低了有效数据的传输速率。

2. 同步通信(synchronous communication)

同步通信是一种连续串行传送数据的通信方式，一次通信只传送一帧信息。这里的信息帧和异步通信中的字符不同，通常含有若干个数据字符，如图 10-2 所示。图中，(a) 为单同步字符帧结构，(b) 为双同步字符帧结构。但它们均由同步字符、数据字符

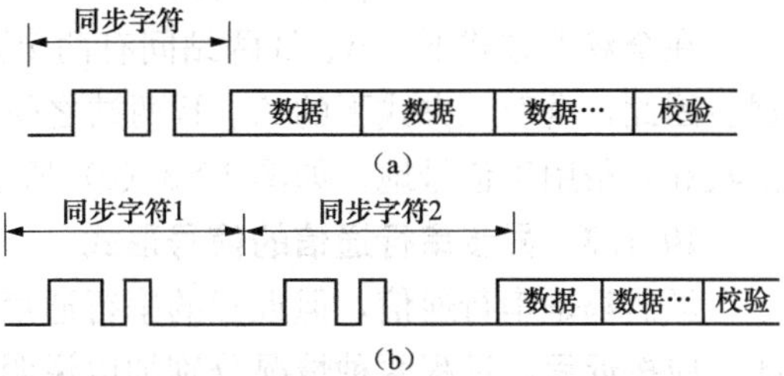

图 10-2 同步通信中的字符帧结构

(a) 单同步字符帧结构；(b) 双同步字符帧结构

和校验字符CRC等三部分组成。其中，同步字符位于帧结构开头，用于确认数据字符的开始；数据字符在同步字符之后，个数不受限制，由所需传输的数据块长度决定；校验字符有1～2个，位于帧结构末尾，用于接收端对接收到的数据字符的正确性校验。

在同步通信中，同步字符可以采用统一标准格式，也可由用户约定。在单同步字符帧结构中，同步字符常采用ASCII码中规定的SYN（即16H）代码，在双同步字符结构中，同步字符一般采用国际通用标准代码EB90H。

同步通信的数据传输速率较高，通常可达56 000b/s或更高。同步通信的缺点是要求发送时钟和接收时钟保持严格同步，故发送时钟除应和发送波特率保持一致外，还要求把它同时传送到接收端去。

10.1.2 串行通信的制式

在串行通信中，数据是在两个站之间传送的。按照数据传送方向，串行通信可分为单工、半双工和全双工三种制式。

1. 单工（simplex）制式

在单工方式下，数据传送是单向的。通信双方中一方固定为发送端，另一方则固定为接收端。因此，A、B两站之间只要一条信号线和一条地线，如图10-3（a）所示。

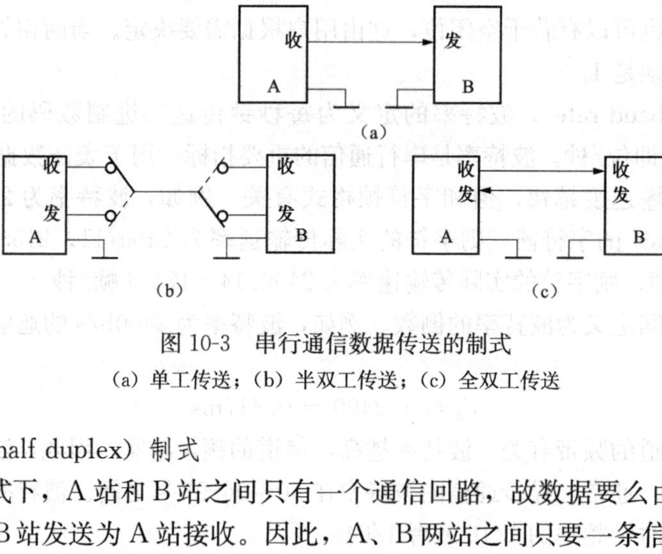

图10-3 串行通信数据传送的制式

(a) 单工传送；(b) 半双工传送；(c) 全双工传送

2. 半双工（half duplex）制式

在半双工方式下，A站和B站之间只有一个通信回路，故数据要么由A站发送而为B站接收，要么由B站发送为A站接收。因此，A、B两站之间只要一条信号线和一条地线，如图10-3（b）所示。

3. 全双工（full duplex）制式

在全双工方式下，A、B两站间有两个独立的通信回路，两站都可以同时发送和接收数据。因此，全双工方式下的A、B两站之间至少需要三条传输线：一条用于发送，一条用于接收和一条用于信号地，如图10-3（c）所示。

10.1.3 异步串行通信的信号形式

虽然都是串行通信，但近程的串行通信和远程的串行通信在信号形式上却有所不同，因此，应按近程、远程两种情况分别加以说明。

1. 近程通信

近程通信又称本地通信（通信距离≤15m）。近程通信采用数字信号直接传送形式，说得理论化一点就是在传送过程中不改变原数据代码的波形和频率。这种数据传送方式称之为基带传送方式。如图 10-4 所示就是两台计算机近程串行通信的连接和代码波形图。

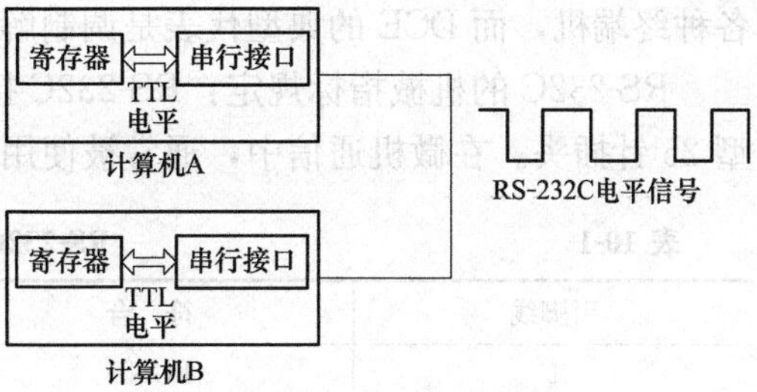

图 10-4 近程串行通信

从图 10-4 中可见，计算机内部的数据信号是 TTL 电平标准，而通信线上的数据信号却是 RS-232C 电平标准。然而，尽管电平标准不同，但数据信号的波形和频率并没有改变。近程串行通信只需用传输线把两端的接口电路直接连起来即可实现，既方便又经济。

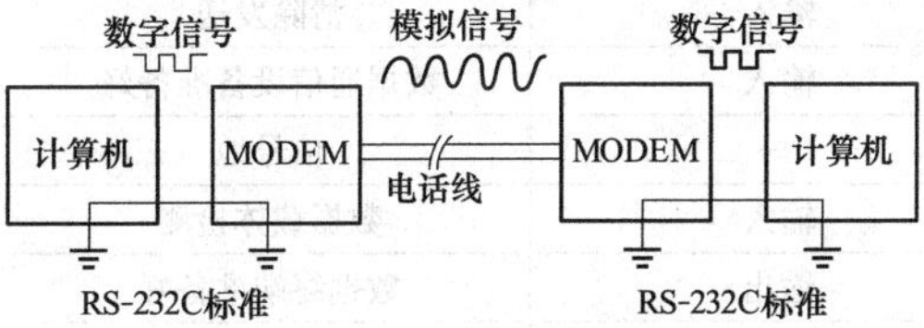

图 10-5 远程串行通信

2. 远程通信

在远程串行通信中，应使用专用的通信电缆作为传输线。远程串行通信如图 10-5 所示。

远距离直接传送数字信号，信号会发生畸变，因此要把数字信号转变为模拟信号再进行传送。信号形式的转变通常使用频率调制法，即以不同频率的载波信号代表数字信号的两种不同电平状态。这种数据传送方式就称之为频带传送方式。

为此，在串行通信的发送端应该有调制器，以便把电平信号调制为频率信号；而在接收端则应有解调器，以便把频率信号解调为电平信号。远程串行通信多采用双工方式，即通信双方都具有发送和接收功能。为此在远程串行通信线路的两端都应设置调制器和解调器，并且把二者合在一起称之为调制解调器（modem）。

电话线本来是用于传送声音（模拟信号）的，人讲话的声音频率范围大约为 300～3000Hz。因此使用电话线进行串行数据传送，其调频信号的频率也应在此范围之内。通常以 1270Hz 或 2225Hz 的频率信号代表 RS-232C 标准的 mark 电平，以 1070Hz 或 2025Hz 的频率信号代表 RS-232C 标准的 space 电平。

对于半双工方式，即用一条传输线完成两个方向的数据传送。发送端串行接口输出的是 RS-232C 标准的电平信号，由调制器把电平信号分别调制成 1270Hz 和 1070Hz 的调频信号后再送上电话线进行远程传送。在接收端，由解调器把调频信号解调为 RS-232C 标准的电平信号，再经串行接口电路调制为 TTL 电平信号。另一个方向的数据传输，其过程完全相同，所不同的只是调频信号的频率分别为 2225Hz 和 2025Hz。

10.2 串行通信的接口标准

10.2.1 RS-232C 接口

1. 接口信号

RS-232C 标准（协议）是美国 EIA（电子工业联合会）与 BELL 等公司一起开发并于 1969 年公布的通信协议。它适合于数据传输速率在 0～20 000b/s 范围内的通信，是异步串行通信中应用最广泛的标准总线。它包括了按位串行传输的电气和机械方面的规定。适用于数据终端设备（DTE）和数据通信设备（DCE）之间的接口。其中 DTE 主要包括计算机和各种终端机，而DCE的典型代表是调制解调器（MODEM）。

RS-232C的机械指标规定：RS-232C接口通向外部的连接器（插针插座）是一种“D”型25针插头。在微机通信中，通常被使用的RS-232C接口信号只有九根引脚，见表10-1。

表10-1　　RS-232C信号引脚定义

引脚线	符 合	方 向	功 能
1	PGND	—	保护地
2	TXD	输出	发送数据
3	RXD	输入	接收数据
4	RTS	输出	请求发送
5	CTS	输入	清除发送
6	DSR	输入	数据通信设备准备好
7	SGND	—	信号地
8	DCD	输入	数据载体检测
20	DTR	输出	数据终端准备好
22	RI	输入	振铃指示

2. 电气特性

RS-232C采用负逻辑，即：逻辑“1”：−3～−15V；逻辑“0”；+3～+15V。因此TTL电平和RS-232C电平互不兼容，所示两者接口时，必须进行电平转换。RS-232C与TTL的电平转换最常用的芯片是MAX232。

10.2.2　RS-422A接口

针对RS-232C总线标准存在的问题，EIA协会制定了新的串行通信标准RS-422A。它是平衡型电压数字接口电路的电气标准。RS-422A平衡驱动差分接收电路，如图10-6所示。

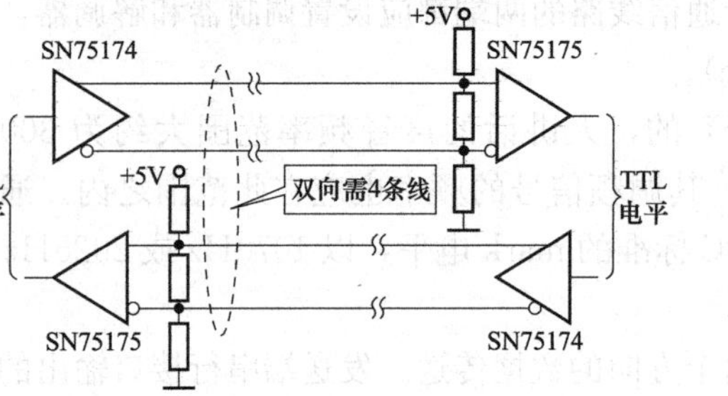

图10-6　RS-422A平衡驱动差分接收电路

RS-422A电路由发送器、平衡连接电缆、电缆终端负载、接收器等部分组成。电路中规定只许有一个发送器，可有多个接收器。RS-422A与RS-232C的主要区别是，收发双方的信号地不再共用。另外，每个方向用于传输数据的是两条平衡导线。

所谓“平衡”，是指输出驱动器为双端平衡驱动器。如果其中一条线为逻辑“1”状态，另一条线就为逻辑“0”，比采用单端不平衡驱动对电压的放大倍数大一倍。

差分电路能从地线干扰中拾取有效信号，差分接收器可以分辨200mV以上的电位差。若传输过程中混入了干扰和噪声，由于差分放大器的作用，可使干扰和噪声相互抵消。因此，可以避免或大大减弱地线干扰和电磁干扰的影响。

RS-422A与RS-232C相比，信号传输距离远，速度快。传输距离为120m时，传输速率可达10Mbit/s。降低传输速率（90kbit/s）时，传输距离可达1200m。RS-422A与TTL电平转换常用的芯片为传输线驱动器SN75174或MC3487和传输线接收器SN75175或MC3486。

10.2.3 RS-485 接口

RS-485 是 RS-422A 的变型，RS-422A 用于全双工，而 RS-485 用于半双工。RS-485 接口示意图，如图 10-7 所示。RS-485 是一种多发送器标准，在通信线路上最多可以使用 32 对差分驱动器/接收器。如果在一个网络中连接的设备超过 32 个，还可以使用中继器。

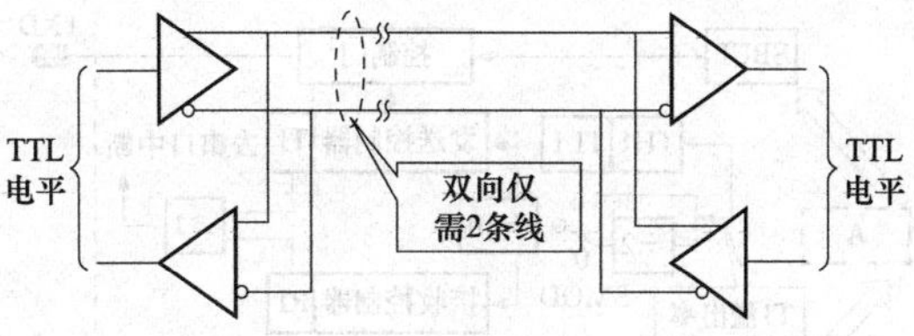

图 10-7 RS-485 接口示意图

RS-485 的信号传输采用两线间的电压来表示逻辑 1 和逻辑 0。由于发送方需要两根传输线，接收方也需要两根传输线。传输线采用差动信道，所以它的干扰抑制性极好。又因为它的阻抗低，无接地问题，所以传输距离可达 1200m，传输速率可达 1Mbit/s。

RS-485 是一点对多点的通信接口，一般采用双绞线的结构。普通的 PC 机一般不带 RS-485 接口，因此要使用 RS-232C/RS-485 转换器。对于单片机可以通过芯片 MAX485 来完成 TTL/RS-485 的电平转换。在计算机和单片机组成的 RS-485 通信系统中，下位机由单片机系统组成，主要完成工业现场信号的采集和控制。上位机为普通的 PC 机，负责监视下位机的运行状态，并对其状态信息进行集中处理，以图文方式显示下位机的工作状态以及工业现场被控设备的工作状况。系统中各节点（包括上位机）的识别是通过设置不同的站地址来实现的。

现将 RS-232C、RS-422A、RS-485 各串行接口性能列在表 10-2 中，以便比较。

表 10-2 各种串行接口性能比较表

性能 \ 接口	RS-232C	RS-422A	RS-485
功能	双向，全双工	双向，全双工	双向，半双工
传输方式	单端	差分	差分
逻辑“0”电平	3～15V	2～6V	1.5～6V
逻辑“1”电平	−3～−5V	−2～−6V	−1.5～−6V
最大速率	20kbit/s	10Mbit/s	10Mbit/s
最大距离	30m	1200m	1200m
驱动器加载输出电压	±5V～±15V	±2V	±1.5V
接收器输入敏感度	±3V	±0.2V	±0.2V
接收器输入阻抗	3～7kΩ	>4kΩ	>7kΩ
状态方式	点对点	1 台驱动器 10 台接收器	32 台驱动器 32 台接收器
抗干扰能力	弱	强	强
传输介质	扁平或多芯电缆	二对双绞线	一对双绞线

10.3 MCS-51 的串行接口

MCS-51 系列单片机有一个可编程的全双工串行通信口，它可作为 UART（通用异步收发器），也可作同步移位寄存器。其帧格式可为 8 位、10 位或 11 位，并可以设置多种不同的波特率。通过引脚 RXD（P3.0，串行数据接收引脚）和引脚 TXD（P3.1，串行数据发送引脚）与外界进行通信。

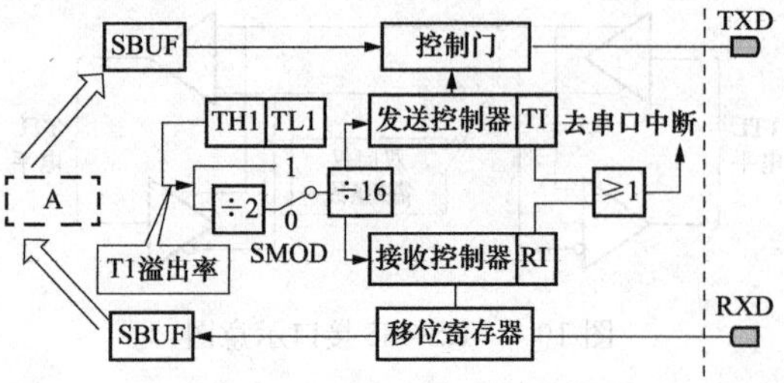

图 10-8 串行口简化结构图

10.3.1 MCS-51 串行口的结构

MCS-51 单片机串行口的内部简化结构如图 10-8 所示。图中有两个物理上独立的接收、发送缓冲器 SBUF，它们占用同一地址 99H，可同时发送、接收数据。发送缓冲器只能写入，不能读出；接收缓冲器只能读出，不能写入。串行发送与接收的速率与移位时钟同步，定时器 T1 作为串行通信的波特率发生器，T1 溢出率经 2 分频（或不分频）又经 16 分频作为串行发送或接收的移位时钟。移位时钟的速率即波特率。

接收器是双缓冲结构，由于在前一个字节从接收缓冲器读出之前，就开始接收第二个字节（串行输入至移位寄存器），若在第二个字节接收完毕而前一个字节未被读走时，就会丢失前一个字节的内容。串行口的发送和接收都是以特殊功能寄存器 SBUF 的名称进行读或写的，当向 SBUF 发"写"命令时（MOV SBUF，A），即是向发送缓冲器 SBUF 装载并开始由 TXD 引脚向外发送一帧数据，发送完后便使发送中断标志 TI=1；在串行口接收中断标志 RI（SCON.0）=0 的条件下，置允许接收位 REN（SCON.4）=1，就会启动接收过程，一帧数据进入输入移位寄存器，并装载到接收 SBUF 中，同时使 RI=1。执行读 SBUF 的命令（MOV A，SBUF），则可以由接收缓冲器 SBUF 取出信息并通过内部总线送 CPU。

对于发送缓冲器，因为发送时 CPU 是主动的，不会产生重叠错误。

10.3.2 MCS-51 串行口的控制寄存器

MCS-51 对串行口的控制是通过 SCON 实现的，也和电源控制寄存器 PCON 有关。SCON 和 PCON 都是特殊功能寄存器，地址分别为 98H 和 87H，如图 10-9 所示。

位地址	9F	9E	9D	9C	9B	9A	99	98
SCON	SM0	SM1	SM2	REN	SM0	TB8	TI	RI

(a)

位地址	8E	8D	8C	8B	8A	89	88	87
PCON	SMOD	…	…	…	GF1	GF0	PD	IDL

(b)

图 10-9 SCON 和 PCON 中各位定义

(a) SCON 各位定义；(b) PCON 各位定义

1. SCON 各位定义

SM0 和 SM1：为串行口方式控制位，用于设定串行口工作方式，串行口的工作方式和所用波特率对照表见表 10-3。

表 10-3 串行口的工作方式和所用波特率对照表

SM0	SM1	相应工作方式	说 明	所用波特率
0	0	方式 0	同步移位寄存器	$f_{osc}/2$
0	1	方式 1	10 位异步收发	由定时器控制
1	0	方式 2	11 位异步收发	$f_{osc}/32$ 或 $f_{osc}/64$
1	1	方式 3	11 位异步收发	由定时器控制

SM2：为多机通信控制位，主要在方式 2 和方式 3 下使用。在方式 0 时，SM2 不用，应设置为 0 状态。在方式 1 下，SM2 也应设置为 0，此时 RI 只有在接收电路接收到停止位“1”时才被激活成“1”，并能自动发出串行口中断请求（设中断是开放的）。在方式 2 或方式 3 下，若 SM2＝0，串行口以单机发送或接收方式工作，TI 和 RI 以正常方式被激活，但不会引起中断请求；若 SM2＝1 和 RB8＝1 时，RI 不仅被激活而且可以向 CPU 请求中断。

REN：为允许接收控制位。REN＝0，禁止串行口接收；REN＝1，允许串行口接收。

TB8：为发送数据第 9 位，用于在方式 2 和方式 3 时存放发送数据第 9 位。TB8 由软件置位或复位。

RB8：为接收数据第 9 位，用于在方式 2 和方式 3 时存放接收数据第 9 位。在方式 1 下，若 SM2＝0，则 RB8 用于存放接收到的停止位。方式 0 下，不使用 RB8。

TI：为发送中断标志位，用于指示一帧数据发送完否？在方式 0 下，发送电路发送完第 8 位数据时，TI 由硬件置位；在其他方式下，TI 在发送电路开始发送停止位时置位。这就是说：TI 在发送前必须由软件复位，发送完一帧后由硬件置位。因此，CPU 查询 TI 状态便可知晓一帧信息是否已发送完毕。

RI：为接收中断标志位，用于指示一帧信息是否接收完。在方式 1 下，RI 在接收电路接收到第 8 位数据时由硬件置位；在其他方式下，RI 是在接收电路接收到停止位的中间位置时置位的。RI 也可供 CPU 查询，以决定 CPU 是否需要从“SBUF（接收）”中提取接收到的字符或数据。RI 也由软件复位。

2. 电源控制器 PCON 各位的定义

SMOD：为波特率选择位。在方式 1、方式 2 和方式 3 时，串行通信波特率与 2^{SMOD} 成正比。即：当 SMOD＝1 时，通信波特率可以提高一倍。PCON 中的其余各位用于 MCS-51 的电源控制。

10.3.3 串行口的工作方式

MCS-51 串行口可设置 4 种工作方式，由 SCON 中的 SM0、SM1 进行定义。现对每种工作方式下的特点作进一步说明。

1. 方式 0

在方式 0 下，串行口的 SBUF 是作为同步的移位寄存器用的。在串行口发送时，SBUF（发送）相当于一个并入串出的移位寄存器，由 MCS-51 的内部总线并行接收 8 位数据，并从 RXD 线串行输出；在接收操作时，SBUF（接收）相当于一个串入并出的移位寄存器，从 RXD 线接收一帧串行数据，并把它并行地送入内部总线。在方式 0 下，SM2、RB8 和 TB8 皆不起作用，它们通常均应设置为“0”状态。

（1）发送过程。发送过程是在 TI＝0 下进行的，CPU 通过“MOV SBUF，A”指令给 SBUF(发送)送出发送字符后，RXD 线上即可发出 8 位数据，TXD 线上发送同步脉冲。8 位数据发送完后，TI 由硬件置位，并可向 CPU 请求中断(若中断开放)。CPU 响应中断后先用软件使 TI 清零，然后再给 SBUF(发送)送下一个欲发送字符，以重复上述过程。

（2）接收过程。接收过程是在 RI＝0 和 REN＝1 条件下启动的。此时，串行数据由 RXD 线输入，TXD 线输出同步脉冲。接收电路接收到 8 位数据后，RI 自动置“1”并发出串行口中断请求。CPU 查询到 RI＝1 或响应中断后便可通过指令“MOV A，SBUF”把

SBUF（接收）中数据送入累加器 A，RI 也由软件复位。

应当指出，串行口方式 0 下工作并非是一种同步通信方式。它的主要用途是和外部同步移位寄存器外接，以达到扩展一个并行口的目的。

2. 方式 1

在方式 1 下，串行口设定为 10 位异步通信方式。字符帧中除 8 位数据位外，还可有一位起始位和一位停止位。

(1) 发送过程。发送过程也在 TI＝0 时，执行“MOV SBUF，A”指令后开始，然后发送电路就自动在 8 位发送字符前后分别添加 1 位起始位和停止位，并在移位脉冲作用下在 TXD 线上依次发送一帧信息，发送完后自动维持 TXD 线为高电平。TI 也由硬件在发送停止位时置位，并由软件将它复位。

(2) 接收过程。接收过程在 RI＝0 和 REN＝1 条件下进行，这点和方式 0 时相同。平常，接收电路对高电平的 RXD 线采样，采样脉冲频率是接收时钟的 16 倍。当接收电路连续 8 次采样到 RXD 线为低电平时，相应检测器便可确认 RXD 线上有了起始位。此后，接收电路就改为对第 7、8、9 三个脉冲采样到的值进行检测，并以三中取二原则来确定所采样数据的值。

在接收到第 9 数据位（即停止位）时，接收电路必须同时满足以下两个条件：①RI＝0；②SM＝0 或接收到的停止位为“1”，才能把接收到的 8 位字符存入 SBUF（接收）中，把停止位送入 RB8 中，并使 RI＝1 和发出串行口中断请求（若中断开放）。若上述条件不满足，则这次收到的数据就被舍去，不装入 SBUF（接收）中。这是不能允许的，因为这意味着丢失了一组接收数据。

其实，SM2 是用于方式 2 和方式 3 的。在方式 1 下，SM2 应设定为 0。

在方式 1 下，发送时钟、接收时钟和通信波特率皆由定时器溢出率脉冲经过 32 分频获得，并由 SMOD＝1 倍频。因此，方式 1 时的波特率是可变的，这点同样适用于方式 3。

3. 方式 2 和方式 3

方式 2 和方式 3 都是 11 位异步收发。两者的差异仅在于通信波特率有所不同：方式 2 的波特率由 MCS-51 主频 f_{OSC}经 32 或 64 分频后提供；方式 3 的波特率由定时器 T1 或 T2 的溢出率经 32 分频后提供，故它的波特率是可调的。

方式 2 和方式 3 的发送过程类似于方式 1，所不同的是方式 2 和方式 3 有 9 位有效数据位。发送时，CPU 除要把发送字符装入 SBUF（发送）外，还要把第 9 数据位预先装入 SCON 的 TB8 中。第 9 数据位可由用户安排，可以是奇偶校验位，也可以是其他控制位。第 9 数据位的装入可以用如下指令来完成。

```
SETB    TB8
CLR     TB8
```

第 9 数据位的值装入 TB8 后，便可用一条以 SBUF 为目的的传送指令把发送数据装入 SBUF 来启动发送过程。一帧数据发送完后，TI＝1，CPU 便可通过查询 TI 来以同样方法发送下一字符帧。

方式 2 和方式 3 的接收过程也和方式 1 类似。所不同的是：方式 1 时 RB8 中存放的是停止位，方式 2 或方式 3 时 RB8 中存放的是第 9 数据位。因此，方式 2 和方式 3 时必须满足接收有效字符的条件变为：RI＝0 和 SM2＝0 或收到的第 9 数据位为“1”，只有上述两个条件同时满足，接收到的字符才能送入SBUF，第9数据位才能装入RB8中，并使RI=1；否则，这次收到的数据无效，RI也不置位。

其实，上述第一个条件是要求SBUF空，即：用户应预先读走SBUF中信息，好让接收电路确认它已空。第二个条件是提供了利用SM2=0和第9数据位共同对接收加以控制：若第9数据位是奇偶校验位，则可令SM2=0，以保证串行口能可靠接收；若要求利用第9数据位参与接收控制，则可令SM2=1，然后依靠第9数据位的状态来决定接收是否有效。

10.3.4 串行口的通信波特率

串行口的通信波特率恰到好处地反映了串行传输数据的速率。通信波特率的选用，不仅和所选通信设备、传输距离和MODEM型号有关，还受传输线状况所制约。用户应根据实际需要加以正确选用。

1. 方式0的波特率

在方式0下，串行口的通信波特率是固定的，其值为$f_{OSC}/12$（f_{OSC}为主机频率）。

2. 方式2的波特率

在方式2下，通信波特率为$f_{OSC}/32$或$f_{OSC}/64$。用户可以根据PCON中的SMOD位状态来驱使串行口在那个波特率下工作。选定公式为：

$$波特率=\frac{2^{SMOD}}{64}\times f_{osc}$$

这就是说：若SMOD=0，则所选波特率为$f_{OSC}/64$；若SMOD=1，则波特率为$f_{OSC}/32$。

3. 方式1或方式3的波特率

在这两种方式下，串行口波特率是由定时器的溢出率决定的，因而波特率也是可变的。公式为：

$$波特率=\frac{2^{SMOD}}{32}\times 定时器T1溢出率 \tag{10-1}$$

定时器T1的溢出率的计算公式为：

$$定时器T1溢出率=\frac{f_{OSC}}{12}\times\left(\frac{1}{2^k-初值}\right) \tag{10-2}$$

因此，把式（10-2）代入式（10-1），便可得到方式1或方式3的波特率计算公式：

$$波特率=\frac{2^{SMOD}}{32}\times\frac{f_{OSC}}{12}\times\left(\frac{1}{2^k-初值}\right) \tag{10-3}$$

式中：K为定时器T1的位数，它和定时器T1的设定方式有关。即：

若定时T1为方式0，则K=13；

若定时器T1为方式1，则K=16；

若定时器T1为方式2或方式3，则K=8。

其实，定时器T1通常采用方式2，因为定时器T1在方式2下工作，TH1和TL1分别设定为两个8位重装计数器（当TL1从全“1”变为全“0”时，TH1重装TL1）。这种方式，不仅可以使操作方便，也可避免因重装初值（时间常数初值）而带来的定时误差。

由式（10-3）可知，方式1或方式3下所选波特率常常需要通过计算来确定初值，因为该初值是要在定时器T1初值化时使用的。为避免繁杂的计算，波特率和定时器T1初值间的关系常可列成表10-4，以供查考。

表 10-4 常用波特率和定时器 T1 的初值关系表

串口工作方式	波特率	f_{osc}	SMOD	定时器 T1		
				C/T	模式	定时器初值
方式 0	1M	12MHz	—	—	—	—
方式 2	375k	12MHz	1	—	—	—
	187.5k	12MHz	0	—	—	—
方式 0 或方式 3	62.5k	12MHz	1	0	2	FFH
	19.2k	11.059MHz	1	0	2	FDH
	9.6k	11.059MHz	0	0	2	FDH
	4.8k	11.059MHz	0	0	2	FAH
	2.4k	11.059MHz	0	0	2	F4H
	1.2k	11.059MHz	0	0	2	F8H
	137.5k	11.059MHz	0	0	2	1DH
方式 0	0.5M	6MHz	—	—	—	—
方式 2	187.5k	6MHz	1	—	—	—
方式 1.3	19.2k	6MHz	1	0	2	FEH
	9.6k	6MHz	1	0	2	FDH
	4.8k	6MHz	0	0	2	FDH
	2.4k	6MHz	0	0	2	FAH
	1.2k	6MHz	0	0	2	F4H
	0.6k	6MHz	0	0	2	E8H

10.4 单片机串行口应用举例

10.4.1 双机通信

双机通信也称为点对点的通信，用于单片机和单片机之间交换信息，也常用于单片机与通用微机间的信息交换。

1. 硬件连接

两个单片机间采用 TTL 电平直接传输信息，其传输距离一般不应超过 5m。所以实际应用中通常采用 RS-232C 标准电平进行点对点的通信连接。如图 10-10 所示为两个单片机间的通信连接方法，电平转换芯片采用 MAX232。

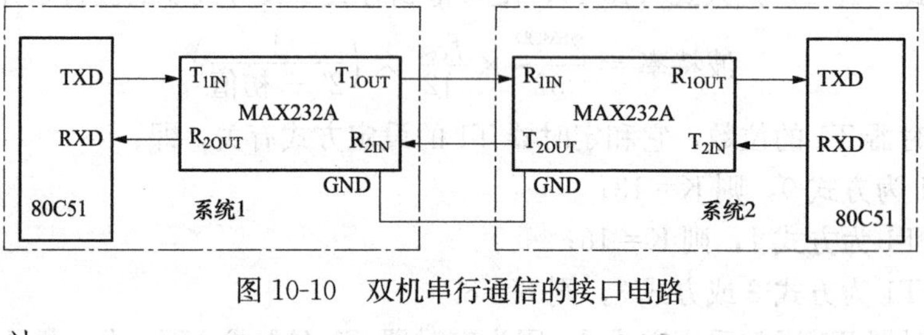

图 10-10 双机串行通信的接口电路

2. 软件设计

(1) 通信协议。为确保通信成功，通信双方必须在软件上有一系列的约定，通常称为软件协议。本例规定双机异步通信的软件协议如下：

1) 通信的甲、乙双方均可发送和接收。

2) 通信波特率为 2400bit/s，定时器 T1 工作在方式 2，对于 6MHz 时钟频率，计数常数为 F3H，SMOD=1。

3）双方均采用串行口方式3。

4）欲发送或接收的数据块首地址存放在64H、63H，其中64H为首地址高字节暂存单元，63H为首地址低字节暂存单元；数据块长度存放在62H中。

5）发送或接收的数据格式为：

双字节地址	数据个数 n	数据 1	…	数据 n	累加校验和

双字节地址：低地址字节在前，高地址字节在后；

数据个数：为1个字节；

数据1～数据n：所通信的n字节数据；

累加校验和：为数据1，…，数据n，这n个字节的算术累加和，用作校验。

6）接收方接收到校验和后，判断接收到的数据是否正确。若接收正确，向发送方回发0FH信号，否则，回发F0H信号。

7）用查询方式接收和发送数据。

（2）查询方式双机通信软件设计。根据上述通信协议，设计主程序、数据发送、接收程序框图如图10-11、图10-12、图10-13所示。

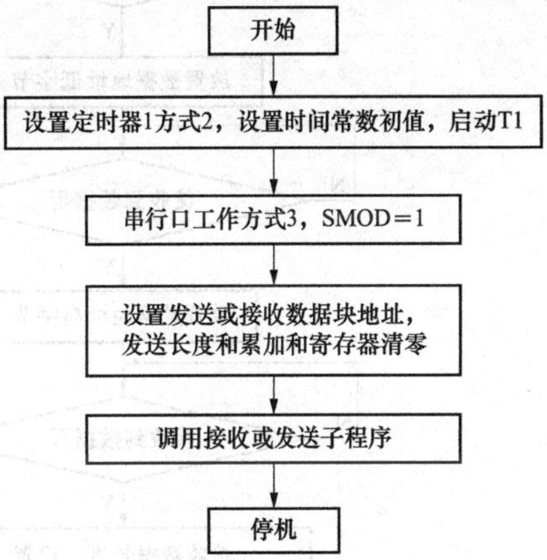

图10-11　主程序框图

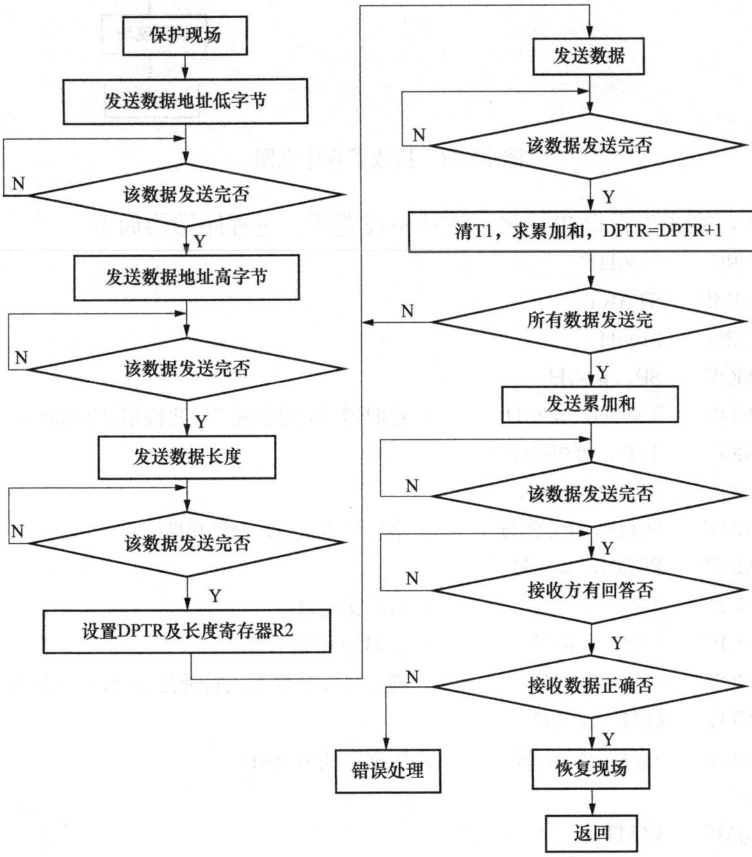

图10-12　发送子程序框图

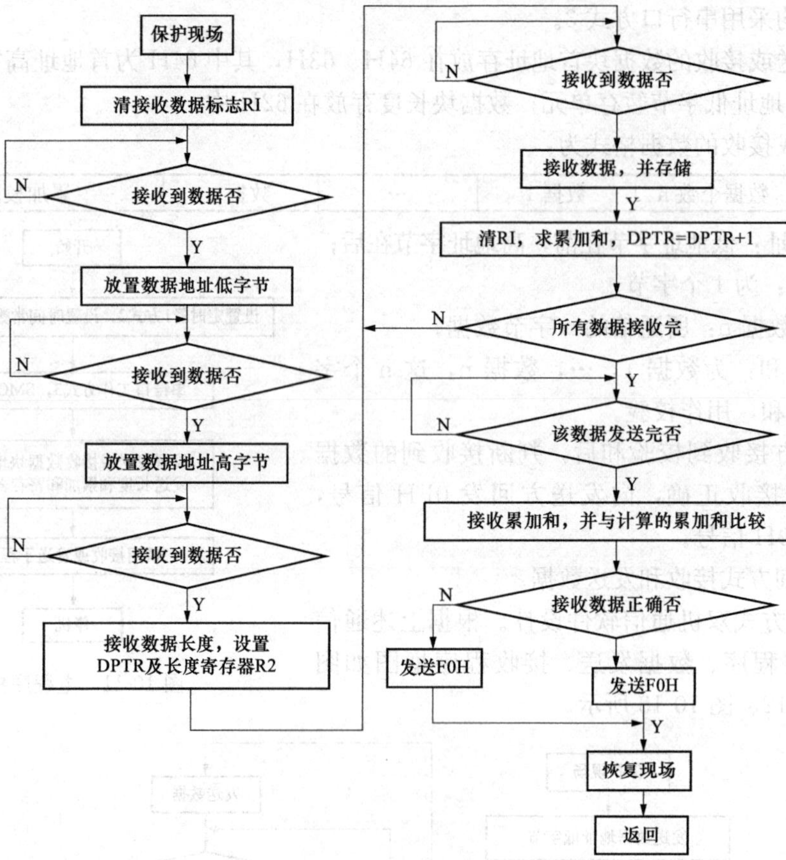

图 10-13 接收子程序框图

在主程序中，完成串行口初始化、波特率设置等。主程序结构如下：

```
        ORG     0000H
        LJMP    START
        ORG     0100H
START:  MOV     SP，#60H
        MOV     TMOD，#20H        ；定时器 T1 为方式 2，波特率 2400bit/s
        MOV     TH1，#0F3H
        MOV     TL1，#0F3H
        MOV     SCON，#0F0H       ；串行口方式 3，允许接收
        MOV     PCON，#80H
        SETB    TR1               ；启动定时器
        MOV     65H，#00H         ；清累加和寄存器
        MOV     64H，#10H         ；规定接收数据存入首地址为 1000H 外存中
        MOV     63H，#00H
        MOV     62H，#0A0H        ；数据个数为 A0H
        …
WAIT:   SJMP    WAIT
```

在发送子程序中，依次发送的数据首地址为 1000H、发送的数据个数 0A0H、累加和寄

存器65H。

发送子程序TX如下：

```
TX:      PUSH   ACC
         PUSH   PSW                 ；保护现场
         CLR    TI
TXADDR:  MOV    SBUF，63H           ；发送数据块地址低字节
         JNB    TI，$
         CLR    TI
         MOV    SBUF，64H           ；发送数据块地址高字节
         JNB    TI，$
         CLR    TI
TXLEN:   MOV    SBUF，62H           ；发送数据块长度
         JNB    TI，$
         CLR    TI
         MOV    DPTR，#1000H
         MOV    65H，#00H           ；清校验和寄存器
         MOV    R0，#00
         MOV    R2，62H
TXD:     MOV    A，R0               ；发送数据
         MOVX   A，@A+DPTR
         MOV    SBUF，A
         JNB    TI，$
         CLR    TI
         ADD    A，65H
         MOV    65H，A
         INC    R0
         DJNZ   R2，TXD
TXSUM:   MOV    SBUF，65H           ；发送校验和
         JNB    TI，$
         CLR    TI
         CLR    RI
RXSUM:   JNB    RI，$               ；等待回答
         CLR    RI
         MOV    A，SBUF
         CJNE   A，#0FH，ERROR     ；接收不正确，则跳转
         POP    PSW
         POP    ACC
         RET
ERROR:   …
```

接收子程序RX如下：

```
RX:      PUSH   ACC
         PUSH   PSW                 ；保护现场
```

```
        CLR     RI                    ；清接收数据标志
RXADDR：JNB     RI，$                 ；有接收数据否
        CLR     RI
        MOV     A，SBUF
        MOV     63H，A                ；保存地址低字节
        JNB     RI，$                 ；有接收数据否
        CLR     RI
        MOV     A，SBUF
        MOV     64H，A                ；保存地址高字节
RXLEN： JNB     RI，$                 ；有接收数据否
        CLR     RI
        MOV     A，SBUF               ；接收数据长度
        MOV     62H，A
        MOV     R2，A
        MOV     65H，＃00
        MOV     DPTR，＃1000H         ；设置数据存放首地址
RXD：   JNB     RI，$                 ；有接收数据否
        CLR     RI
        MOV     A，SBUF               ；保存数据
        MOVX    @DPTR，A
        INC     DPTR
        ADD     A，65H                ；求累加和
        MOV     65H，A
        DJNZ    R2，RXD
RXSUM： JNB     RI，$                 ；有接收数据否
        CLR     RI
        MOV     A，SBUF               ；接收校验和
        CJNE    A，65H，ERROR         ；判断接收数据正确否
        MOV     A，＃0FH
        MOV     SBUF，A               ；正确，则发送0FH
        JNB     TI，$
        CLR     TI
        POP     PSW                   ；恢复现场，并返回
        POP     ACC
        RET
ERROR： MOV     A，＃0F0H
        MOV     SBUF，A               ；错误，则发送F0H
        JNB     TI，$
        CLR     TI
        POP     PSW                   ；恢复现场，并返回
        POP     ACC
        RET
```

10.4.2 多机通信

1. 硬件连接

单片机构成的多机系统通常采用总线型主从式结构。所谓主从式，即在数个单片机中，有一个是主机，其余的是从机，从机要服从主机的调度和支配。MCS-51 单片机的串行口方式 2 和方式 3 适于这种主从式的通信结构。当然，采用不同的通信标准时，还需进行相应的电平转换，有时还要对信号进行光电隔离。在实际的多机应用系统中，常采用 RS-485 串行标准总线进行数据传输，如图 10-14 所示。

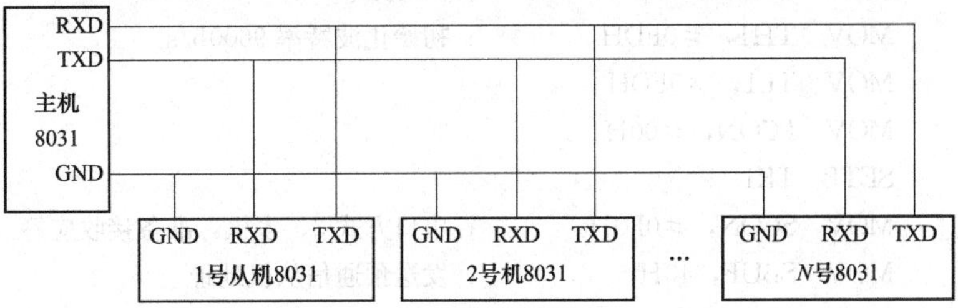

图 10-14 多机通信系统的硬件连接

2. 通信协议

根据 MCS-51 单片机串行口的多机通信能力，多机通信可以按照以下协议进行：

(1) 所有从机的 SM2 位置 1，处于接收地址帧状态。

(2) 主机发送一地址帧，其中 8 位是地址，第 9 位为地址/数据的区分标志，该位置 1 表示该帧为地址帧。

(3) 所有从机收到地址帧后，都将接收的地址与本机的地址比较。对于地址相符的从机，使自己的 SM2 位置 0（以接收主机随后发来的数据帧），并把本站地址发回主机作为应答；对于地址不符的从机，仍保持 SM2=1，对主机随后发来的数据帧不予理睬。

(4) 从机发送数据结束后，要发送一帧校验和，并置第 9 位（TB8）为 1，作为从机数据传送结束的标志。

(5) 主机接收数据时先判断数据接收标志（RB8），若 RB8=1，表示数据传送结束，并比较此帧校验和。若正确，则回送正确信号 00H，此信号命令该从机复位（即重新等待地址帧）；若校验和出错，则发送 0FFH，命令该从机重发数据。若接收帧的 RB8=0，则存数据到缓冲区，并准备接收下帧信息。

(6) 主机收到从机应答地址后，确认地址是否相符。如果地址不符，发复位信号（数据帧中 TB8=1）；如果地址相符，则清 TB8，开始发送数据。

(7) 从机收到复位命令后回到监听地址状态（SM2=1），否则开始接收数据和命令。

3. 应用程序

本机地址用 8 位 2 进制数表示，最多允许 255 台从机（地址分别为 00H-FFH），地址 FFH 为命令各从机复位，即恢复 SM2=1。

主机命令编码为 01H，主机命令从机接收数据为 02H，主机命令从机发送数据。其他都按 02H 对待。从机状态字节格式为：

位	7	6	5	4	3	2	1 0
	ERR	0	0	0	0	0	TRDY	RRDY

RRDY=1：表示从机准备好接收；TRDY=1：表示从机准备好发送；ERR=1：表示从机接收的命令是非法的。

程序分为主机程序和从机程序。约定一次传递数据为16个字节，以01H地址的从机为例，编写多机通信参考程序如下：

(1) 主机程序清单。设从机地址号存于40H单元，命令存于41H单元。

```
MAIN:     MOV   TMOD，#20H        ；T1方式2
          MOV   TH1，#0FDH        ；初始化波特率9600b/s
          MOV   TL1，#0FDH
          MOV   PCON，#00H
          SETB  TR1
          MOV   SCON，#0F0H       ；串口方式3，多机，准备接收应答
LOOP1:    MOV   SBUF，40H         ；发送预通信从机地址
          JNB   TI，$
          CLR   TI
          JNB   RI，$             ；等待从机对联络应答
          CLR   RI
          MOV   A，SBUF           ；接收应答，读至A
          XRL   A，40H            ；判断应答的地址是否正确
          JZ    AD_OK
AD_ERR:   MOV   SBUF，#0FFH       ；应答错误，发命令FFH
          JNB   TI，$
          CLR   TI
          SJMP  LOOP1             ；返回重新发送联络信号
AD_OK:    CLR   TB8               ；应答正确
          MOV   SBUF，41H         ；发送命令字
          JNB   TI，$
          CLR   TI
          JNB   RI，$             ；等待从机对命令应答
          CLR   RI
          MOV   A，SBUF           ；接收应答，读至A
          XRL   A，#80H           ；判断应答是否正确
          JNZ   CO_OK
          SETB  TB8
          SJMP  AD_ERR            ；错误处理
CO_OK:    MOV   A，SBUF           ；应答正确，判断是发送还是接收命令
          XRL   A，#01H
          JZ    SE_DATA           ；从机准备好接收，可以发送
          MOV   A，SBUF
          XRL   A，#02H
          JZ    RE_DATA           ；从机准备好发送，可以接收
```

```
           LJMP  SE_DATA
RE_DATA:   MOV   R6, #00H          ;清校验和接收16个字节数据
           MOV   R0, #30H
           MOV   R7, #10H
LOOP2:     JNB   RI, $
           CLR   RI
           MOV   A, SBUF
           MOV   @R0, A
           INC   R0
           ADD   A, R6
           MOV   R6, A
           DJNZ  R7, LOOP2
           JNB   RI, $
           CLR   RI
           MOV   A, SBUF           ;接收校验和并判断
           XRL   A, R6
           JZ    XYOK              ;校验正确
           MOV   SBUF, #0FFH       ;校验错误
           JNB   TI, $
           CLR   TI
           LJMP  RE_DATA
XYOK:      MOV   SBUF, #00H        ;校验和正确，发00H
           JNB   TI, $
           CLR   TI
           SETB  TB8               ;置地址标志
           LJMP  RETEND
SE_DATA:   MOV   R6, #00H          ;发送16个字节数据
           MOV   R0, #30H
           MOV   R7, #10H
LOOP3:     MOV   A, @R0
           MOV   SBUF, A
           JNB   TI, $
           CLR   TI
           INC   R0
           ADD   A, R6
           MOV   R6, A
           DJNZ  R7, LOOP3
           MOV   A, R6
           MOV   SBUF, A           ;发校验和
           JNB   TI, $
           CLR   TI
           JNB   RI, $
           CLR   RI
```

```
            MOV   A, SBUF
            XRL   A, #00H
            JZ    RET_END          ; 从机接收正确
            SJMP  SE_DATA          ; 从机接收不正确，重新发送
            RET_END: RET
```

(2) 从机程序清单。设本机号存于40H单元，41H单元存放"发送"命令，42H单元存放"接收"命令。

```
MAIN:       MOV   TMOD, #20H       ; 初始化串行口
            MOV   TH1, #0FDH
            MOV   TL1, #0FDH
            MOV   PCON, #00H
            SETB  TR1
            MOV   SCON, #0F0H
LOOP1:      SETB  EA               ; 开中断
            SETB  ES
            SETB  RRDY             ; 发送与接收准备就绪
            SETB  TRDY
            SJMP  LOOP1
SERVE:      PUSH  PSW              ; 中断服务程序
            PUSH  ACC
            CLR   ES
            CLR   RI
            MOV   A, SBUF
            XRL   A, 40H           ; 判断是否本机地址
            JZ    SER_OK
            LJMP  ENDI             ; 非本机地址，继续监听
SER_OK:     CLR   SM2              ; 是本机地址，取消监听状态
            MOV   SBUF, 40H        ; 本机地址发回
            JBC   TI, $
            CLR   TI
            JBC   RI, $
            CLR   RI
            JB    RB8, ENDII       ; 是复位命令，恢复监听
            MOV   A, SBUF          ; 不是复位命令，判断是"发送"还是"接收"
            XRL   A, 41H
            JZ    SERISE           ; 收到"发送"命令，发送处理
            MOV   A, SBUF
            XRL   A, 42H
            JZ    SERIRE           ; 收到"接收"命令，接收处理
            SJMP  FFML             ; 非法命令，转非法处理
SERISE:     JB    TRDY, SEND       ; 从机发送是否准备好
            MOV   SBUF, #00H
            SJMP  WAIT01
```

```
SEND:       MOV   SBUF, #02H         ; 返回“发送准备好”
WAIT01:     JNB   TI, $
            CLR   TI
            JNB   RI, $
            CLR   RI
            JB    RB8, ENDII         ; 主机接收是否准备就绪
            LCALL SE_DATA            ; 发送数据
            LJMP  END
FFML:       MOV   SBUF, #80H         ; 发非法命令，恢复监听
            JNB   TI, $
            CLR   TI
            LJMP  ENDII
SERIRE:     JB    RRDY, RECE         ; 从机接收是否准备好
            MOV   SBUF, #00H
WEIT02:     JNB   TI, $
            CLR   TI
            JNB   RI, $
            CLR   RI
            JB    RB8, ENDII         ; 主机发送是否就绪
            LCALL RE_DATA            ; 接收数据
            LJMP  END
ENDII:      SETB  SM2
ENDI:       SETB  ES
END:        POP   ACC
            POP   PSW
            RETI
SE_DATA:    CLR   TRDY               ; 发送数据块子程序
            MOV   R6, #00H
            MOV   R0, #30H
            MOV   R7, #10H
LOOP2:      MOV   A, @R0
            MOV   SBUF, A
            JNB   TI, $
            CLR   TI
            INC   R0
            ADD   A, R6
            MOV   R6, A
            DJNZ  R7, LOOP2          ; 数据块发送完毕?
            MOV   A, R6
            MOV   SBUF, A
            JNB   TI, $              ; 发送校验和
            CLR   TI
            JNB   RI, $
```

```
            CLR   RI
            MOV   A, SBUF
            XRL   A, #00H          ; 判断发送是否正确
            JZ    SEND_OK
            SJMP  SE_DATA          ; 发送错误，重发
SEND_OK:    SETB  SM2              ; 发送正确，继续监听
            SETB  ES
            RET
RE_DATA:    CLR   RRDY             ; 接收数据块子程序
            MOV   R6, #00H
            MOV   R0, #30H
            MOV   R7, #10H
LOOP3:      JNB   RI, $
            CLR   RI
            MOV   A, SBUF
            MOV   @R0, A
            INC   R0
            ADD   A, R6
            MOV   R6, A
            DJNZ  R7, LOOP3        ; 接收数据块完毕?
            JNB   RI, $            ; 接收校验和
            CLR   RI
            MOV   A, SBUF
            XRL   A, R6            ; 判断校验和是否正确
            JZ    RECE_OK
            MOV   SBUF, #0FFH      ; 校验和错误，发 FFH
            JNB   TI, $
            CLR   TI
            LJMP  RE_DATA          ; 重新接收
RECE_OK:    MOV   A, #00H          ; 校验和正确，发 00H
            MOV   SBUF, A
            JNB   TI, $
            CLR   TI
            SETB  SM2              ; 继续监听
            SETB  ES
            RET
```

10.5 习　　题

1. MCS-51 单片机串行口有几种工作方式？如何选择？简述其特点。
2. 串行通信的接口标准有哪几种？
3. 在串行通信中，通信速率与传输距离之间的关系如何？

4. 请用中断法编出串行口方式 1 下的发送程序。设单片机主频为 6MHz，波特率变为 300bit/s，发送数据缓冲器在外部 RAM，始址为 TBLOCK，数据块长度为 30，采用偶校验，放在发送数据第 8 位（数据块长度不发送）。

5. 用中断法编出串行口方式 1 下的接收程序。设单片机主频仍为 6MHz，波特率变为 600bit/s，接收数据缓冲器在外部 RAM，始址为 RBLOCK，接收数据区长度为 30，采用偶校验（数据块长度不发送）。

6. 请用中断法编出串行口方式 2 下的发送程序。设：波特率 $f_{osc}/64$，发送数据缓冲区在外部 RAM，始址是 TBLOCK，发送数据块长度为 30，采用偶校验，放在发送数据第 9 位（数据块长度不发送）。

7. 用查询法编出 MCS-51 串行口在方式 2 下的接收程序。设：波特率为 $f_{osc}/32$，接收数据块在外部 RAM，始址为 RBLOCK，数据块长度为 50，采用奇校验，放在接收数据的第 9 位上（接收数据块长度不发送）。

第 11 章　单片机应用系统设计

MCS-51 系列单片机是一种集 CPU、RAM、ROM、I/O 接口和中断系统等部分于一体的超大规模集成电路（very large scale integration，VLSI）型器件，只需要外加电源和晶振就可实现对数字信息的处理和控制。MCS-51 系列单片机以其独特的优越性，在智能仪表、工业测控、数据采集、计算机通信等领域得到极为广泛的应用。从应用规模来分，单片机应用系统通常分为简单应用系统、常规应用系统和高级应用系统三类。简单应用系统是指它在家用电器或仪器仪表中的应用，其特点是没有人机对话功能，程序和运行参数均可固化在 ROM 中；常规应用系统常用于过程控制，通常配有一个键盘和若干 I/O 端口，以实现对被控对象的监视和控制；高级应用系统是指单片机在分布式计算机系统或计算机网络中的应用。在高级应用系统中，单片机通常用作下位机，而上位机是一台系统机或网络工作站。

本章首先从应用角度讨论单片机应用系统研制中应考虑的几个问题，然后通过一个应用实例——某型内燃机车上机油冷却系统的分析，使读者掌握单片机应用系统的详细设计过程。

11.1　单片机应用系统的设计过程

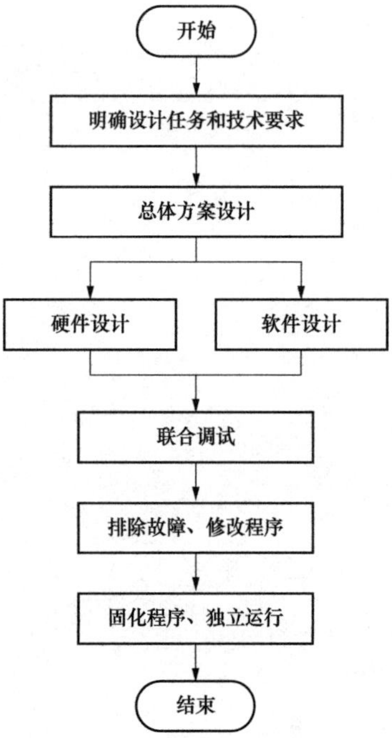

图 11-1　单片机应用程序设计过程

典型的单片机应用系统设计过程如图 11-1 所示。从明确设计任务和技术要求开始，主要经过总体方案设计、硬件设计、软件设计、联合调试等几个阶段。

11.1.1　明确设计任务和技术要求

单片机应用系统主要用在智能仪器仪表和工业测控系统领域。无论哪一类，都必须以市场需求为前提。所以，在系统设计之前，首先要明确设计任务和技术要求。必要时还需要进行市场调研，了解现有系统的详细应用情况、存在哪些问题、哪些方面需要进一步优化等，从而掌握第一手资料以增强设计的针对性。在明确了设计任务后，还要从系统的先进性、可靠性、可维护性、成本以及经济效益出发，拟定出合理可行的技术性能指标，以避免设计过程的反复。

11.1.2　总体方案确定

明确了设计任务和技术要求后，就可以进行总体方案的确定了。总体方案的确定主要包括单片机机型的确定和主要元器件的选择、硬件和软件的功能划分、软件算法、欲采取的可靠性措施等。

1. 单片机机型的确定和主要元器件的选择

选择单片机机型时，主要考虑以下几个方面：

(1) 功能上要满足系统的要求。既要考虑系统功能的可扩展性，又要注意避免过多的功能闲置。

(2) 性价比要高。在满足系统性能的基础上，尽量选用价格相对便宜的单片机以提高整个系统的性价比，从而提高系统的市场占有率。

(3) 结构要熟悉。对所选用的单片机的结构要非常熟悉，以便尽快地建立起硬件系统并进行软件编程，从而缩短开发周期，抢占市场先机。

(4) 货源要稳定。货源稳定，有利于应用系统批量的增加和后期的维护。选定机型后，再选择系统中要用到的其他主要元器件，如 A/D 和 D/A 转换器、I/O 接口、定时器/计数器、串行口等。

2. 硬件与软件的功能划分

系统的硬件和软件要进行统一规划。因为一种功能往往既可以由硬件实现，又可以由软件实现。要根据系统的实时性和系统的性能要求综合考虑。

在一般情况下，功能由硬件实现时速度比较快，可以节省 CPU 的时间，但会导致系统的硬件接线复杂、系统成本较高；用软件实现时较为经济，但要更多地占用 CPU 的时间。所以，在 CPU 时间不紧张的情况下，应尽量采用软件；如果系统回路多、实时性要求高，则要考虑用硬件完成。

此外，还需要大致确定各接口电路的地址、软件的结构和功能、上下位机的通信协议、程序的驻留区域及工作缓冲区等。

3. 欲采取的可靠性措施

在总体设计阶段，还要考虑在硬件设计和软件设计中应分别采取的可靠性措施。

11.1.3 硬件设计

硬件设计是指应用系统的电路设计，包括主机、控制电路、存储器、I/O 口、A/D 和 D/A 转换电路等。硬件设计时，应考虑留有充分余量，电路设计力求正确无误，因为在系统调试中不易修改硬件结构。下面介绍在设计 MCS-51 单片机应用系统硬件电路时应注意的几个问题。

1. 程序存储器

一般可选用容量较大的 EPROM 芯片，如 2764 (8KB)、27128 (16KB) 或 27256 (32KB) 等。尽量避免用小容量的芯片组合扩充成大容量的存储器。程序存储器容量大些，则编制程序宽裕，而价格相差不会太多。

2. 数据存储器和 I/O 口

根据系统功能的要求，如果需要扩展外部 RAM 或 I/O 口，那么 RAM 芯片可选用 6264 (8KB) 或 62256 (32KB)，原则上也应尽量减少芯片数量，使译码电路简单。I/O 口芯片一般选用 8155 或 8255，这类芯片具有接口线多、硬件逻辑简单等特点。若接口线要求很少，且仅需要简单的输入或输出功能，则可用不可编程的 TTL 电路或 CMOS 电路。A/D 和 D/A 电路芯片主要根据精度、速度和价格等来选用，同时还要考虑与系统的连接是否方便。

3. 地址译码电路

通常采用全译码、部分译码或线选法，应考虑充分利用存储空间和简化硬件逻辑等方面的问题。MCS-51系统有充分的存储空间，包括64KB程序存储器和64KB数据存储器，所以在一般的控制应用系统中，主要是考虑简化硬件逻辑。当存储器和I/O芯片较多时，可选用专用译码器74LS138或74LS139等。

4. 总线驱动能力

MCS-51系列单片机的外部扩展功能很强，但4个8位并行口的负载能力是有限的。P0口能驱动8个LSTTL电路，P1～P3口只能驱动3个LSTTL电路。在实际应用中，这些端口的负载不应超过总负载能力的70%，以保证留有一定的余量。如果满载，会降低系统的抗干扰能力。在外接负载较多的情况下，如果负载是MOS芯片，因负载消耗电流很小，影响不大。如果驱动较多的TTL电路，则应采用总线驱动电路，以提高端口的驱动能力和系统的抗干扰能力。

数据总线宜采用双向8路三态缓冲器74LS245作为总线驱动器；地址和控制总线可采用单向8路三态缓冲器74LS244作为单向总线驱动器。

5. 系统速度匹配

MCS-51系列单片机时钟频率可在1.2～12MHz之间任选，在不影响系统技术性能的前提下，时钟频率选择低一些为好，这样可降低系统中对元器件工作速度的要求，从而提高系统的可靠性。

6. 抗干扰措施

单片机应用系统的工作环境往往都是具有多种干扰源的现场，为提高系统的可靠性，抗干扰措施在硬件电路设计中显得尤为重要。根据干扰源引入的途径，抗干扰措施可以从以下两个方面考虑。

（1）电源供电系统。为了克服电网以及来自本系统其他元器件的干扰，可采用隔离变压器、交流稳压、线滤波器、稳压电路各级滤波等防干扰措施。

（2）电路上的考虑。为了进一步提高系统的可靠性，在硬件电路设计时，应采取以下防干扰措施：

1）大规模IC芯片电源供电端V_{CC}都应加高频滤波电容，根据负载电流的情况，在各级供电节点处还应加足够容量的去耦电容。

2）开关量I/O通道与外界的隔离可采用光耦合器件，特别是与继电器、晶闸管等连接的通道，一定要采取隔离措施。

3）可采用CMOS器件提高工作电压（如+15V），这样干扰门限也相应提高。

4）传感器后级的变送器尽量采用电流型传输方式，因为电流型比电压型抗干扰能力强。

5）电路应有合理的布线及接地方法。

6）与环境干扰的隔离可采用屏蔽措施。

11.1.4 软件设计

单片机应用系统的软件设计是研制过程中任务最繁重的一项工作，其难度也比较大。对于某些较复杂的应用系统，不仅要使用汇编语言来编程，有时还要使用高级语言。

单片机应用系统的软件主要包括两大部分：用于管理单片微型计算机系统工作的监督管理程序和用于执行实际具体任务的功能程序。对于前者，尽可能利用现成微型计算机系统的监控程序，例如，键盘管理程序、显示程序等，因此在设计系统硬件逻辑和确定应用系统的操作方法时，就应充分考虑这一点。这样可大大减轻软件设计的工作量，提高编程效率。后者要根据应用系统的功能要求来编写程序，例如，外部数据采集、控制算法的实现、外设驱动、故障处理及报警程序等。

单片机应用系统的软件设计千差万别，不存在统一模式。开发一个软件的明智方法是尽可能采用模块化结构。根据系统软件的总体构思，按照先粗后细的办法，把整个系统软件划分成多个功能独立、大小适当的模块。划分模块时要明确规定各模块的功能，尽量使每个模块功能单一，各模块间的接口信息简单、完备，接口关系统一，尽可能使各模块之间的联系减少到最低限度。根据各模块的功能和接口关系，可以分别独立设计，某一模块的编程者可不必知道其他模块的内部结构和实现方法。在各个程序模块分别进行设计、编制和调试后，最后再将各个程序模块连接成一个完整的程序进行总调试。

11.1.5　系统调试

电路故障，包括设计性错误和工艺性故障。通常借助电气仪表进行故障检查。软件调试是利用开发工具进行在线仿真调试，在软件调试过程中也可以发现硬件故障。

几乎所有的在线仿真器和简易的开发工具都为用户调试程序提供了以下几种基本方法：

(1) 单步。一次只执行一条指令，在每步后，又返回监控调试程序。

(2) 运行。可以从程序任何一条地址处启动，然后全速运行。

(3) 断点运行。用户可以在程序任何处设置断点，当程序执行到断点时，控制返回到监控调试程序。

(4) 检查和修改存储器单元的内容。

(5) 检查和修改寄存器的内容。

(6) 符号化调试。能按汇编语言程序中的符号进行调试。

程序调试可以一个模块一个模块地进行，一个子程序一个子程序地调试，最后连起来总调。利用开发工具提供的单步运行和设置断点运行方式，通过检查应用系统的 CPU 现场 RAM 的内容和 I/O 的状态，检查程序执行的结果是否正确，观察应用系统 I/O 设备的状态变化是否正常，从中可以发现程序中的死循环错误、机器码错误及转移地址的错误，也可以发现待测系统中软件算法错误及硬件设计错误。在调试过程中，不断地调整修改应用系统的硬件和软件，直到其正确为止。最后，试运行正常，将软件固化到 EPROM 中，系统研制完成。

11.2　单片机应用系统的抗干扰技术

11.2.1　抗干扰设计的重要性

目前，由单片机构成的应用系统广泛应用于工业自动化装置、生产过程控制和仪器仪表等领域，有效地提高了生产效率，改善了工作条件，大大提高了控制质量与经济效益。但是，应用系统的工作环境往往是比较恶劣和复杂的，其应用的可靠性、安全性就成为一个非常突出的问题。单片机应用系统必须长期稳定、可靠地运行，否则将导致控制误差加大，严重时会使系统失灵，甚至造成巨大的损失。

影响应用系统可靠、安全运行的主要因素是来自系统内部和外部的各种电气干扰、系统结构设计、元器件选择、安装、制造工艺和外部环境条件等。这些因素对应用系统造成的干扰后果主要表现在下述几个方面。

1. 数据采集误差加大

干扰侵入单片机系统测量单元模拟信号的输入通道，叠加在有用信号之上，会使数据采集误差加大，特别是当传感器输出微弱信号时，干扰更加严重。

2. 控制状态失常

一般单片机输出的控制信号较大，不易受到外界的干扰。但单片机输出的控制信号常依赖于某些条件的状态输入信号和这些信号的逻辑处理结果。若这些输入的状态信号受到干扰，引入虚假状态信号，将导致输出控制误差加大，甚至控制失常。

3. 数据受干扰发生变化

单片机系统中，由于 RAM 存储器是可以读写的，因此在干扰的侵害下，RAM 中的数据有可能被篡改。在单片机系统中，程序及表格、常数存于程序存储器 EPROM 中，避免了这些数据受到干扰破坏。但是，内部 RAM、外扩 RAM 中的数据都有可能受到外部干扰而变化。根据干扰侵入的途径、受干扰数据的性质不同，系统受损坏的情况也不同。有的造成数据误差，有的使控制失灵，有的改变程序状态，有的改变某些部件（如定时器/计数器，串行口等）的工作状态等。例如，当 MCS-51 单片机的复位端（RESET）没有特殊的抗干扰措施时，干扰侵入该端口，虽然不易造成系统复位，但会使单片机内特殊功能寄存器（SFR）状态变化，导致系统工作不正常。又如，当程序计数器 PC 值超过芯片地址范围，CPU 获得虚假数据 FFH 时，对应执行“MOV R7，A”指令，造成工作寄存器 R7 里面的内容变化。

4. 程序运行失常

单片机中程序计数器 PC 的正常工作，是系统维持程序正常运行的关键。但若外界干扰导致 PC 值的改变，破坏了程序的正常运行。由于受干扰的 PC 值是随机的，因而导致程序混乱。通常的情况是程序将执行一系列毫无意义的指令，最后进入“死循环”，这将使输出严重混乱或系统失灵。

11.2.2 提高抗干扰能力的途径

1. 形成干扰的基本因素

单片机系统的干扰因素有三个，分别为外部干扰源、干扰传播路径和系统内部对干扰信号敏感的元器件。

（1）干扰源。干扰源是指产生干扰的元件、设备或信号。用数学语言描述如下：$\mathrm{d}u/\mathrm{d}t$ 和 $\mathrm{d}i/\mathrm{d}t$ 大的地方就是干扰源。

（2）传播路径。传播路径指干扰从干扰源传播到敏感器件的通路或媒介，典型的干扰传播路径是导线的传导和空间的辐射。

（3）敏感器件。敏感器件指容易被干扰的对象，如 A/D、D/A 转换器，单片机，数字 IC、信号放大器等。

2. 提高抗干扰能力的途径

单片机应用于工业环境时，工作场所不仅有弱电设备，而且有更多的强电设备；不仅有数字电路，而且有许多模拟电路，形成一个强电与弱电、数字与模拟共存的局面。高速变化的数字信号有可能形成对模拟信号的干扰。此外，在强电设备中往往有电感、电容等储能元件，当电压、电流发生剧烈变化时（如开关的断开）就会形成瞬变噪声干扰。瞬变噪声频谱宽、能量大，对电子器件，尤其对固体组件的危害性很大，也是导致设备故障停机的主要原因。

由于单片机应用环境往往比较恶劣，干扰严重；但整个系统的结构又要求简单轻便，这就要求单片机应用系统既有较强的抗干扰能力，且使用的硬件资源又要求尽量少。一般说来，单片机应用系统的抗干扰技术主要包括以下四个方面内容。

(1) 精心选择元器件。元器件是构成部件或系统的基础。要选择那些集成化程度高，抗干扰能力强，功耗又小的元器件。

(2) 元器件要精密调整。元器件的精度是保证系统完成既定功能的重要保证。因此，在使用前或经过一段时间运行之后，都应对元器件进行精密校正，如 A/D 芯片的调零及满程调整等。

(3) 采用硬件抗干扰技术。硬件抗干扰技术是设计系统时首选的抗干扰措施，它能有效抑制干扰源，阻断干扰传输通道。只要合理布置，合理选择有关参数，硬件抗干扰措施就能抑制系统的绝大部分干扰。

(4) 采用软件抗干扰技术。尽管采取了硬件抗干扰措施，但由于干扰信号产生的原因很复杂，且具有很大的随机性，很难保证系统完全不受干扰。因此，往往在硬件抗干扰措施的基础上，采取软件抗干扰技术加以补充，作为硬件措施的辅助手段。软件抗干扰方法具有简单、灵活方便、耗费硬件资源少的特点，在单片机应用系统中获得了广泛应用。

11.2.3 硬件抗干扰技术

硬件抗干扰技术是单片机系统经常采用的一种有效抗干扰方法。实践表明，通过合理的硬件电路设计可以削弱或抑制绝大部分干扰，主要包括屏蔽技术、隔离技术、接地技术、“看门狗”技术等。

1. 屏蔽技术

屏蔽是指用屏蔽体把通过空间的电场、磁场或电磁场耦合的部分隔离开来，割断其空间场的耦合通道。良好的屏蔽是和接地紧密相连的，因而可以大大降低噪声耦合，取得较好的抗干扰效果。屏蔽的方法通常是用低电阻材料作成屏蔽体，把需要隔离的部分包围起来。这个被隔离的部分既可以是干扰源，也可以是易受干扰的部分。这样，既屏蔽了被隔离部分向外施加干扰，也屏蔽了被隔离部分接受外来的干扰。

2. 隔离技术

信号隔离的目的是从电路上把干扰源和易受干扰的部分隔离开来，使测控装置与现场仅保持信号联系，但不直接发生电的联系。隔离的实质是把引进的干扰通道切断，从而达到隔离现场干扰的目的。

一般工业应用的单片机应用系统既包括弱电控制部分，又包括强电控制部分。使两者之间既保持控制信号联系，又要隔绝电气方面的联系，即实行弱电和强电隔离，从而保证系统工作稳定，设备与操作人员安全。

测控装置与现场信号之间、弱电和强电之间常用的隔离方式有光电隔离、变压器隔离、继电器隔离等。单片机应用系统中广泛采用光电隔离技术。

(1) 数字量的光电隔离。单片机数字量（或开关量）信号的传输方式包括 TTL 电平、RS-232 电平、RS-485 电平、电流环路等。单片机的 I/O 口线是最容易引进干扰的地方，对于不使用的 I/O 口线，需要使用电阻上拉到高电平，不可悬置。直接将开关量信号接到单片机的口线上，是最不可取的设计。至少要加一个缓冲驱动的芯片隔离，而且这个芯片要跟

CPU 尽量近。在严重干扰的情况下，需要将所有的口线采用光耦光电隔离。在工业环境下与 CPU 模块相对独立的键盘，需要使用光耦光电隔离接入到系统中，否则极易损坏接口芯片。

（2）模拟量的光电隔离。比较常用的办法是选用 SPI 接口、3 线接口的 A/D 或者 D/A 芯片，把数据、时钟和使能信号使用光耦隔离，这实际上是把模拟量的信号转换成串行的开关量的数据流进行传输。

3. 接地技术

单片机应用系统的抗干扰与系统的接地方式有很大关系，接地技术往往是抑制噪音的重要手段。良好的接地可以在很大程度上抑制系统内部噪声耦合，防止外部干扰的侵入，提高系统的抗干扰能力。设备的金属外壳等要安全接地，屏蔽用的导体必须良好接地。这里的接地指接大地，也称作保护地。为单片机系统提供良好的地线对提高系统的抗干扰能力极为有益。特别是对有防雷击要求的系统，良好的接地至关重要。如果系统不接地，或虽有地线但接地电阻过大，则抗干扰元件就不能正常发挥作用。

单片机供电的电源的“地”俗称逻辑地，它们和大地的“地”的关系可以相通、浮空、或接一电阻，要视应用场合而定，不能把地线随便接在机体上。在复杂现场条件下，可以考虑把整个 CPU 控制电路采用金属机箱做好接地，保证没有空间干扰的串入。单片机应用系统通常既有模拟电路又有数字电路，因此数字地与模拟地要分开，最后只在一点相连，如果两者不分，则会互相干扰。

4.“看门狗”技术

在工业环境中，单片机会因为干扰的存在引起 PC 错误，导致程序的“跑飞”，或陷入“死循环”，此时，指令冗余技术、软件陷阱技术都无能为力了，这时可以采用程序监视定时器（WATCHDOG，WDT），俗称“看门狗”措施。WDT 通过不断监视程序每周期的运行时间是否超过正常状态下所需的时间，从而判断程序是否进入了“死循环”，并对系统进行复位。

WDT 可以由硬件实现，也可以由软件实现，也可以将两者结合起来。

11.2.4 软件抗干扰技术

存在于单片机应用系统内部的干扰，具有随机性。采用硬件抗干扰措施，只能抑制某些干扰，但仍有一些干扰会侵入系统而引起一些功能性故障，如：程序运行溢出形成死机、控制开关不起作用、产生误动作、测试结果不能正常输出、RAM 内的数据发生错误等。由于故障的特点是暂时、间歇和随机的，用硬件解决比较困难。因此，对于单片机应用系统来说，除了采取硬件抗干扰方法外，还要采取必要的软件抗干扰措施。

软件抗干扰是一种价廉、灵活、方便的抗干扰方法。纯软件抗干扰不需要硬件资源，不改变硬件环境，不需要对干扰源进行精确定位，不需要定量分析，因此使用起来灵活、方便，用于工业过程控制可很好地保证控制的可靠性。

常用到的软件抗干扰技术有：

（1）利用软件陷阱技术防止干扰造成的乱续扩展下去。

（2）利用时间冗余技术，屏蔽干扰信号。该技术包含多次采样输入、判断，以提高输入的可靠性；利用多次重复输出判断，提高输出信息的可靠性；重新初始化，强行恢复正常工作，以免影响输入与输出；查询中断状态，防止干扰造成误中断；在不需要的大部分时间里对中断进行屏蔽，从而大大减少因干扰引起的误中断。

(3) 容错技术。采用一些特定的编码，对经过存放的数据进行检查，判断是否是因为存放受干扰，然后从逻辑上对错误进行纠正。

(4) 指令冗余技术。对重要的指令重复写上多条，即使某一条被干扰，程序仍可运行。

(5) 空间冗余技术。整机、电源、接口和数据区均可设置备份，软件用于判别干扰和转换设备。

(6) 设立标志技术。设置特征标志或识别标志，常在内部数据区的保护中使用。

(7) 数字滤波技术。不需要硬件，靠单片机特殊设计的计算程序，高速、多次运算达到对采样数据序列进行平滑的目的，以提高有用信号在采样值中所占的比例。

以下着重就常用的软件抗干扰方法作一说明。

1. 指令冗余技术

(1) MCS-51 指令特点。对 MCS-51 单片机来说，其所有指令不超过 3 个字节，且多为单字节指令。指令由操作码和操作数组成，操作码指明 CPU 要完成什么样的操作（如传送、算术运算、转移等），而操作数是操作码的对象（如立即数、寄存器、存储器等）。单字节指令只有操作码，隐含操作数；双字节指令，第一个字节是操作码，第二个字节是操作数；三字节指令，第一个字节是操作码，后两个字节是操作数。CPU 取指令的过程是先取操作码、后取操作数，整个过程由程序计数器 PC 来控制。因此，一旦 PC 受干扰出现错误，程序便会脱离正常轨道“乱飞”，把操作数当作操作码，或者把操作码当作操作数。但只要 PC 指针落在单字节指令上，程序就可纳入正轨；若落在某个双字节和三字节上时，在取操作码时因程序错误实际取到的是操作数，程序就会出错。

(2) 冗余指令的使用。由 MCS-51 指令特点可知，如果在双字节指令和三指令之前插入两条 NOP 指令，则该指令就不会被前面冲下来的失控程序冲散，而会得到正确的执行。通常是在一些对程序流向控制起重要作用的指令前插入两条 NOP 指令，这些重要指令有 RET、RETI、ACALL、LCALL、SJMP、JB、JBC、LJMP、JZ、JNZ、JC、JNC、DJNZ 等。在某些对系统至关重要的指令（如：SETB EA）之前也可以插入两条 NOP 指令，以保证跑飞的程序迅速纳入轨道，确保这些指令的正确执行。

如图 11-2 所示，程序跑飞入口到程序区双字节指令处的数据字节处，在执行完 NOP 指令后，系统纳入正常用户程序的运行轨道。

值得注意的是，这些指令在程序中是冗余的，因此不能太多，否则会降低程序的执行效率。

指令冗余技术起作用的条件是：跑飞的 PC 必须落在程序运行区，并且冗余指令必须得到执行。

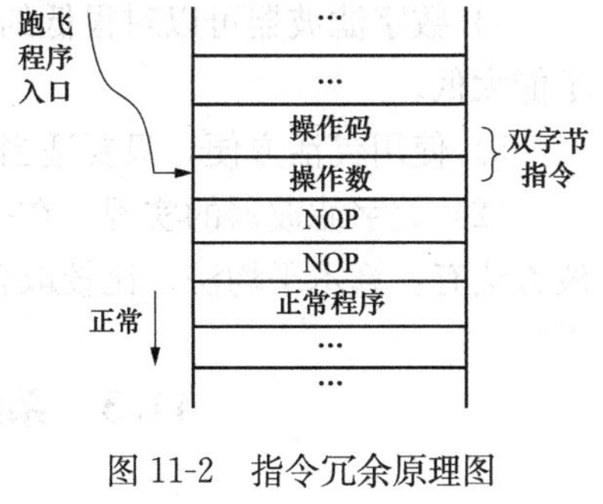

图 11-2　指令冗余原理图

2. 软件陷进技术

如果“跑飞”的程序进入非程序区（如 EPROM 未使用的空间或某些数据表格区），或在执行到冗余指令之前就形成一个死循环，则采用指令冗余技术不能使“跑飞”的程序恢复正常，此时可以设定软件陷阱。

(1) 软件陷阱原理。所谓软件陷阱，其本质上是一段拦截程序，当失控的程序运行至此后，可以将其迅速引向一个指定位置，在那里有专门的错误处理代码，使程序回到正确的程

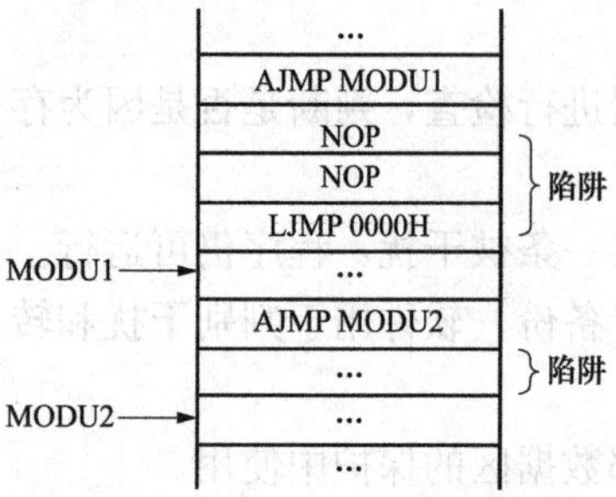

图 11-3 软件陷阱原理图

序段。软件陷阱的功能一般是重新复位引导系统，其工作原理如图 11-3 所示。

（2）软件陷阱的安排。通常软件陷阱的安排根据程序存储区中程序的重要性可密可疏，一般 1KB 的程序存储区放置几个就可以了。

1）在未使用的中断向量区。MCS-51 单片机的中断向量区为 0003H～002FH，如果全部中断向量区未被系统程序完全使用，则可以在剩余的中断向量区安排软件陷阱，以便捕捉到错误的中断。具体做法是，开放此中断，在中断服务程序中设置软件陷阱，就可以实现对错误中断的截获。中断服务程序必须以 RETI 或者 LJMP 返回。

2）未使用的大片 EPROM 空间的处理。对于未使用完的 EPROM 芯片空间，一般都维持原状，即内容为 0FFH，0FFH 对于 MCS-51 系列单片机来说是一条单字节指令“MOV R7，A”。如果程序跑飞到这一区域，则将顺利向下执行，不再跳跃（除非受到新的干扰），因此在这段空间内每隔一段设置一个陷阱，就一定能捕捉到“跑飞”的程序。

3. 数字滤波技术

在数据采集系统的数据采集通道通常会存在干扰信号，为了滤除干扰，通常在传感器和 A/D 变换之前加 RLC 网络，构成模拟滤波器对信号实施频率滤波。同样，利用 CPU 的运算功能也可以完成该功能，而且还简化了电路，这就是数字滤波。面向简单应用的单片机数字滤波是软件可靠性设计的内容之一。

（1）数字滤波器的特点。相比于模拟滤波器，数字滤波器具有以下优点：

1）无需增加任何硬件设备，只要在程序进入数据处理和控制之前，附加一段数字滤波程序即可。

2）系统可靠性高，不存在阻抗匹配问题。

3）模拟滤波器各通道是专用的，而数字滤波器可多通道共享，从而降低了成本。

4）数字滤波器可以对很低的频率进行滤波，而模拟滤波器受到电容容量的限制，频率不能太低。

5）使用灵活方便，只要适当的改变滤波程序或运行参数，就能改变滤波特性。

（2）数字滤波器的实现。在一般的数据采集以及无 DSP 的情况下，人们常用的数字滤波方法有：算术平均法、比较取舍法、中值法、防脉冲干扰平均值滤波法等。

11.3 系统故障处理、自恢复程序的设计

单片机应用系统的复位将影响控制程序的正常执行，进而导致控制工艺的出错。单片机系统的复位可分为正常复位和非正常复位。因干扰复位或掉电后复位均属非正常复位，应进行故障诊断并能自动恢复到非正常复位前的状态。

11.3.1 非正常复位的产生

在由 MCS-51 单片机设计的应用系统中，正常复位是指：使复位引脚 RST 保持两个机器周期以上的高电平，复位后程序的执行始终从 0000H 开始。然而导致程序从 0000H 开始

执行程序有四种可能：

- 正常开机复位——系统开机上电自动产生硬件复位。
- 软件复位——软件故障引起的复位。
- 看门狗复位——超时未喂狗引起的硬件复位。
- 非正常开机复位——控制任务正在执行中掉电后来电复位。

四种情况中除第一种情况外均属非正常复位，在程序设计中需加以识别。

11.3.2　非正常复位的识别

1. 硬件复位和软件复位的识别

开机复位与看门狗复位的硬件复位，是通过在 RST 引脚上保持 2 个以上机器周期的高电平来实现的。硬件复位对寄存器的影响是：复位后 PC＝0000H，SP＝07H，PSW＝00H 等；而软件复位则对 SP、PSW 无影响。因此，对于单片机应用系统，在程序正常运行时将 SP 设置大于 07H，或者将 PSW 的第五位——用户标志位设为 1。则在系统复位时，只需检测 SP 值或 PSW.5 标志位即可。在系统复位时，若 SP 值大于 07H 或 PSW.5＝1 则为软件复位，否则为硬件复位。如图 11-4 所示是采用 PSW.5 作上电标志位判别硬件、软件复位的程序流程图。

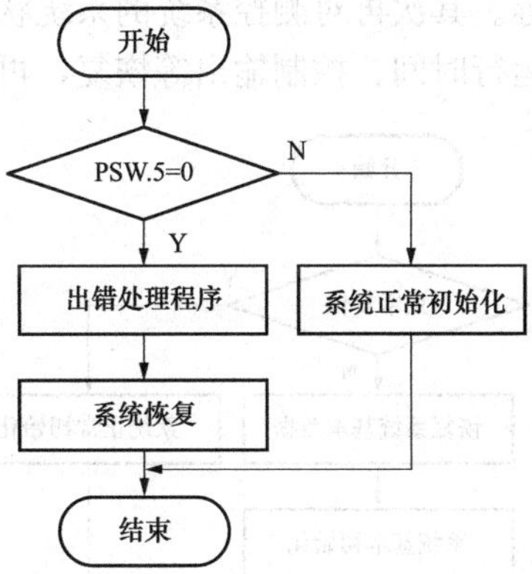

图 11-4　硬、软件复位识别流程图

另外，由于硬件复位时片内 RAM 状态是随机的，而软件复位时片内 RAM 则可保持复位前状态，因此可选取片内某一个或几个单元作为上电标志来进行硬件、软件复位的判别。

2. 开机复位与看门狗故障复位的识别

开机复位与看门狗故障复位同属硬件复位，一般要通过非易失性 RAM 或者 EEPROM 来正确识别。开机复位后，SP＝07H，单片机片内 RAM 的初始状态是随机的，而看门狗故障复位是在不掉电的情况下产生的复位动作，片内 RAM 的状态不会发生改变。因此正确识别开机复位与看门狗故障复位，可以借助于堆栈指针 SP 及片内一个或多个 RAM 单元作为掉电保护的观测单元。当系统正常运行时，在定时喂狗的中断服务程序中使该观测单元保持某确定值，而在主程序中将该单元清零。因观测单元掉电可保护，则开机时通过检测该单元是否为确定值可判断是否为看门狗复位。

3. 正常开机复位与非正常开机复位的识别

识别单片机测控系统中正常开机复位和因意外情况如系统掉电等引起的非正常开机复位对于过程控制系统尤为重要。在以时间为控制标准的测控系统中，假设完成一次测控任务需 1h，在已执行测控任务 50min 的情况下，系统电源掉电后上电引起复位，此时若系统复位后又从头开始进行测控则形成不必要的时间消耗，甚至造成工艺上的严重错误。解决此类问题的办法是，将控制过程分解为若干步或若干时间段，利用监控单元对当前系统的运行状态、系统运行参数予以监控，每执行完一步或每执行一个时间段则对监控单元的参数进行修正，整个过程运行完后置为正常关机允许值。若系统正在执行某步测控任务或正在执行某时间段，则将监控单元置为非正常关机值，并且掉电后将监控单元、必要的参数保存下来，当系统重新上电复位后根据掉电保护的监控单元的值及必要的参数，判断系统原来的运行状态及当前开始的运行状态。

根据以上分析，正常开机复位与非正常开机复位的识别必须借助非易失性 RAM、EEPROM、FLASH MEMORY 等存储器，保护监控单元及必要的参数。

11.3.3　非正常复位后系统自恢复运行的程序设计

对顺序控制要求严格的一些过程控制系统，系统非正常复位后，一般都要求从失控的那个模块或任务恢复运行。所以测控系统要作好主要参数的备份，如系统运行状态标志、监控单元参数、系统的进程状态、当前输入输出的状态等。这些数据既要定时备份，同时若有修改也应立即予以备份。有些参数必须在检测到掉电时即刻保护下来。当在已判别出非正常复位的情况下，首先要进行系统基本初始化，如显示模块的初始化、片外扩展芯片的初始化等。其次再对测控系统的系统状态、运行参数等予以恢复。最后再把复位前的进程、参数、运行时间、控制输出等恢复，再进入系统运行状态。

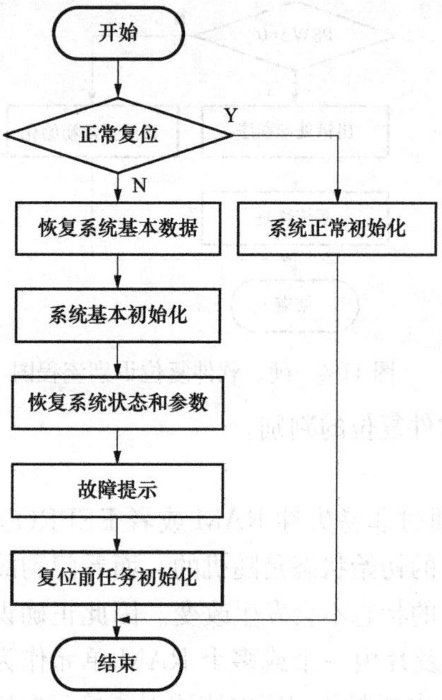

图 11-5　系统自恢复程序流程图

应当说明的是，真实地恢复系统的运行状态需要极为细致地对系统的重要数据予以备份，并加以数据可靠性检查，以保证恢复数据的可靠性。在断电服务程序中，单片机可将重要数据复制到可保护 RAM、EEPROM 中。

一种典型的系统自恢复程序流程如图 11-5 所示。

图 11-5 中，恢复系统基本数据指的是用备份的数据覆盖当前的系统数据；系统基本初始化指的是对芯片、显示方式、输入/输出方式等进行初始化；复位前任务初始化指的是任务的状态、运行时间等的初始化。

总之，对于非正常复位的识别，往往是软硬件兼顾使用、互相补充的。在正确识别非正常复位后，数据的转移保护、自恢复程序的设计等必须认真分析，选择切合实际应用的存储器及掉电保护电路，结合控制要求，设计功能完善的自恢复程序及系统监控程序，以提高单片机应用系统的可靠性。

11.4　应用系统设计举例

下面以某型内燃机车上冷却系统的控制为例说明单片机应用系统的设计过程。

11.4.1　工作原理描述

如图 11-6 所示为某型内燃机车上机油冷却系统的控制示意图。

其机油冷却系统的工作原理是：从柴油机 1 主轴上取出一部分动力，通过传动轴驱动变速箱 2，变速箱一端输出动力给后通风机 3，另一端输出动力给换向箱 4，换向箱的输出直接驱动电磁转差离合器 5 的电枢。通过电磁转差离合器的传动，带动了其输出轴的转动，从而驱动冷却风扇旋转。风扇的转动将机油散热器的热量带走。

电磁转差离合器转差率的大小和侧百叶窗的启闭则由控制系统 8 来完成。

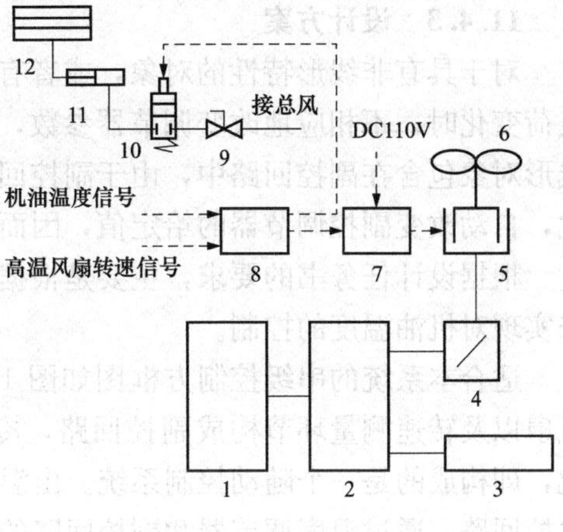

图 11-6　冷却系统结构示意图

1—柴油机；2—变速箱；3—后通风机；4—换向箱；5—电磁转差离合器；6—高温风扇；7—励磁机；8—控制系统；9—风开关；10—电磁阀；11—液压缸；12—侧百叶窗

侧百叶窗的开闭由气动元件推动。即由系统自动判断机油温度，当达到百叶窗的开启温度时，由控制板输出一个开关量给电磁阀，电磁阀控制气动元件的通和断，从而使得侧百叶窗按要求打开和关闭。

柴油机在启机时机油的温度须在 20℃以上，加载时机油的温度应达 40℃以上，以减少气缸内酸性物的形成和腐蚀磨损，提高机械效率，改善气缸内的燃烧品质，减少受热机件的温度梯度等。而当机油的温度过高时（例如，机油温度达到 70℃），则必须提醒司乘人员排除故障或停机检修，以防止柴油机过热。

冷却风扇在正常情况下，其转速可根据控制量的大小来调节，但是当系统中有故障发生时（例如，励磁机出现故障、控制器出现故障等），冷却风扇可能始终处于最高转速的工况下，此时既不利于柴油机的工作，也消耗能量。因此，在系统中设置了参数越限报警功能。报警装置可放置在司乘室内。

11.4.2　设计任务及技术指标

1. 设计任务

要求采用单片机应用系统来完成机油温度和侧百叶窗的启闭操作。

图 11-7　侧百叶窗驱动原理图

（1）侧百叶窗的打开与关闭。用气缸和相应的传动件组成驱动元件。侧百叶窗驱动原理如图 11-7 所示。气缸所需要的压力气来源于机车上的空压机，而气缸的工作信号，则由一电磁阀控制，电磁阀的开闭则由单片机来控制。

（2）冷却风扇的驱动。冷却风扇的驱动由作为执行机构的电磁涡流离合器来完成。电磁涡流离合器与调节阀一起构成执行器。励磁机的电源输入为 DC 110V，输出为 0～110V 的直流电。输出具体电压大小由单片机控制系统的输出信号来决定。

2. 技术指标

（1）机油检测范围。由于被控量是机油的温度，根据工作实际情况，可设为 0～100℃，所以只需要三位 LED 数码管对其进行显示。当系统在正常工作的状态下时，机油始终控制在（60±2)℃。

（2）转速检测范围。根据实际情况，转速检测范围可设为 0～1500r/min，所以需要四位 LED 数码管对其进行显示。当系统在正常工作的状态下时，转速则控制在（1000±50)r/min。

（3）温度初始设定。操作人员也可根据需要，自行设定温度的控制值。

（4）报警参数。当采集的机油温度低于 20℃或高于 70℃，转速高于 1400r/min 时，系统会自动报警以提醒司乘人员排除故障或停机检修。

11.4.3　设计方案

对于具有非线形特性的对象，或者有长时间延迟和强扰动的过程，采用单回路控制，在负荷变化时，不相应地改变调节器参数，系统的性能很难满足要求。若采用串级控制，把非线形对象包含在副控回路中，由于副控回路是随动系统，能够适应操作条件和负荷条件的变化，自动改变副控调节器的给定值，因而控制系统具有良好的控制性能。

根据设计任务书的要求，主要是根据风扇转速控制机油的温度，因此采用串级控制系统来实现对机油温度的控制。

适合本系统的串级控制方框图如图11-8所示。由转速调节器、电磁涡流离合器、冷却风扇以及转速测量环节构成副控回路，冷却风扇的转速随着转速调节器的输入的变化而变化，即构成的是一个随动控制系统。由温度调节器、副控回路、机油以及温度测量环节构成主控回路，通过温度调节器和副控回路的调节使机油的温度在给定的温度范围内。

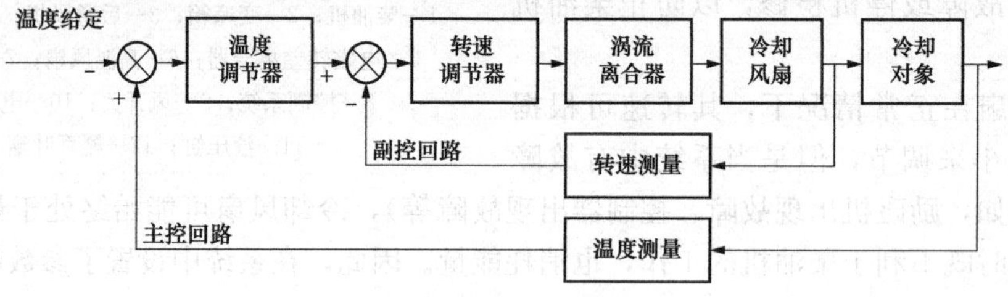

图11-8　串级控制温度冷却系统方框图

1. 单片机机型和主要元器件的确定

(1) 单片机机型的确定。对于单片机应用系统，目前广泛使用的是AT89C51，AT89C51片内有4KB的ROM和128KB的内部RAM。但对于本系统而言，宜选用AT89C52，理由如下：

1) 在使用PID串级算法时，需要的内存单元较多。可以用两种方法来解决：一种是外部扩展RAM芯片，比如常见的2KB RAM芯片6116等；另外一种则是直接选用RAM大一些的芯片。当外部扩展RAM时，接线复杂，系统的可靠性降低。

2) 在使用PID串级控制算法时，要求有更大的程序空间，以存储程序代码与参数表格等，而AT89C52有8KB的ROM和256KB的RAM。

本系统所选用的AT89C52是美国Atmel公司在MCS-51单片机的基础上设计生产的一种新型高性能的8位单片机。AT89C52 MCS-51系列单片机在引脚和指令系统上完全兼容，不仅可以完全代替MCS-51系列单片机，而且能使系统具备许多MCS-51系列产品没有的功能。

(2) A/D转换器的选择。为了提高转换精度和模拟量输入通道数，直接选用了美国德州仪器公司（TI）生产的12位开关电容型逐次逼近模数转换器TLC2543。

(3) D/A转换器的选择。选择了美国德州仪器公司（TI）生产的具有串行接口的数模转换器TLC5615。只需要通过3根串行总线就可以完成10位数据的串行输入。

2. 软件算法设计

根据系统的要求，采用数字PID控制算法。以冷却风扇的转速作为副控对象的被控量，由转速调节器、电磁涡流离合器、冷却风扇以及转速测量环节组成副控回路。该回路实际上构成了一个随动控制系统，即转速给定值是事先不知道的，而由温度调节器的输出给定，转速随着给定量的变化而变化。而以冷却对象（机油或冷却水）温度为主控对象的被控量，由温度调节器、副控回路、冷却对象以及温度测量环节组成主控回路。该回路是一个定值控制系统，即通过温度调节器和转速调节器的调节作用灵活地控制冷却风扇的转速，使得冷却水的温度稳定在一个恒定值上，从而使柴油机工作在最佳的温度条件下。

主控制器采用了积分分离式 PID 算法。当偏差 E 较大时，如系统在启动、停止或大幅度调节时，由于积分项的作用，将会产生一个很大的超调量，使系统不停地振荡。为了消除这一现象，可以采用积分分离的方法，在控制量开始跟踪时，取消积分作用，直至被调量接近给定值时，才产生积分作用。假设第 k 次调节时给定值为 $R(k)$，数字滤波后的测量值为 $M(k)$，最大允许偏差值为 A，则积分分离的控制算式为：

$$E(k)=|R(k)-M(k)|\begin{cases}>A\text{ 时,为 PD 控制}\\ \leqslant A\text{ 时,为 PID 控制}\end{cases}$$

根据实际情况，主控制器采用增量型算法，位置型输出；副控制器采用比例积分调节。

3. 应采取的可靠性措施

硬件设计时可采取屏蔽技术、隔离技术、接地技术和“看门狗”技术等可靠性措施。而软件设计时可采取指令冗余技术、软件陷阱技术和数字滤波技术等。

11.4.4　硬件设计

控制器以 AT89C52 为核心，包括机油温度测量电路、冷却风扇转速测量电路、执行部分电路以及键盘与显示电路等。

控制系统硬件框图如图 11-9 所示。

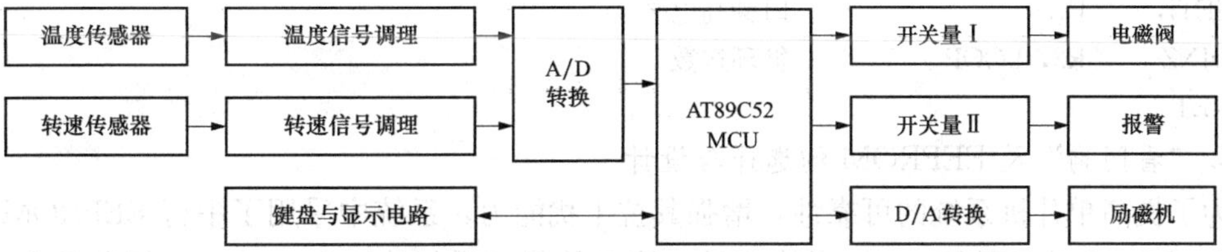

图 11-9　控制系统硬件框图

1. TLC2543 串行数模转换器与单片机的连接

由于 MCS-51 系列单片机不具有 SPI 或相同能力的接口，为了便于与 TLC2543 接口，采用软件合成 SPI 操作，为减少数据传送速率受微处理器的时钟频率的影响，尽可能选用较高时钟频率。TLC2543 的 I/O 时钟、数据输入、片选信号由 P1.0、P1.1、P1.3 提供，转换结果由 P1.2 口串行读出。TLC2543 与 AT89C52 单片机的接口电路如图 11-10 所示。其中，温度与转速模拟信号经过 TLC2543 转换成数字量之后，

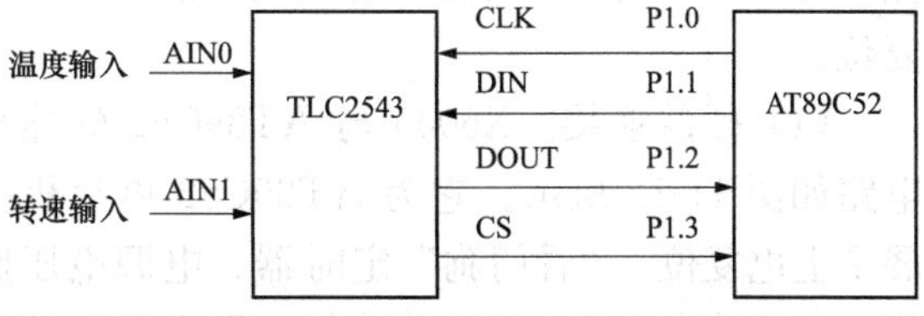

图 11-10　TLC2543 与 AT89C52 的接口电路

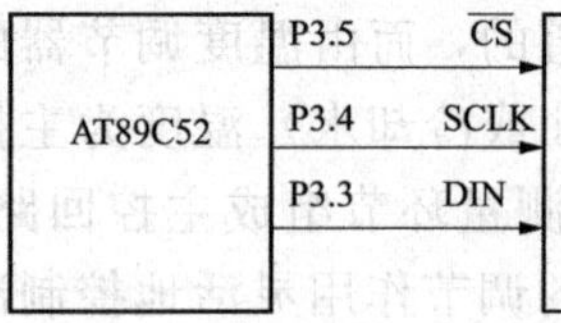

图 11-11 TLC5615 与 AT89C52 单片机接口电路

送入单片机。其接口电路如图 11-10 所示。

2. TLC5615 数模转换器与单片机的连接

如图 11-11 所示，AT89C52 单片机的 P3.5、P3.4、P3.3 分别控制 TLC5615 的片选$\overline{CS}$，串行时钟输入 SCLK 和串行数据输出 DIN。电路的连接采用非级联方式。

TLC5615 采用非级联方式，将要输入的 12 位数据存放在 R0、R1 寄存器中，其 D/A 转换程序如下：

```
CLR     P1.5        ；片选有效
MOV     R2，#4      ；将要送入的前四位数据位数
MOV     A，R0       ；前四位数据送累加器低四位
SWAP    A           ；A 中高四位数据与低四位互换
LCALL   WR-data     ；DIN 输入前四位数据
MOV     R2，#8      ；将要送入的后八位数据位数
MOV     A，R1       ；八位数据送入累加器 A
LCALL   WR-data     ；DIN 输入后八位数据
CLR     P1.6        ；时钟低电平
SETB    P1.5        ；片选高电平，输入的 12 位数据有效
END
```

送数子程序如下：

```
WR-data：NOP
LOOP：  CLR  P1.6   ；时钟低电平
RLC     A           ；数据送入位标志位 CY
MOV     P3.5，C     ；数据输入有效
SETB    P1.6        ；时钟高电平
DJNZ    R2，LOOP    ；循环送数
RET
```

3. “看门狗”及 EEPROM 的选择与设计

为了提高单片机系统的可靠性，增强其抗干扰能力，系统中采用了串行 EEPROM 芯片 X5045。X5045 是美国 Xicor 公司的产品，该产品将“看门狗”定时器、电压监控和 EEPROM 常用的功能组合在单个封装之内，这种组合降低了系统成本并减少了对电路板空间的要求。

X5045 芯片在本系统的设计中，主要完成以下功能：完成 PID 参数、上下限报警参数的存储；完成“看门狗”功能；电源电压监控；上电复位。

(1) 硬件连接。X5045 与 AT89C52 的连接电路如图 11-12 所示。它为 AT89C52 单片机扩展了上电复位、“看门狗”定时器、电源电压监控、4KB 串行 EEPROM 等功能。图中复位端都

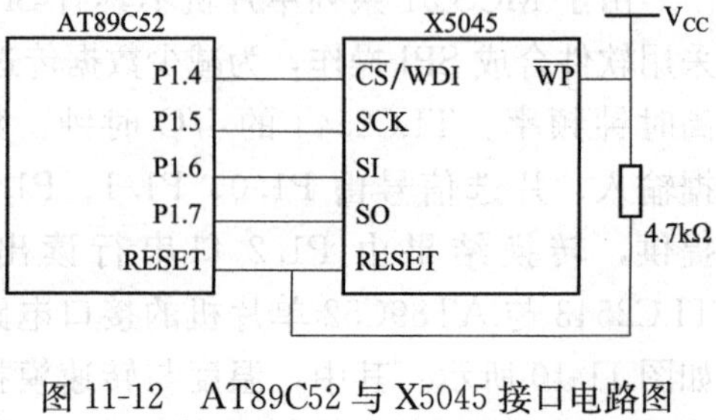

图 11-12 AT89C52 与 X5045 接口电路图

接了上拉电阻，是因为复位端是漏级（drain）开路的输出端。

（2）软件编程。软件编程包括两部分：从 CPU 向 X5045 中写数据、CPU 从 X5045 中读数据。基本过程是：发送指令码→发送操作地址→操作数据。CPU 从 X5045 中读取一个字符的程序流程图如图 11-13 所示。

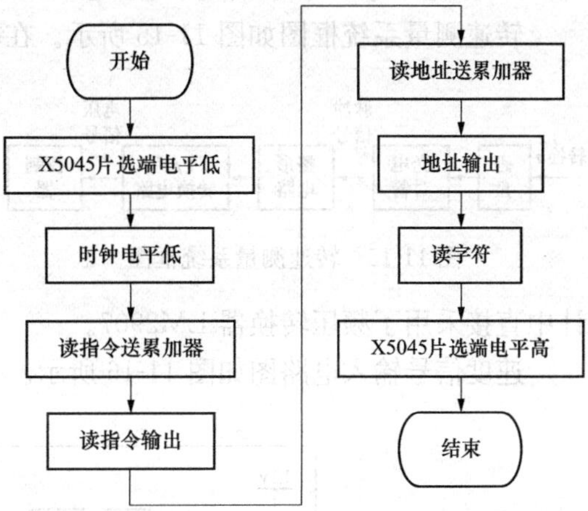

图 11-13　读取字符流程图

当设置了"看门狗"功能后，应该在程序的适当位置处添加"喂狗指令"：CPL P1.4。根据实际需要，将看门狗时间定为 1.4s，直接将 WD1 和 WD0 均设为 0 即可。由图 11.12 可以看出，看门狗输入端 WDI 与 AT89C52 的 P1.4 引脚相连。因此，程序运行过程中，在 1.4s 之内要向 P1.4 引脚输送变化的信号；超过 1.4s 该端不变化时，则表明程序已经"跑飞"或已陷入"死循环"，此时，RESET 端自动输出高电平，从而使单片机复位。

4. 8279 键盘显示部分的选用

在本系统中，直接采用了通用键盘显示板 AY-KEYB。该板中采用了键盘/显示接口芯片 8279。8279 能同时实现键盘和显示器两种功能：能对键盘进行自动扫描、识别，并给出闭合键的键值；能自动向 LED 显示器输出显示字符的段选码和位选码，实现动态扫描；可代替 CPU 完成对键盘和显示器的控制，减轻 CPU 负担，而且显示稳定，不会出现按键误动作；软件实现简单，和 MCS-51 系列单片机又兼容，适于选用。

该板上配备了 8 为 LED 数码管，20 个键，包括 16 个数字键（0-F）和 4 个功能键（复位键、LAST 键、NEXT 键和 EXE 键），可以与自行设计的控制板通过 20 线扁平电缆相连即可。

5. 温度传感器的选择及其调理电路设计

采用 AD590 与高输入阻抗运算放大器 LF355 组成测温电路，温度信号输入电路图如图 11-14 所示。

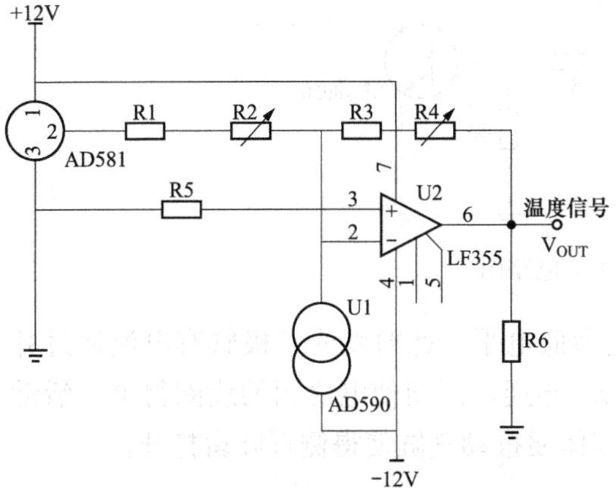

图 11-14　温度信号输入电路图

AD590 是电流型半导体集成温度传感器，工作范围在－55℃～＋125℃，可看做一个温控电流源，流过 AD590 电流的微安数等于 AD590 所测点的热力学温度度数。即

$$I_T/T = 1\mu A/K$$

式中　I_T——流过 AD590 的电流，μA；

T——测点的温度，K。

本系统中，将 AD590 测温量程规定为 0～100℃，相应地，输出电压为 0～5V。

图 11-14 中电位器 R_2 用于调零点，R_4 用于调增益。图中 AD581 为高精度集成稳压

器，输入为12V，输出为10V。

6. 转速传感器的选择及其调理电路设计

转速测量系统框图如图11-15所示。在本系统中，采用码盘与光电对管组成的转速传感器，将码盘与冷却风扇同轴安装，当冷却风扇转动时，光电对管就会输出一连串与码盘转速成正比的电脉冲信号。该信号在送往控制器之前，还需经过整形电路与频压（F/V）转换电路进行信号调理。为简化电路，在设计中直接采用了频压转换器LM2907。

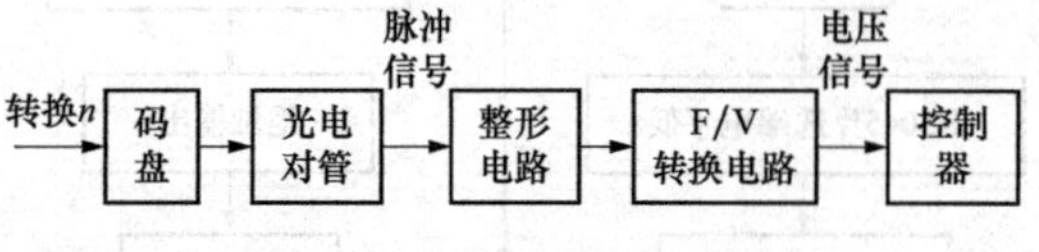

图11-15 转速测量系统框图

速度信号输入电路图如图11-16所示。

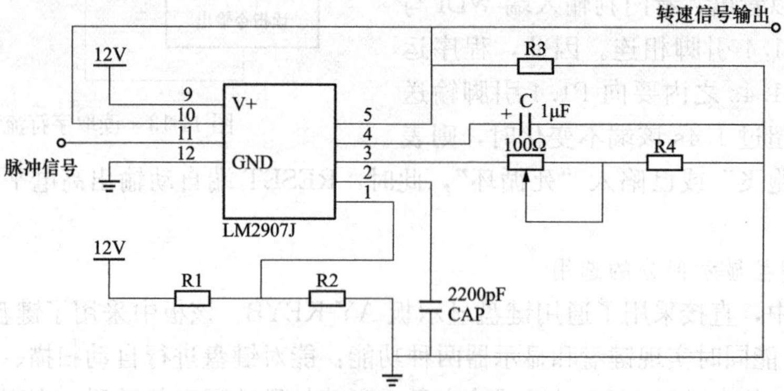

图11-16 转速信号输入电路图

7. 侧百叶窗驱动部分设计

电磁阀接口电路设计如图11-17所示。

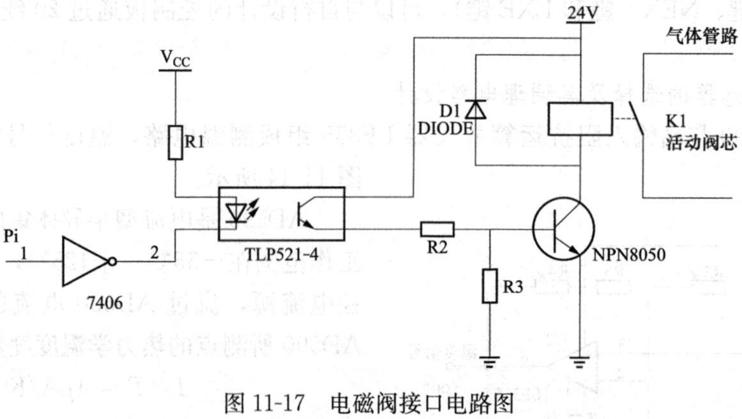

图11-17 电磁阀接口电路图

当数字量Pi为高电平时，经反相驱动器后变为低电平。此时发光二极管有电流通过并发光，使光敏三极管导通，进而使三极管NPN8050导通，因而使电磁阀的线圈得电，活动阀芯动作，气体管路处于接通状态。此后，高压气体便推动气缸使得侧百叶窗打开。

8. 越限报警部分设计

为了使冷却系统安全工作，对于一些重要的参数，都设置了紧急状态报警，以便提醒司乘人员注意或采取紧急措施。本系统中比较重要的参数主要有机油温度和冷却风扇的转速。

本系统采用了模拟声音集成电路芯片 KD-961B。根据 IC 内部程序，它设有两个选声端 SEL1 和 SEL2，改变这两端的电平，便可发出不同的音响。当 SEL1 为高电平、SEL2 为低电平时，从扬声器发出的是“嘟嘟”的声音。因此，在使用时，将 SEL2 端直接接地，将 SEL1 端则作为报警信号的输入端。控制器实时对采集的温度和转速信号进行判断，若其超出范围便输出高电平至 SEL1 端，此时三极管 NPN8050 导通，扬声器发出报警声音。报警电路图如图 11-18 所示。图中 R1 选值一般在 180～290kΩ 之间，R1 的阻值愈大，报警声音愈急促。

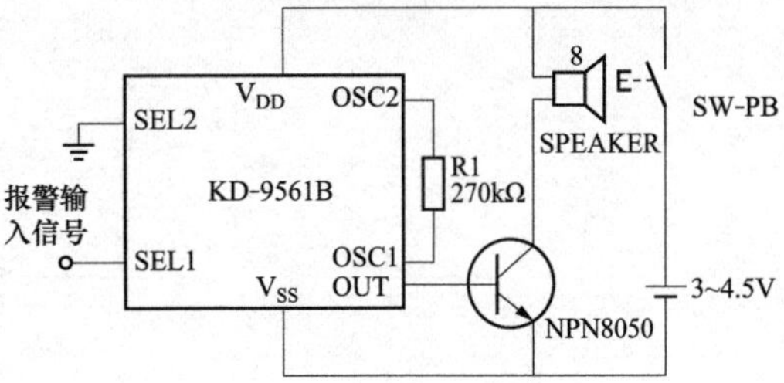

图 11-18　声音报警电路图

11.4.5　软件设计

软件系统采用 MCS-51 汇编语言编写，使用了模块化编程方法，程序结构采用中断方式。其中 8279 作为外部中断源，T0 定时器用作采样周期的定时中断。主程序流程图如图 11-19 所示。

1. 初始化模块

完成使用单元的清零，以及 X5045、8255 和 8279 的初始化。

2. 键盘中断模块

在本系统中，由于环境温度的变化，使得 PID 控制器的输入值——温度给定值也应该作相应的变化，这样才能有比较好的控制效果。

键盘中断模块主要完成温度给定值和 P、I、D 参数的输入，以及温度值和转速值的显示。8279 有两种工作状态，在参数输入状态下，首先会遇到的问题是如何判断有键值按下。对 8279 来说，判断有键值按下有两种方法，可以通过对 8279 的 IRQ 线进行查询（即中断方式），也可以通过对 8279 的状态字查询来实现（即查询方式）。本设计中使用了查询方式来实现。键盘中断流程图如图 11-20 所示。

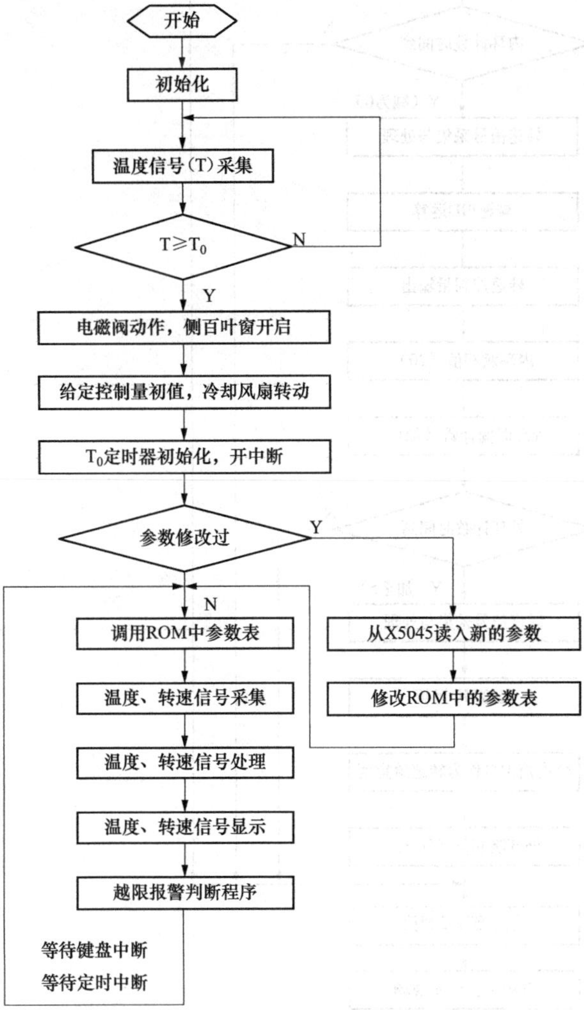

图 11-19　主程序流程图

3. T0 中断子程序模块

完成数据的采集、处理、开关量和控制量的输出。主要包括数据采样子程序、数值滤波子程序、A/D转换子程序、PID运算子程序、D/A转换子程序、标度变换子程序、报警子程序和数值显示子程序等。T_0中断流程图如图11-21所示。主要子程序说明如下：

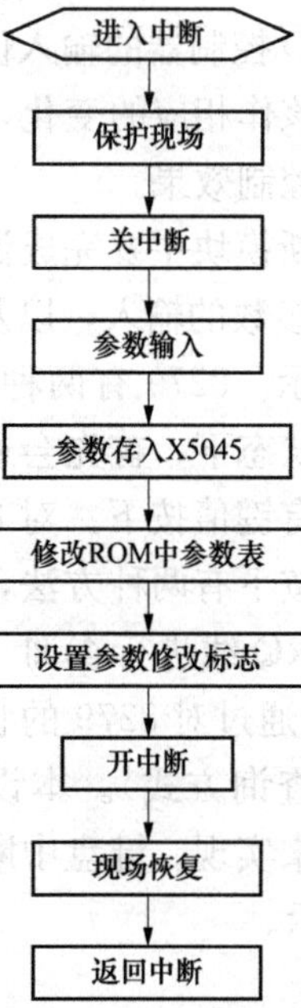

图 11-20 键盘中断流程图

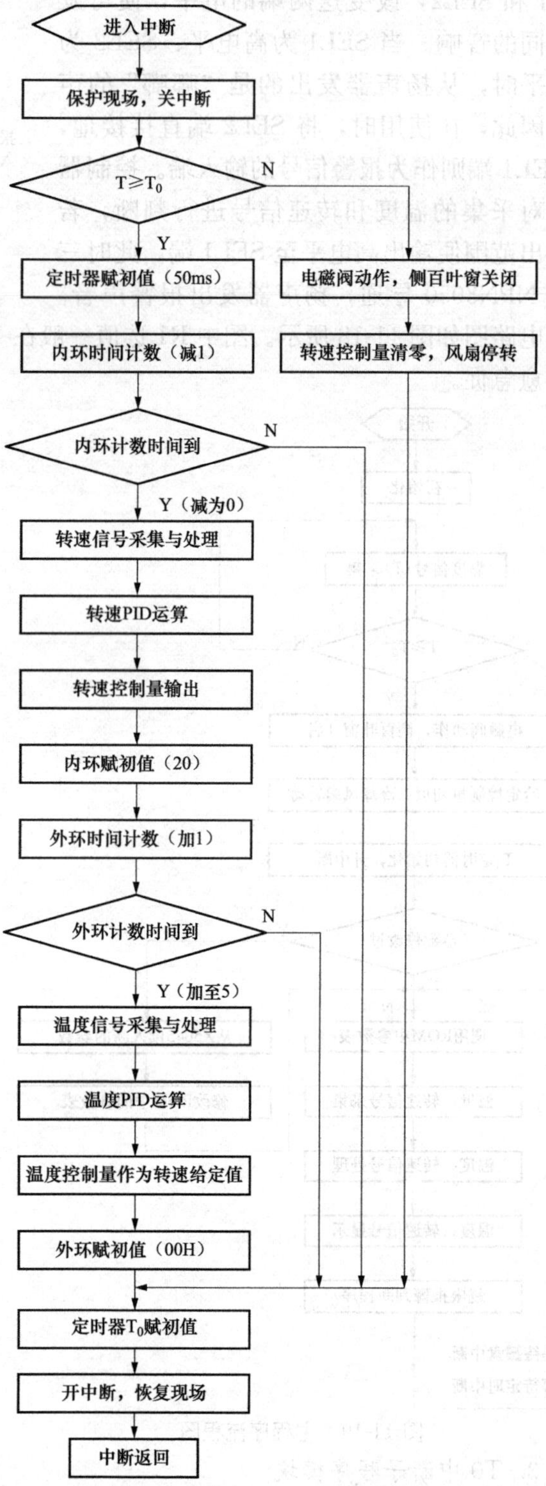

图 11-21 T_0中断流程图

（1）数值滤波子程序。对于需要采集的温度和转速信号来说，由于所处的环境比较恶劣，常存在环境温度、电场、磁场等干扰源，使得采样值偏离真实值。对于各种随机出现的干扰信号，可对多次采样得到的数据进行加工，以提高有用信号在采样值中所占的比例，减少乃至消除各种干扰及噪音，以保证系统工作的可靠性。

本设计中采用了防脉冲平均值滤波法。这种滤波方法是，对同一信号连续进行 N（$N \geqslant 4$）次数据采样，去掉其中的最大值和最小值，然后将其余 $N-2$ 个数据取平均值。这种方法可以有效消除随机性的脉冲干扰。

（2）标度变换子程序。在工程应用中，采集到的数据是模拟量（即工程量），经过 A/D 转换之后变成数字量，进入 CPU 处理。当需要对采集的模拟量（例如，温度、转速信号）进行显示时，则又需要 CPU 经过一定的转换之后由二进制数变为 BCD 码，存放到 8279 的显示缓冲区进行显示，这便是标度变换。

（3）PID 运算子程序（以温度 PID 运算为例）。如图 11-22 所示是带限位输出的积分分离 PID 控制算法流程图。

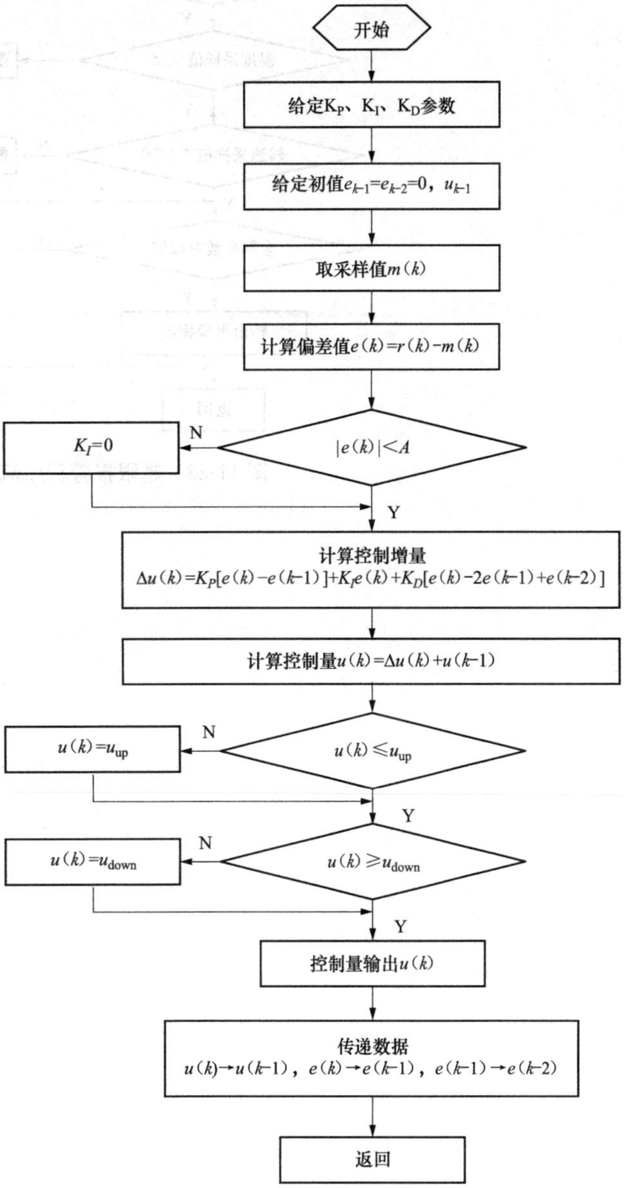

图 11-22　带限位输出的积分分离 PID 控制算法流程图

（4）报警子程序。软件越限报警程序的设计思想是：设计一个报警模型标志单元 ALARM，然后将各参数的采样值分别与其上、下限进行比较，有某一个参数需要报警，则将 ALARM 单元置 1，否则维持 0 不变。所有参数判断完毕后，检测 ALARM 单元的内容是否为 00H，如果为 00H，说明所有参数均正常，否则说明有参数越限，输出报警模型。

越限报警程序流程图如图 11-23 所示。

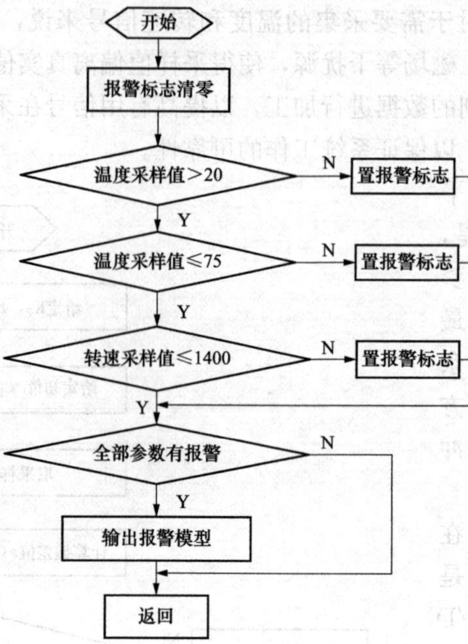

图 11-23 越限报警程序流程图

附录 A　MCS-51 指令表（共 111 条）

操作码	指令格式（助记符）	功能简述	对标志位影响				字节	周期
			P	OV	AC	CY		
数据传送指令								
E8～EF	MOV A，Rn	A←(Rn)	Y	N	N	N	1	1
E5	MOV A，direct	A←(direct)	Y	N	N	N	2	1
E6，E7	MOV A，@Ri	A←((Ri))	Y	N	N	N	1	1
74	MOV A，#data	A←data	Y	N	N	N	2	1
F8～FF	MOV Rn，A	Rn←(A)	N	N	N	N	1	1
A8～AF	MOV Rn，direct	Rn←(direct)	N	N	N	N	2	2
78～7F	MOV Rn，#data	Rn←data	N	N	N	N	2	1
F5	MOV direct，A	direct←(A)	N	N	N	N	2	1
88～8F	MOV direct，Rn	direct←(Rn)	N	N	N	N	2	2
85	MOV direct1，direct2	direct1←(direct2)	N	N	N	N	3	2
86，87	MOV direct，@Ri	direct←((Ri))	N	N	N	N	2	2
75	MOV direct，#data	direct←data	N	N	N	N	3	2
F6，F7	MOV @Ri，A	(Ri)←(A)	N	N	N	N	1	1
A6，A7	MOV @Ri，direct	(Ri)←(direct)	N	N	N	N	2	2
76，77	MOV @Ri，#data	(Ri)←data	N	N	N	N	2	1
90	MOV DPTR，#data16	DPTR←data16	N	N	N	N	3	2
93	MOVC A，@A+DPTR	A←((A)+(DPTR))	Y	N	N	N	1	2
83	MOVC A，@A+PC	PC←(PC)+1，A←((A)+(PC))	Y	N	N	N	1	2
E2，E3	MOVX A，@Ri	A←((Ri))	Y	N	N	N	1	2
E0	MOVX A，@DPTR	A←((DPTR))	Y	N	N	N	1	2
F2，F3	MOVX @Ri，A	(Ri)←(A)	N	N	N	N	1	2
F0	MOVX @DPTR，A	(DPTR)←(A)	N	N	N	N	1	2
C0	PUSH direct	SP←(SP)+1，(SP)←(direct)	N	N	N	N	2	2
D0	POP direct	direct←((SP))，SP←(SP)−1	N	N	N	N	2	2
C8～CF	XCH A，Rn	(A)←→(Rn)	Y	N	N	N	1	1
C5	XCH A，direct	(A)←→(direct)	Y	N	N	N	1	1
C6，C7	XCH A，@Ri	(A)←→((Ri))	Y	N	N	N	2	1
D6，D7	XCHD A，@Ri	$(A)_{3\sim0}$←→$((Ri))_{3\sim0}$	Y	N	N	N	1	1

续表

操作码	指令格式（助记符）	功能简述	对标志位影响				字节	周期
			P	OV	AC	CY		
算术运算类指令								
28～2F	ADD A，Rn	A←(A)＋(Rn)	Y	Y	Y	Y	1	1
25	ADD A，direct	A←(A)＋(direct)	Y	Y	Y	Y	2	1
26，27	ADD A，@Ri	A←(A)＋((Ri))	Y	Y	Y	Y	1	1
24	ADD A，＃data	A←(A)＋ data	Y	Y	Y	Y	2	1
38～3F	ADDC A，Rn	A←(A)＋(Rn)＋(C_Y)	Y	Y	Y	Y	1	1
35	ADDC A，direct	A←(A)＋(direct)＋(C_Y)	Y	Y	Y	Y	2	1
36，37	ADDC A，@Ri	A←(A)＋((Ri))＋(C_Y)	Y	Y	Y	Y	1	1
34	ADDC A，＃data	A←(A)＋ data ＋(C_Y)	Y	Y	Y	Y	2	1
98～9F	SUBB A，Rn	A←(A)－(Rn) －(C_Y)	Y	Y	Y	Y	1	1
95	SUBB A，direct	A←(A)－(direct) －(C_Y)	Y	Y	Y	Y	2	1
96，97	SUBB A，@Ri	A←(A)－((Ri))－(C_Y)	Y	Y	Y	Y	1	1
94	SUBB A，＃data	A←(A)－data－(C_Y)	Y	Y	Y	Y	2	1
04	INC A	A←(A)＋1	Y	N	N	N	1	1
08～0F	INC Rn	Rn←(Rn)＋1	N	N	N	N	1	1
05	INC direct	direct←(direct)＋1	N	N	N	N	2	1
06，07	INC @Ri	(Ri) ←((Ri))＋1	N	N	N	N	1	1
A3	INC DPTR	DPTR←(DPTR)＋1					1	2
14	DEC A	A←(A)－1	Y	N	N	N	1	1
18～1F	DEC Rn	Rn←(Rn)－1	N	N	N	N	1	1
15	DEC direct	direct←(direct)－1	N	N	N	N	2	1
16，17	DEC @Ri	(Ri)←((Ri))－1	N	N	N	N	1	1
A4	MUL AB	B(高 8 位)A(低 8 位)←(A)× (B)	Y	Y	N	Y	1	4
84	DIV AB	A(商)、B(余数)← (A) ÷ (B)	Y	Y	N	Y	1	4
D4	DA A	对 (A) 进行 BCD 码调整	Y	Y	Y	Y	1	1
逻辑运算类指令								
58～5F	ANL A，Rn	A←(A)∧(Rn)	Y	N	N	N	1	1
55	ANL A，direct	A←(A)∧(direct)	Y	N	N	N	2	1
56，57	ANL A，@Ri	A←(A)∧((Ri))	Y	N	N	N	1	1
54	ANL A，＃data	A←(A)∧data	Y	N	N	N	2	1
52	ANL direct，A	direct←(direct)∧(A)	N	N	N	N	2	1
53	ANL direct，＃data	direct←(direct)∧data	N	N	N	N	3	2
48～4F	ORL A，Rn	A←(A)∨(Rn)	Y	N	N	N	1	1
45	ORL A，direct	A←(A)∨(direct)	Y	N	N	N	2	1
46，47	ORL A，@Ri	A←(A)∨((Ri))	Y	N	N	N	1	1
44	ORL A，＃data	A←(A)∨data	Y	N	N	N	2	1
42	ORL direct，A	direct←(direct)∨(A)	N	N	N	N	2	1

续表

操作码	指令格式（助记符）	功能简述	对标志位影响				字节	周期
			P	OV	AC	CY		
		逻辑运算类指令						
43	ORL direct，#data	direct←(direct)∨data	N	N	N	N	3	2
68～6F	XRL A，Rn	A←(A)⊕(Rn)	Y	N	N	N	1	1
65	XRL A，direct	A←(A)⊕(direct)	Y	N	N	N	2	1
66，67	XRL A，@Ri	A←(A)⊕((Ri))	Y	N	N	N	1	1
64	XRL A，#data	A←(A)⊕ data	Y	N	N	N	2	1
62	XRL direct，A	Direct ←(direct)⊕(A)	N	N	N	N	2	1
63	XRL direct，#data	direct←(direct)⊕ data	N	N	N	N	3	2
E4	CLR A	A←00H	Y	N	N	N	1	1
F4	CPL A	A←$\overline{(A)}$	N	N	N	N	1	1
23	RL A	A_0←(A_7)，$A_{7\sim1}$←($A_{6\sim0}$)	N	N	N	N	1	1
33	RLC A	C_Y←(A_7)，$A_{7\sim1}$←($A_{6\sim0}$)，A_0←(C_Y)	Y	N	N	Y	1	1
3	RR A	A_7←(A_0)，$A_{6\sim0}$←($A_{7\sim1}$)	N	N	N	N	1	1
13	RRC A	C_Y←(A_0)，$A_{6\sim0}$←($A_{7\sim1}$)，A_7←(C_Y)	Y	N	N	Y	1	1
C4	SWAP A	$(A)_{7\sim4}$⟷$(A)_{3\sim0}$	N	N	N	N	1	1
		位操作类指令						
C3	CLR C	C_Y←0	N	N	N	Y	1	1
C2	CLR bit	bit←0	N	N	N		2	1
D3	SETB C	C_Y←1	N	N	N	Y	1	1
D2	SETB bit	bit←1	N	N	N		2	1
B3	CPL C	C_Y←$\overline{(C_Y)}$	N	N	N	Y	1	1
B2	CPL bit	bit←$\overline{(bit)}$	N	N	N		2	1
82	ANL C，bit	C_Y← (C_Y)∧(bit)	N	N	N	Y	2	2
B0	ANL C，/bit	C_Y← (C_Y)∧$\overline{(bit)}$	N	N	N	Y	2	2
72	ORL C，bit	C_Y← (C_Y)∨(bit)	N	N	N	Y	2	2
A0	ORL C，/bit	C_Y← (C_Y)∨$\overline{(bit)}$	N	N	N	Y	2	2
A2	MOV C，bit	C_Y←(bit)	N	N	N	Y	2	1
92	MOV bit，C	bit←(C_Y)	N	N	N	N	2	2
		控制转移指令						
xxx10001	ACALL addr11	PC←(PC)+2， SP←(SP)+1，SP←($PC_{7\sim0}$)； SP←(SP)+1，SP←($PC_{15\sim8}$)； $PC_{10\sim0}$←addr11	N	N	N	N	2	2
12	LCALL addr16	PC←(PC)+3， SP←(SP)+1，SP←($PC_{7\sim0}$)， SP←(SP)+1，SP←($PC_{15\sim8}$)， PC←addr16	N	N	N	N	3	2

续表

操作码	指令格式（助记符）	功能简述	对标志位影响				字节	周期
			P	OV	AC	CY		
控制转移指令								
22	RET	$PC_{15\sim8}$←(SP)，SP←(SP)－1 $PC_{7\sim0}$←(SP)，SP←(SP)－1	N	N	N	N	1	2
32	RETI	$PC_{15\sim8}$←(SP)，SP←(SP)－1 $PC_{7\sim0}$←(SP)，SP←(SP)－1	N	N	N	N	1	2
xxx00001	AJMP addr11	PC←(PC)＋ 2，$PC_{10\sim0}$←addr11	N	N	N	N	2	2
2	LJMP addr16	PC←(PC)＋3，PC←addr16	N	N	N	N	3	2
80	SJMP rel	PC←(PC)＋ 2，PC←(PC)＋rel	N	N	N	N	2	2
73	JMP @A＋DPTR	PC←(PC)＋ 1，PC←(A)＋(DPTR)	N	N	N	N	1	2
60	JZ rel	若（A)＝0，则 PC←(PC)＋ 2＋ rel 若（A)≠0，则 PC←(PC)＋ 2	N	N	N	N	2	2
70	JNZ rel	若(A)≠0，则 PC←(PC)＋2＋rel 若（A）＝0，则 PC←(PC)＋2	N	N	N	N	2	2
40	JC rel	若（CY)＝1，则 PC←(PC)＋ 2 ＋rel； 若（C_Y)＝0，则 PC←(PC)＋ 2	N	N	N	N	2	2
50	JNC rel	若（C_Y)＝0，则 PC←(PC)＋ 2 ＋rel 若（C_Y)＝1，则 PC←(PC)＋ 2	N	N	N	N	2	2
20	JB bit，rel	若（bit)＝1，则 PC←(PC)＋ 3 ＋rel 若（bit)＝0，则 PC←(PC)＋ 3	N	N	N	N	3	2
30	JNB bit，rel	若（bit)＝0，则 PC←(PC)＋ 3 ＋rel 若（bit)＝1，则 PC←(PC)＋ 3	N	N	N	N	3	2
10	JBC bit，rel	若（bit）＝1，则 PC←(PC)＋3＋rel，且 bit←0 若（bit）＝0，则 PC←(PC)＋ 3	N	N	N	N	3	2
B5	CJNE A，direct，rel	若（A)≠(direct)，则 PC←(PC)＋3 ＋ rel 若（A)＝(direct)，则 PC←(PC)＋ 3 若（A)≥(direct)，则 CY＝0；否则，C_Y＝1	N	N	N	Y	3	2
B4	CJNE A，＃data，rel	若（A)≠data，则 PC←(PC)＋ 3 ＋ rel 若（A)＝data，则 PC←(PC)＋ 3 若（A)≥data，则 CY＝0；否则，C_Y＝1	N	N	N	Y	3	2
B8～BF	CJNE Rn，＃data，rel	若（Rn）≠data，则 PC←(PC)＋ 3 ＋ rel 若（Rn)＝data，则 PC← (PC)＋ 3 若（Rn)≥data，则 CY＝0；否则，C_Y＝1	N	N	N	Y	3	2
B6，B7	CJNE @Ri，＃data，rel	若((Ri))≠data，则 PC←(PC)＋3 ＋ rel 若（(Ri))＝data，则 PC←(PC)＋ 3 若（(Ri))≥data，则 CY＝0；否则，C_Y＝1	N	N	N	Y	3	2

续表

操作码	指令格式（助记符）	功能简述	对标志位影响				字节	周期
			P	OV	AC	CY		
控制转移指令								
D8～DF	DJNZ Rn，rel	若（Rn）－1≠0，则 PC←(PC)＋2 ＋ rel 若（Rn）－1＝0，则 PC←(PC)＋ 2	N	N	N	N	2	2
D5	DJNZ direct，rel	若（direct）－1≠0，则 PC←(PC)＋3 ＋ rel 若（direct）－1＝0，则 PC←(PC)＋ 3	N	N	N	N	3	2
0	NOP	空操作	N	N	N	N	1	1

附录 B 常用字符与 ASCII 代码对照表

ASCII	字符	ASCII	字符	ASCII	字符	ASCII	字符	ASCII	字符	ASCII	字符
0	NULL	43	+	86	V	129	ü	172	¼	215	╫
1	☺	44	,	87	W	130	é	173	¡	216	╪
2	☻	45	-	88	X	131	â	174	«	217	┘
3	♥	46	.	89	Y	132	ä	175	»	218	┌
4	♦	47	/	90	Z	133	à	176	░	219	█
5	♣	48	0	91	[	134	å	177	▒	220	▄
6	♠	49	1	92	\	135	ç	178	▓	221	▌
7	beep	50	2	93	]	136	ê	179	│	222	▐
8	◘	51	3	94	^	137	ë	180	┤	223	▀
9	tab	52	4	95	_	138	è	181	╡	224	α
10	line feed	53	5	96	`	139	ï	182	╢	225	β
11	♂	54	6	97	a	140	î	183	╖	226	Γ
12	♀	55	7	98	b	141	ì	184	╕	227	π
13	回车	56	8	99	c	142	Ä	185	╣	228	Σ
14	♬	57	9	100	d	143	Å	186	║	229	σ
15	☼	58	:	101	e	144	É	187	╗	230	μ
16	▶	59	;	102	f	145	æ	188	╝	231	τ
17	◀	60	<	103	g	146	Æ	189	╜	232	Φ
18	↕	61	=	104	h	147	ô	190	╛	233	Θ
19	!!	62	>	105	i	148	ö	191	┐	234	Ω
20	¶	63	?	106	j	149	ò	192	└	235	δ
21	§	64	@	107	k	150	û	193	┴	236	∞
22	▬	65	A	108	l	151	ù	194	┬	237	ϕ
23	↕	66	B	109	m	152	ÿ	195	├	238	ε
24	↑	67	C	110	n	153	ö	196	─	239	∩
25	↓	68	D	111	o	154	Ü	197	┼	240	≡
26	→	69	E	112	p	155	¢	198	╞	241	±
27	←	70	F	113	q	156	£	199	╟	242	⩾
28	∟	71	G	114	r	157	¥	200	╚	243	⩽
29	↔	72	H	115	s	158	Pts	201	╔	244	⌠
30	▲	73	I	116	t	159	ƒ	202	╩	245	⌡
31	▼	74	J	117	u	160	á	203	╦	246	÷
32	空格	75	K	118	v	161	í	204	╠	247	≈
33	!	76	L	119	w	162	ó	205	═	248	°
34	"	77	M	120	x	163	ú	206	╬	249	·
35	#	78	N	121	y	164	ñ	207	╧	250	•
36	$	79	O	122	z	165	Ñ	208	╨	251	√
37	%	80	P	123	{	166	ª	209	╤	252	^{n}
38	&	81	Q	124	|	167	º	210	╥	253	^{2}
39	'	82	R	125	}	168	¿	211	╙	254	■
40	(	83	S	126	~	169	⌐	212	╘	255	
41	)	84	T	127	⌂	170	¬	213	╒		
42	*	85	U	128	Ç	171	½	214	╓		

参 考 文 献

[1] 胡健．单片机原理及接口技术．北京：机械工业出版社，2009.
[2] 胡汉才．单片机原理及其接口技术．北京：清华大学出版社，2010.
[3] 李全利，迟荣强．单片机原理及接口技术．北京：高等教育出版社，2004.
[4] 柳彦虎，张海明．基于 AT89C51 的串级控制冷却系统设计［J］．铁路计算机应用，2007（5）.
[5] 王幸之，王雷．单片机应用系统抗干扰技术［M］．北京：北京航空航天大学出版社，2000.
[6] 周向红．X5045 芯片在单片机系统中的应用［J］．现代电子技术，2006（5）.
[7] 余锡存，周国华．单片机原理及接口技术．西安：西安电子科技大学出版社，2007.
[8] 李全利．单片机原理及接口技术．北京：高等教育出版社，2009.